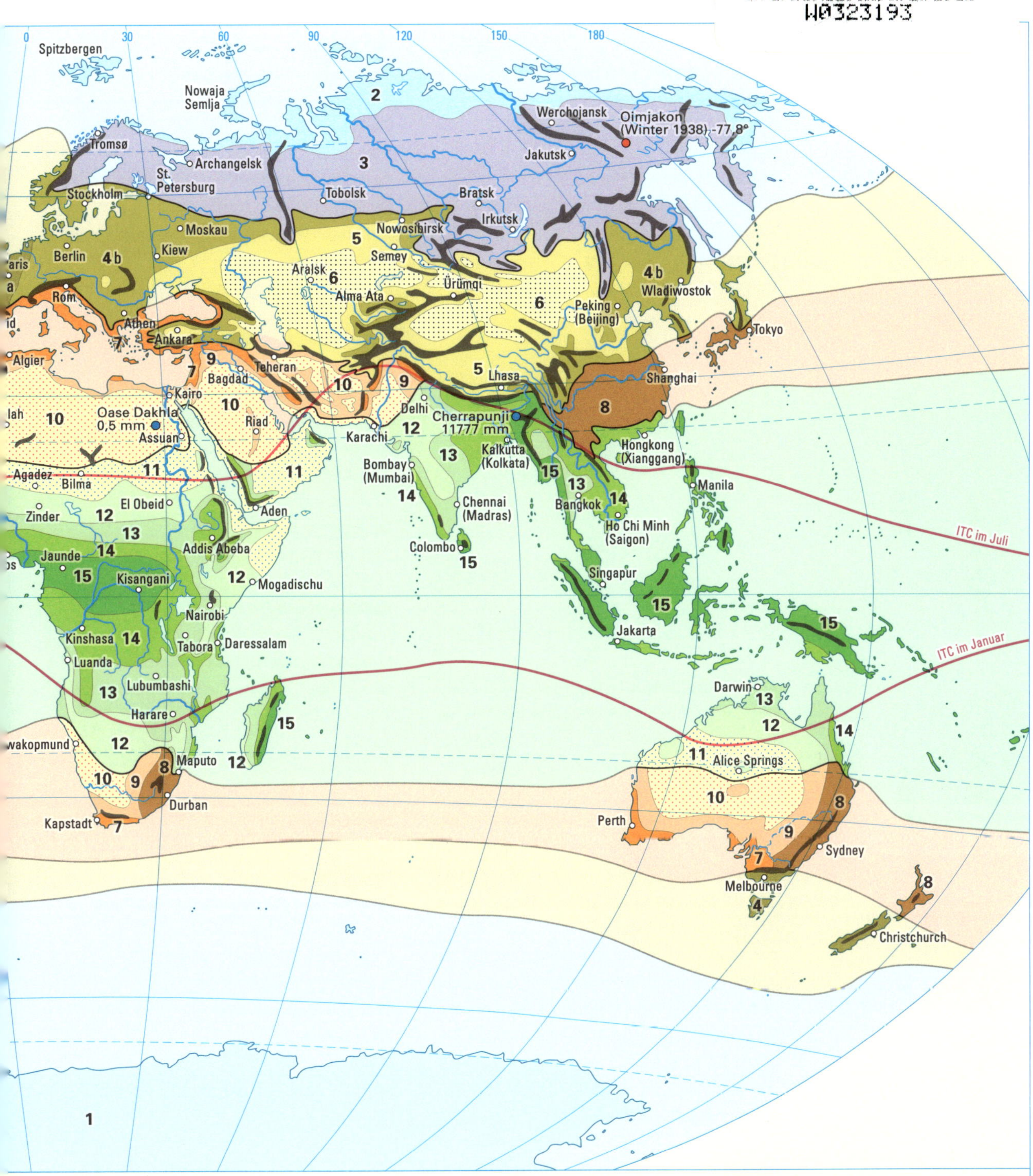

Tropische Zone (um 25°C)

11	extrem trockenes Wüstenklima (0 – 2 Monate feucht)
12	trockenes Dornsavannenklima (2 – 4½ Monate feucht)
13	wechselfeuchtes Trockensavannenklima (4½ – 7 Monate feucht)
14	wechselfeuchtes Feuchtsavannenklima (7 – 9½ Monate feucht)
15	immerfeuchtes Regenwaldklima (9½ – 12 Monate feucht)

klimatische Höhenstufe der Gebirge

extreme Temperaturen

extreme Niederschläge (Jahresmittel)

Gliederung nach Troll und Paffen (vereinfacht)

Impressum

Geographie 10

Autoren
Friederike Achatz, Rosenheim
Markus Altmann, Porto
Marcus Aunkofer, Nördlingen
Helmut Geiger, Sonthofen
Tanja Götz, Aschaffenburg
Christoph Habich, München
Hermann Letzel, Freising
Helmut Mayer, Nürnberg
Dr. Bernd Stallhofer, Regensburg

Mit Beiträgen von
Dr. Egbert Brodengeier, Lichtenberg
Dr. Jürgen Bünstorf, Altenberge
Delia Dombrowski, Dresden
Kathrin Eger, Liberec
Karl Gilli, Schorndorf
Dr. Frieder Glanz, Dresden
Christian Helmut Grosscurth, Mackenrodt
Jens Joachim, Leipzig
Ruth Kersting, Bochum
Hans Lammersen, Schieder-Schwalenberg
Bodo Meißner, Halle
Herbert Paul, Asperg
Silke Pflüger, Berlin
Ralph Plamann, Sudershausen
Martin Plemper, Mannheim
Günther Sagan, Petersberg
Anne Schminke, Olpe
Dr. Waldemar Viehof, Köln
Dietmar Wagener, Hofgeismar

1. Auflage
1 7 6 5 4 3 | 2014 2013 2012 2011 2010

Alle Drucke dieser Auflage können im Unterricht nebeneinander benutzt werden, sie sind untereinander unverändert. Die letzte Zahl bezeichnet das Jahr dieses Druckes.

www.klett.de
Printed in Germany

ISBN 978-3-623-27960-2

Redaktion und Produktion
Jens Bickel, Birgit Jäkel, Christiane Berndt
Einband-Design und Layoutkonzept
pandesign, Büro für visuelle Kommunikation, Karlsruhe
Karten
Klett-Perthes Gotha, Dr. Henry Waldenburger
Zeichnungen
Steffen Butz, Karlsruhe
Ulf S. Graupner, Berlin
Rudolf Hungreder, Leinfelden-Echterdingen
Diana Jäckel, Erfurt
Franz-Josef Domke, Hannover
Wolfgang Schaar, Grafing
Satz und Reproduktion
dmz, Gotha
Druck
Stürtz GmbH, Würzburg

9 783623 279602

Geographie 10

Gymnasium Bayern

TERRA

Ernst Klett Verlag
Stuttgart · Leipzig

Inhalt

Geographie 10

1 Das erwartet Sie in diesem Buch 4

2 Indien und China – neue Wirtschaftsmächte 6
- Orientierung in Indien 8
- Monsun – Lebensatem Indiens 10
- • Aus der Geschichte Indiens 12
- Orientierung in China 14
- China: Binnenwüsten und Monsun 16
- • Das Reich der Mitte – ein altes Kulturland 18
- Nicht länger ohne uns Frauen! 20
- Eine Bevölkerungspyramide auswerten 22
- China: Ein Kind – die Lösung? 24
- Indien, bald Nummer 1? 26
- Flucht in die Millionenstädte 28
- Wachstumspole: Anstoß zur Industrialisierung 30
- Wohlstand für alle? 32
- • Regionale Disparitäten in China untersuchen – ein WebGIS-Projekt 34
- Die Grüne Revolution 36
- • Sanxia-Projekt: Was bleibt unterm Strich? 38
- Der Preis des Wachstums 40
- TERRA **Grundwissen** 42
- • TERRA **Training** 44

3 Der asiatisch-pazifische Wirtschaftsraum 46
- Orientierung im asiatisch-pazifischen Raum 48
- • Eine Computerpräsentation anfertigen 50
- Japan – Industriemacht ohne Rohstoffe 52
- • Global Player Sony 56
- Japan – Raumnot macht erfinderisch 58
- Kontinent der Einwanderer 60
- Rohstoffreiches Australien 62
- Malaysia will hoch hinaus 64
- • Thailand – ein Land im Aufschwung 66
- Mit Dreiecksdiagrammen arbeiten 68
- Die Boomregion Asien-Pazifik – neues Zentrum der Weltwirtschaft? 70
- TERRA **Grundwissen** 72
- • TERRA **Training** 74

4 Geodynamische Vorgänge im pazifischen Raum 76
- • Die Erde – ein Riesenpuzzle? 78
- Kontinente in Bewegung 80
- Mit Modellen arbeiten 82
- Leben auf schwankendem Boden 84
- Tsunami – die Monsterwelle 86
- Nutzung vulkanischer Böden 88
- TERRA **Grundwissen** 90
- • TERRA **Training** 92

• fakultative Themenvorschläge für das Schulcurriculum

5 Weltwirtschaftsmacht USA 94
Orientierung in den USA 96
Großlandschaften Nordamerikas 98
Das Klima Nordamerikas 100
Naturgefahren in Nordamerika 102
Get big or get out! 104
Thematische Karten auswerten 106
Ökologische Probleme in der Landwirtschaft 108
• Once upon a time in America ... 110
Strukturwandel im „Rustbelt“ 112
• Aufschwung im Süden 114
Wirtschaft im Wandel 116
Stadtland USA 118
Die nordamerikanische Stadt 120
Satellitenbilder vergleichend analysieren 122
Vorbild USA? 124
TERRA **Grundwissen** 126
• TERRA **Training** 128

6 Russland – Land im Umbruch 130
Orientierung in Russland 132
Ein Kausalprofil erstellen 134
Vom Kältepol zur Wüste 136
Von Moskau nach Wladiwostok 138
• Norilsk – nördlichste Großstadt der Welt 140
Schatzkammer Sibirien 142
Petrodollars sprudeln für Russland 144
Raubbau in der Taiga 146
Russland im Umbruch 148
• Metropole Moskau 150
TERRA **Grundwissen** 152
• TERRA **Training** 154

7 Globale Herausforderungen 156
Was ist Globalisierung? 158
Wirtschaft global 160
Im Schatten der Globalisierung 162
• Raubbau für Billigfleisch 164
• Global denken: Ein Beziehungsnetz erstellen 166
Klimawandel – na und? 168
Folgen der globalen Erwärmung 170
Durch Nachhaltigkeit zur Tragfähigkeit 172
TERRA **Grundwissen** 174
• TERRA **Training** 176

8 Anhang 178
Methodenbox 178
Strukturdaten ausgewählter Staaten 182
Klimastationen 184
TERRA **Lexikon** 186
Sachverzeichnis 192
Bildnachweis 194
Grafiknachweis 195
Kartengrundlagen 195

Mehr rund um TERRA im Internet unter:
www.klett.de/online
[ONLINE-Link: 27960X-0503]
ONLINE-Link eingeben und Sie gelangen zu den passenden Informationen des jeweiligen Themas.

Inhalt

Das erwartet Sie in diesem Buch

In diesem Schuljahr befassen Sie sich mit Gemeinsamkeiten und Unterschieden von Entwicklungswegen ausgewählter Schwellen und Industrieländer. Beispielhaft erfahren Sie das Zusammenspiel der Faktoren Naturraum, Wirtschaft, Politik sowie Kultur und gewinnen Einsicht in die weltwirtschaftlichen Zusammenhänge.

Aufgrund ihrer Lage, der Geschichte, der Politik, gesellschaftlicher Bedingungen und der Ausstattung mit Ressourcen sind die Staaten der Erde wirtschaftlich unterschiedlich weit entwickelt.
Die USA und die europäischen Industrieländer erkennen, dass das ressourcenreiche Russland nach den politischen Umbrüchen in den 1990er-Jahren wirtschaftlich wieder Fahrt aufgenommen hat. Zudem haben neben Japan und Australien die beiden bevölkerungsreichsten Staaten der Erde, China und Indien, in Asien einen Wirtschaftsboom ausgelöst und zum Aufschwung der ganzen Region beigetragen. Gemeinsam mit Russland könnten sie in wenigen Jahrzehnten die führenden Wirtschaftsnationen einholen.
Experten sagen voraus, dass das Wachstum im asiatisch-pazifischen Raum auf weitere Schwellenländer ausstrahlen dürfte und sich selbst verstärkt. Die Zusammenarbeit der einzelnen Staaten wird im Rahmen der Globalisierung immer enger werden. Während die Bevölkerungen in Westeuropa und Japan altern, haben die meisten der Schwellenländer recht junge Einwohner, was deren Volkswirtschaften einen zusätzlichen Schub verleihen könnte.

Glob

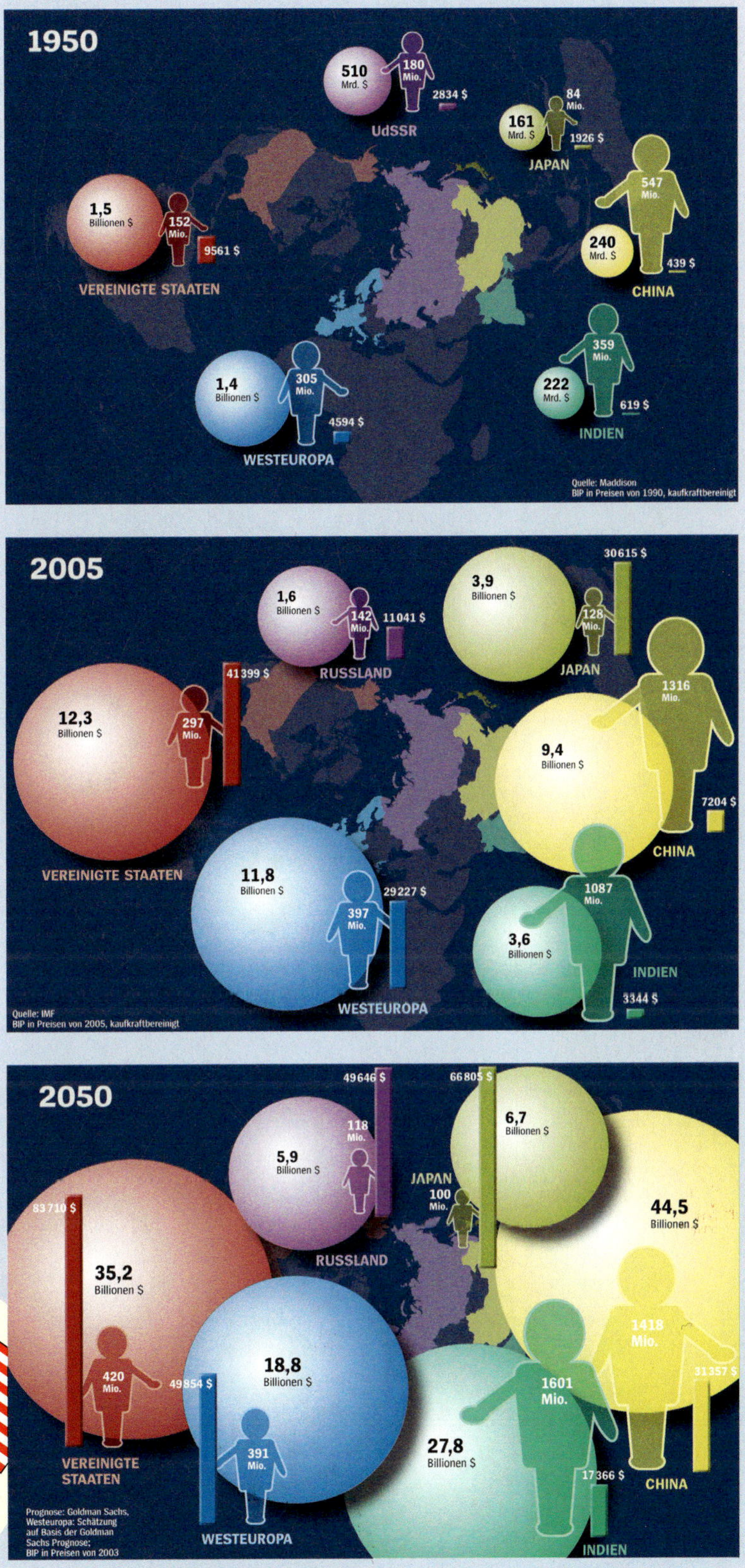

Entwicklung von Bevölkerung und Bruttoinlandsprodukt

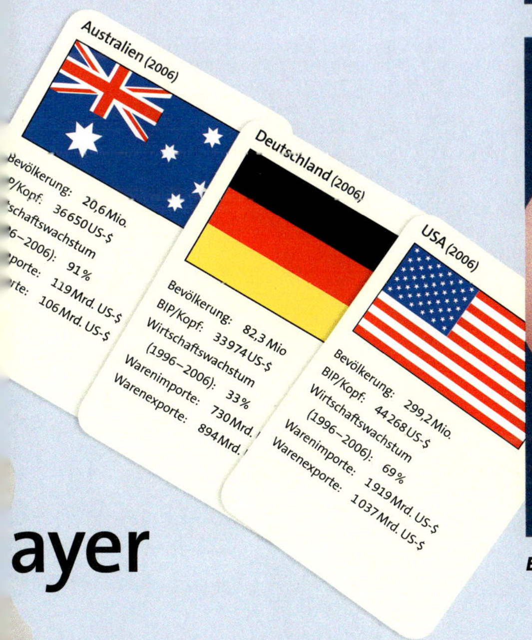

ayer

Indien und China –

Der Wirtschaftsboom in Asien hat zwei starke Motoren: das kommunistische China und das demokratische Indien, die beiden Milliardennationen der Erde. Mithilfe seiner billigen Arbeitskräfte überschwemmt China, die „Werkbank der Welt“, diese mit Billigwaren, während der indische Subkontinent immer mehr zum „Dienstleister der Welt“ wird. Können diese beiden Staaten in Zukunft die Probleme ihres rasanten Wachstums bewältigen und Zentren eines übermächtigen Wirtschaftsraumes werden?

① **Hindu-Prozession in Mysore, Südindien**

③ **Arbeiter vor Apartmentblocks in M**

② **Shanghai – altes kolonialzeitliches Zentrum und Pudong, das neue Handelszentrum**

eue Wirtschaftsmächte

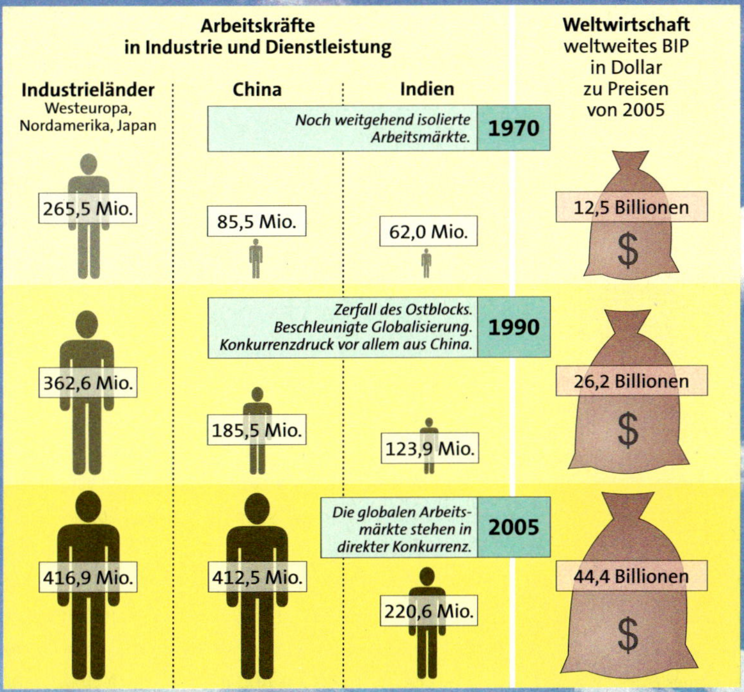

4 *Indien und China: neue Mächte der Weltwirtschaft*

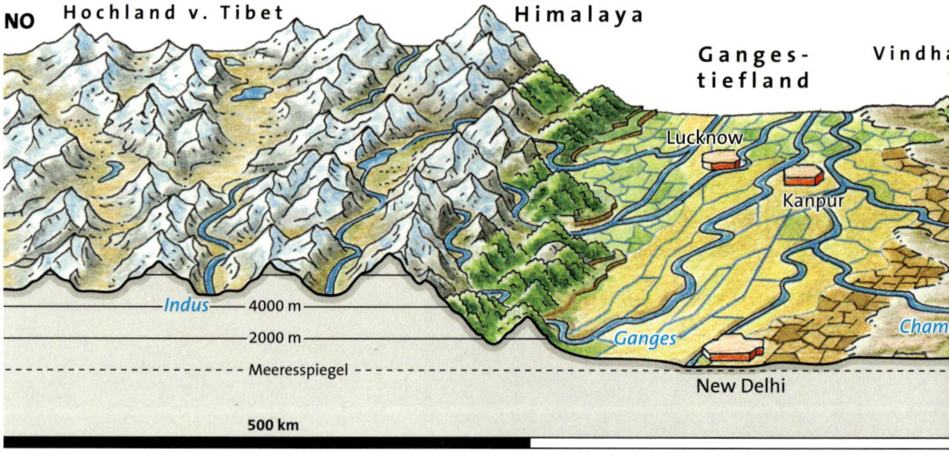

①

Der Name Indien steht für:

- *den Staat Indien (Indische Union)*
- *den Subkontinent, der durch ein Hochgebirge vom übrigen Kontinent abgetrennt ist*

Indien:

- *ist der siebtgrößte Staat der Welt*
- *umfasst 2,4 % der Landfläche der Erde*
- *hat über 1,1 Mrd. Ew. (knapp ein Sechstel der Weltbevölkerung)*
- *Küstenlänge: 7 000 km*
- *höchster Berg: Kanchenjunga (8 598 m)*
- *längster Fluss: Ganges (2 506 km)*
- *regenreichste Region: Cherrapunji (11430 mm/Jahr)*

Orientierung in Indien

Wie ein Dreieck, das in den Indischen Ozean hineinragt, sieht Indien auf der Landkarte aus. Der spitz zulaufende Subkontinent breitet sich vom höchsten Gebirge der Welt, dem Faltengebirge des Himalaya im Norden, über rund 3 200 Kilometer bis zur Insel Sri Lanka im Süden aus. Indien liegt zwischen den fruchtbaren Ebenen und Deltas der großen Ströme Indus im Westen sowie Ganges und Brahmaputra im Osten und erstreckt sich über 2 800 Kilometer von Pakistan bis Bangladesch.
Im Südwesten grenzt der Subkontinent an das Arabische Meer, in dem die zu Indien gehörende Inselgruppe der Lakkadiven liegt, und im Südosten an die Bucht von Bengalen. Vor dem südostasiatischen Festland befinden sich die Inselgruppen der Andamanen und Nikkobaren, die ebenfalls zu Indien gehören.
Das Hochland von Dekkan nimmt den größten Teil der indischen Halbinsel ein. Fast parallel zu den Küstenlinien liegen die Westghats, die sich als steile Stufe über die schmale Küstenebene erheben, und im Südosten die flacheren Ostghats.

1 *Arbeiten Sie mit der Kartenskizze 7:*
a) Übertragen Sie die Kartenskizze in Ihr Heft.
b) Zeichnen Sie China in ähnlicher Form.
c) Beschreiben Sie die geographische Breitenlage beider Staaten im Gradnetz.

② ***Karakorum***

③ ***Kardamomberge, südlicher Ausläufer der Westghats***

④ ***Am Ganges***

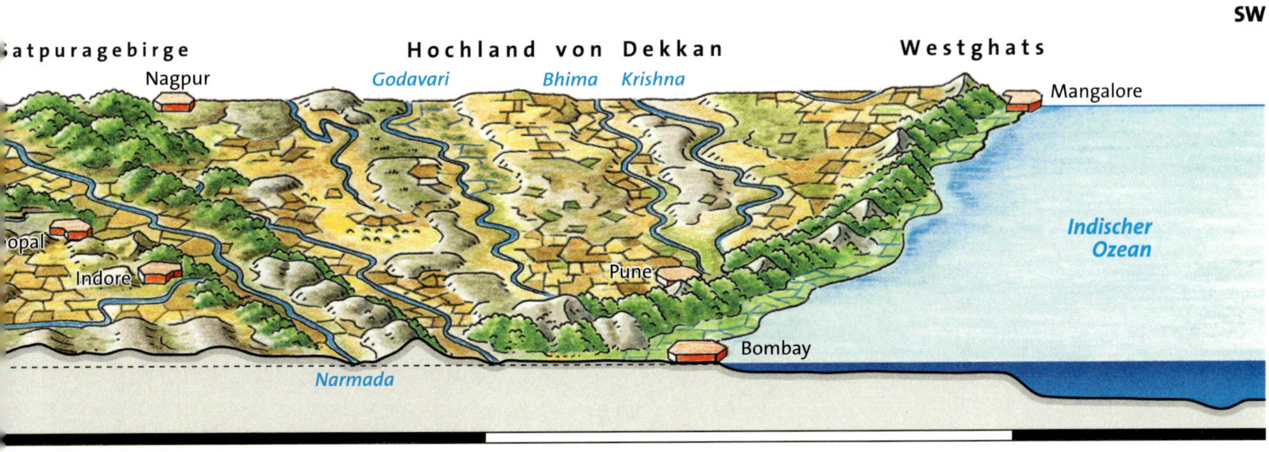

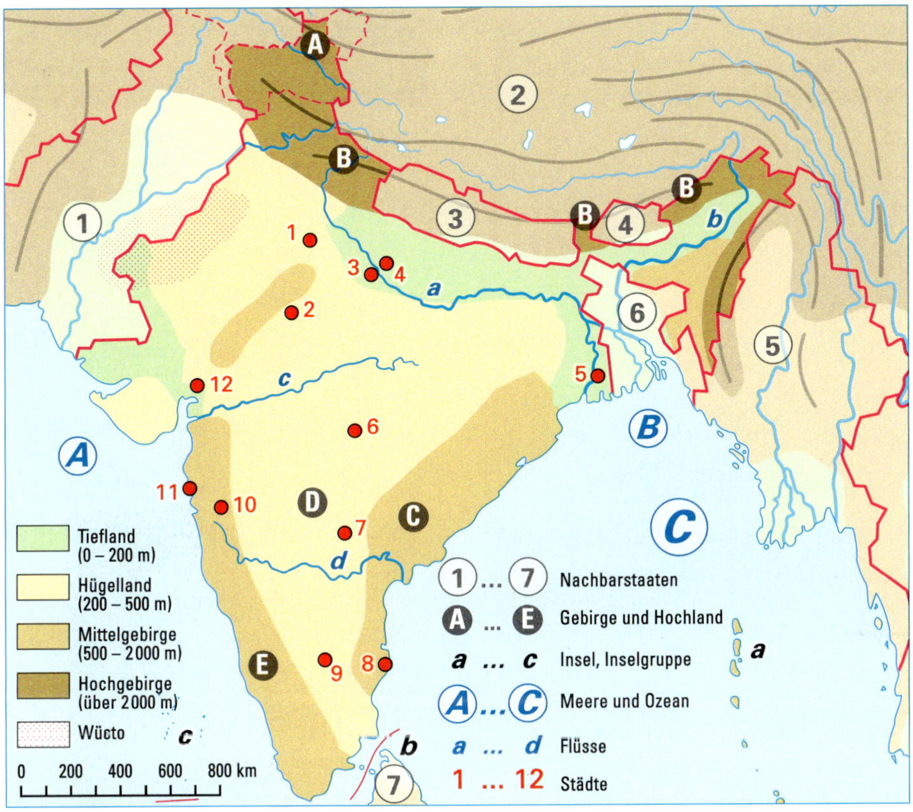

5 **Lernkarte von Indien**

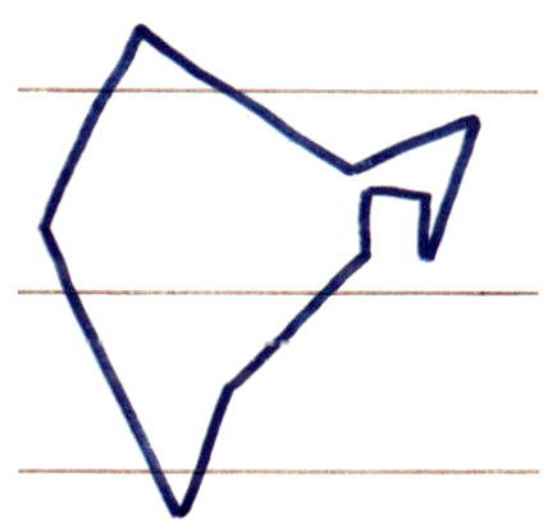

7

6 **An der Küste im Bundesstaat Kerala**

2 Ordnen Sie die Fotos 2–4 und 6 den verschiedenen Naturräumen Indiens zu. Begründen Sie Ihre Zuordnung.

3 Arbeiten Sie mit Karte 5 und dem Atlas. Benennen Sie die mit Buchstaben und Zahlen gekennzeichneten topographischen Objekte.

4 Bestimmen Sie die Lage von Profil 1 im Gradnetz und in der Lernkarte 5.

5 Erstellen Sie ein Kausalprofil durch das Hochland von Dekkan.

→ *Ein Kausalprofil erstellen, siehe Seite 134/135*

① **Hitze in Indien – 120 Tote**

Eine Hitzewelle hat im Osten Indiens und im benachbarten Bangladesch mindestens 120 Menschen das Leben gekostet. Allein im ostindischen Bundesstaat Orissa gab es schon 55 Tote durch Hitzschlag. Tausende Menschen in den beiden südasiatischen Ländern versammelten sich, um für einen Beginn der Monsunregenfälle zu beten. In Teilen Orissas erreichten die Temperaturen fast 50 Grad Celsius. Der Monsun, der Indien und Bangladesch Abkühlung und Regen bringt, verspätet sich nach Angaben des Indischen Meteorologischen Instituts. Bislang gelangte der Monsun nach Süd- und Westindien, er bewegt sich aber derzeit nicht weiter nach Norden und Osten fort. Ein verspäteter oder schlechter Monsun hat verheerende Auswirkungen auf den indischen Agrarsektor, von dem die Wirtschaft abhängt.

Hamburger Abendblatt, dpa 17. Juni 2005

③ ***Landschaft während des Wintermonsuns ...***

② ***Wassertransport im Dürregebiet***

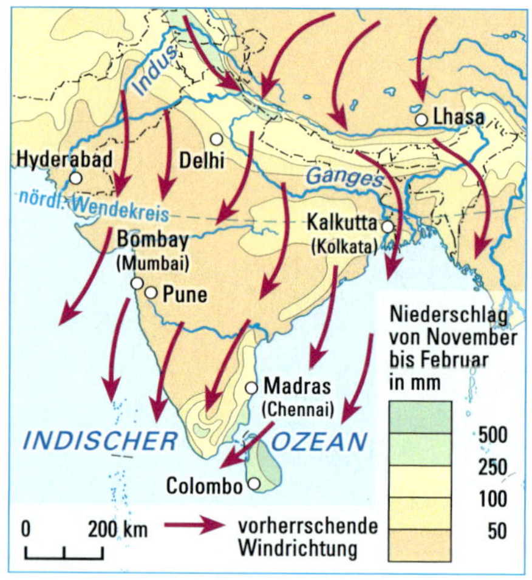

④ ***Wintermonsun (Januar – Februar)***

Monsun – Lebensatem Indiens

Monsun
(von arab. mawsim = für die Seefahrt geeignete Jahreszeit)
Der Monsun ist ein Wind, der im jahreszeitlichen Wechsel seine Richtung ändert.

Vier Monate gibt es gar keine Niederschläge, dann auf einen Schlag zu viele. Das ist das Paradoxe am **Monsun**: er ist Segen und Fluch gleichzeitig.

Das Klima Indiens wird von diesem Wechsel des Windsystems geprägt. Von Dezember bis Februar wehen die Winde überwiegend aus Nordosten. Es sind die Nordostpassate der Tropen. Weil sie nicht ganzjährig, sondern nur in diesen Monaten wehen, nennt man sie **Wintermonsun**. Sie bringen trockene und kühle Luftmassen aus dem Inneren Asiens nach Indien. Weht der Nordostpassat über den Golf von Bengalen, so nimmt er dort Feuchtigkeit auf und bringt Assam, Bengalen und dem Südosten Indiens sowie Sri Lanka auch im Winter Niederschläge.

Von etwa Mitte März bis Mai steigen die Temperaturen in Indien rasch an. Mit der Verlagerung des Zenitstandes der Sonne auf die Nordhalbkugel nimmt die Einstrahlung zu. In weiten Teilen Indiens herrscht dann eine unerträgliche Hitze. Das ist die Vormonsunzeit. Mit zunehmender Erwärmung steigen Luftmassen auf und es entwickelt sich über Nordindien und dem südwestlichen Tibet ein großräumiges Tiefdruckgebiet. Es ist Teil eines die Erde umspannenden Tiefdruckgür-

5 *... und in der Zeit des Sommermonsuns*

7

Der Monsun wird begrüßt

Eine Reihe von Zuschauern hatte sich an der Straße zum Strand aufgestellt. Viele der Männer trugen Krawatten, die Frauen feine Saris, die vom Wind aufgebläht wurden. Alle warteten mit Spannung wie bei der Begrüßung eines siegreichen Generals ...

Der Himmel war schwarz, das Meer schäumte wie Champagner. Der Wind traf uns mit einer Wucht, die unsere Reihe ins Schwanken brachte. Alle waren fröhlich, tanzten und sangen. Dann prasselte mit gewaltigen Güssen und Gewittern der Regen nieder.

Bericht eines Reisenden

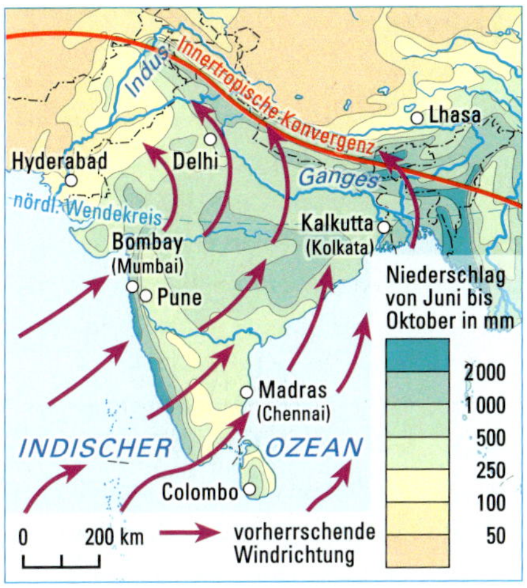

6 *Sommermonsun (Juni–September)*

tels, der **innertropischen Konvergenzzone (ITC)**, die sich nun vom Äquator aus weit nach Norden verlagert. In dieses Tiefdruckgebiet hinein wehen beständige Winde aus den subtropischen Hochdruckgebieten der Nordhalbkugel (**Nordostpassat**) und der Südhalbkugel (**Südostpassat**). Durch die weite Verlagerung der ITC nach Norden entsteht ein Druckgefälle, das von den subtropischen Hochdruckgebieten auf der Südhalbkugel über den Äquator bis zum Himalaya reicht.

Die Südostpassate gelangen nun über den Äquator und strömen zur über Nordindien liegenden ITC. Dabei werden sie durch die Erdrotation abgelenkt und wehen als Südwestmonsun, der über dem Ozean viel Feuchtigkeit aufnehmen konnte, in Richtung Nordosten.

Mit diesem **Sommermonsun** gelangen die feucht-warmen Luftmassen aufs Festland. Nach monatelanger Trockenheit setzt jetzt der lang ersehnte Regen ein. Oft sind es heftige Gewitter und Wolkenbrüche, begleitet von Überschwemmungen. Die Intensität der Niederschläge ist sehr unterschiedlich. Es gibt Regionen, in denen der Monsun manche Jahre regelrecht ausbleibt, und andere, in denen es tagelang nicht aufhört zu regnen. Solche Unterschiede entstehen durch die jeweilige Richtung der Luftströmungen und das Relief. Besonders hoch sind die Niederschläge im Luvbereich der Gebirge. Wenn sich im Herbst das Tiefdruckgebiet abschwächt und sich die ITC wieder nach Süden verlagert, schwächt sich auch der Monsun ab und endet dann. Die Nachmonsunzeit beginnt. Es treten die niedrigsten Temperaturen in Indien auf. Im Oktober ist der größte Teil des Subkontinents wieder trocken – bis zum nächsten Sommermonsun.

1 *Stellen Sie in einer Tabelle die vier vom Monsun beeinflussten Jahresabschnitte mit ihren Kennzeichen zusammen.*

2 *Erläutern Sie Entstehung und Eigenschaften des Winter- und Sommermonsuns in Indien.*

3 *Beschreiben und erklären Sie das Einsetzen des Sommermonsuns (Karte 9).*

8 *Überschwemmung*

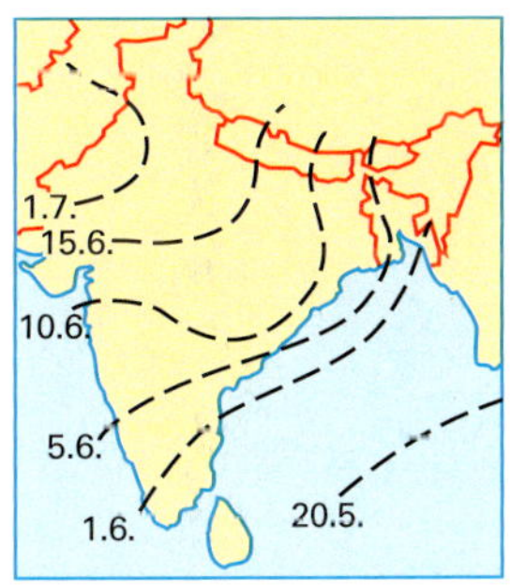

9 *Einsetzen des Sommermonsuns*

1 ***Staatswappen***
Oberer Abschluss einer 15 Meter hohen Steinsäule, die um 250 v. Chr. von Kaiser Ashoka in Sarnath bei Varanasi errichtet wurde.

2 ***Indische Nationalflagge***
Im weißen Streifen befindet sich das buddhistische Rad der Lehre.

3 ***Indischer Geldschein: 100 Rupien***

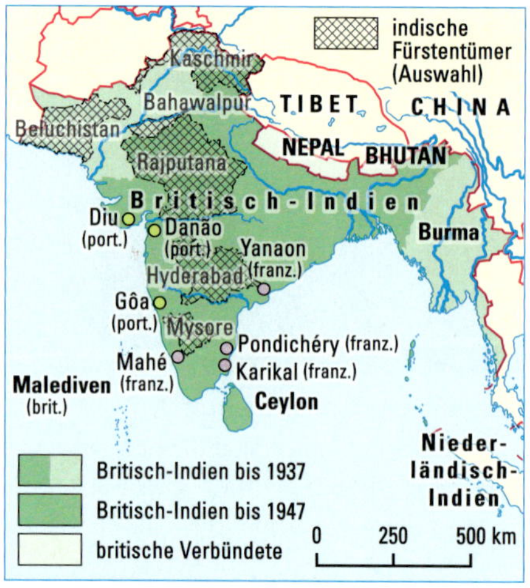

5 ***Britisch-Indien von 1858–1947***

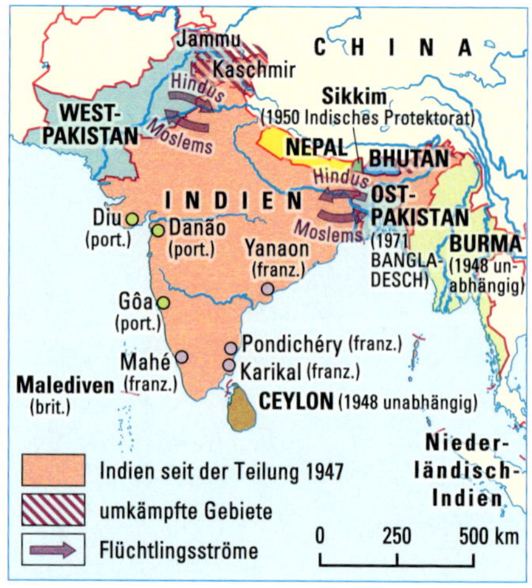

6 ***Die Teilung Indiens 1947***

Aus der Geschichte Indiens

Im Jahr 1947 war es endlich soweit – der lange Freiheitskampf gegen die britische **Kolonialherrschaft** schien am Ziel, die Unabhängigkeit zum Greifen nah. Doch die Vertreter der Muslime befürchteten, im neuen Staat nicht gleichberechtigt zu sein. Nach langen, schwierigen Verhandlungen erfolgte die Teilung in Indien und Pakistan. Wenige Tage danach kam es zu gewalttätigen Auseinandersetzungen zwischen Hindus und Muslimen. Es gab etwa 1 Million Tote, 12 Millionen Menschen wurden auf beiden Seiten in die Flucht getrieben.
Die Fürstenstaaten in den Grenzregionen, darunter auch Kaschmir, mussten sich für die Zugehörigkeit zu Pakistan oder Indien entscheiden. In Kaschmir herrschte ein Hindu-Fürst über eine überwiegend muslimische Bevölkerung. Als er das Beitrittsabkommen zur Indischen Union unterschrieb, kam es zum Krieg mit Pakistan. Indien besetzte den südlichen Teil dieses Fürstentums. Bis heute ist Kaschmir durch eine Waffenstillstandslinie geteilt, was noch immer für Spannungen sorgt.

Indien bestand 1947 aus etwa 600 Fürstentümern. Viele von ihnen wollten nicht in den indischen Nationalstaat eingegliedert werden. Die Briten hatten die Grenzen ihrer Verwaltungsprovinzen eher willkürlich gezogen. Die Neugliederung sollte nun nach Sprachen und kulturellen Aspekten erfolgen.
1950 trat die neue Verfassung in Kraft, welche die föderalen Strukturen des Landes festlegte. Nach schwierigen Verhandlungen erfolgte 1956 die Schaffung von 14 Bundesstaaten und sechs Unionsterritorien. In den 1980er-Jahren wurde Assam aus politischen, ethnischen und sprachlichen Gründen in sieben Bundesstaaten aufgeteilt. Heute gliedert sich Indien in 28 Bundesstaaten und 7 Unionsterritorien. Die Bundesstaaten sind in Distrikte, Kreise und Gemeinden unterteilt. Entscheidungen über die Außenpolitik, Atomenergie oder Verteidigung werden von der Regierung in Neu-Delhi gefasst. Über Erziehung, Polizei oder Landwirtschaft entscheiden die einzelnen Staaten.
In Indien gibt es heute 21 regionale Amtssprachen mit zum Teil unterschiedlichen Schriftsystemen. Offizielle Verkehrssprachen für ganz Indien sind Hindi und Englisch.

4

2500–1700 v. Chr.
Frühe Hochkultur im Indus-Tal

um 1500 v. Chr.
Einwanderung nomadisierender Rinderhirten aus Nordwesten, die sich Arya (Arier) nennen

ca. 274–236 v. Chr.
Erstes indisches Großreich unter Kaiser Ashoka; Buddhismus wird Staatsreligion

300–1200
Blütezeit hinduistischer Großreiche; Ausb tung des Hinduismus nach Südostasien

Religion und Kastenwesen

In Indien sind Religion und Staat getrennt. Niemand darf wegen seiner Religionszugehörigkeit diskriminiert werden. In keinem anderen Land existieren so viele Religionen nebeneinander wie in Indien. Dabei bleibt es nicht aus, dass sie sich gegenseitig beeinflussen und vermischen. Religiöse Toleranz besitzt einen hohen Stellenwert. Trotzdem brechen immer wieder religiöse Unruhen aus, wie z.B. im Kaschmir-Konflikt, bei dem die überwiegend muslimische Bevölkerung zum Teil gewalttätig die Unabhängigkeit fordert oder einen Anschluss an Pakistan. Auch bei den Sikhs führten Forderungen nach einem unabhängigen Sikhstaat bereits zu Unruhen. Neben den Religionen prägt vor allem das **Kastenwesen** das Zusammenleben der Menschen. Dem Glauben der Hindus nach kann man die Kaste, in die man hineingeboren wurde, im Laufe seines Lebens nicht wechseln. Es hängt vom jetzigen Leben ab, in welcher Kaste man wiedergeboren wird: je besser und gottgefälliger man lebt, desto höher wird die Kaste im nächsten Leben. Zwar wurde die Unberührbarkeit zwischen den Anhängern verschiedener Kasten durch die Verfassung 1948 aufgehoben, aber viele Inder halten aus religiösen und traditionellen Gründen auch heute noch an diesem System der Gesellschaftstrennung fest.

1 *Erklären Sie die Schwierigkeiten bei der Gründung des Staates Indien und seiner territorialen Gliederung sowie die Auswirkungen auf die heutige Situation.*

2 *Beschreiben Sie die räumliche Verteilung der Religionen in Indien.*

3 *Die 100 Rupien-Banknote zeigt Mahatma Gandhi, den Führer der Unabhängigkeitsbewegung. Referieren Sie über sein Wirken und seinen Einfluss auf die indische Geschichte.*

4 *Beschreiben Sie die heutige Bedeutung des Kastenwesens und bewerten Sie die Auswirkungen auf die wirtschaftliche Entwicklung.*

7 ***Religionen in Indien***

8 **Auszüge aus indischen Heiratsannoncen:**

Male Age: **26** Height: **5‘ 8“** Religion: **Hindu** Caste: **Brahmin** Community: **Bengali** Education: **MBA/PGDM** Occupation: **Banking/ Insurance** City: **Kolkata** (...)

Female Age: **32** Height: **5‘ 4“** Religion: **Hindu** Caste: **Vaishya** Community: **Bengali** Education: **M.A** Occupation: **Social Services** City: **Kolkata** (...)

Female Age: **22** Height: **5‘ 3“** Religion: **Hindu** Caste: **Vokkaliga** Community: **Kannada/Karnataka** Education: **B.A** Occupation: **IT Software** City: **Bangalore** (...)

Shaadi.com Matrimonials 2007, unter: www.shaadi.com, vom 12.07.2007

9 ***Anteile der Religionen an der Gesamtbevölkerung***

Hindus	*80,5 %*
Muslime	*13,4 %*
Christen	*2,3 %*
Sikhs	*1,9 %*
Buddhisten	*0,8 %*
Jainisten	*0,4 %*
andere	*0,7 %*
Gesamtbevölkerung 2005:	*1 119 500 000*

)6–1526 anat von Delhi: Islamische Herrscher er- rn weite Teile Nordindiens; in Südindien vickelt sich eine eigene hinduistische Kultur

1504–1739 Herrschaft türkisch-persischer Moguln (Nachfahren der Mongolen), z. B. Großreich unter Kaiser Akbar

1757–1947 Indien unter britischer Kolonialherrschaft

1947 Unabhängigkeit Indiens und Teilung des Landes

1950/1952 Verfassung der Republik Indien; erste allgemeine Wahlen

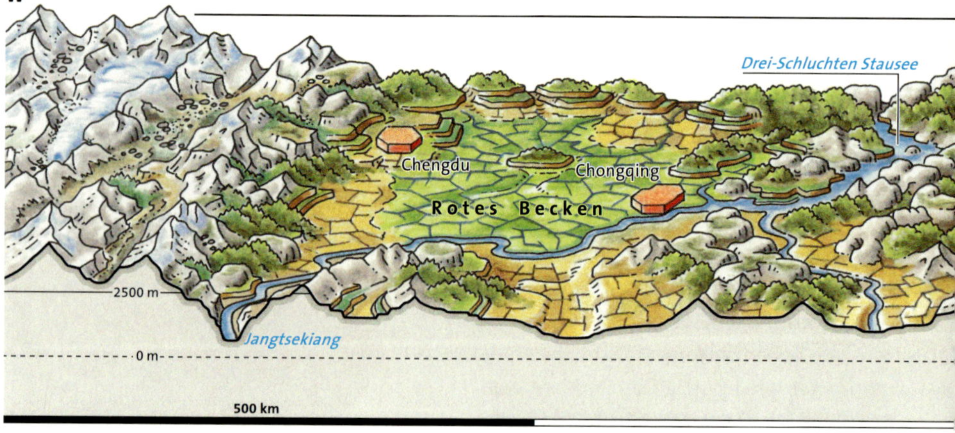

1

China:
- *ist das viertgrößte Land der Erde (nimmt mit 9,6 Mio. km² fast ein Viertel der Fläche Asiens ein)*
- *bildet einen großen Teil der Ostküste des Kontinents*
- *hat eine stark gegliederte Küstenlinie (23 000 km)*
- *hat über 19 000 km Landesgrenzen*
- *umfasst einige der entlegensten und am dünnsten besiedelten Gebiete der Erde*
- *ist mit über 1,3 Mrd. Menschen das bevölkerungsreichste Land der Welt*
- *besitzt mit Hochchinesisch die am weitesten verbreitete Sprache (über 900 Mio. Sprecher)*
- *hat mit dem Jangtsekiang (6 380 km) den drittlängsten Fluss*

Orientierung in China

Chinas Oberfläche fällt in drei Stufen von Westen nach Osten hin zum Ost- und Südchinesischen Meer ab.

Die westlichste Stufe ist das Qinghai-Tibet-Plateau, „das Dach der Welt", mit durchschnittlich 4 000 Metern das höchste und größte Hochland der Erde, welches auch den höchsten Berg der Erde, den Mount Everest (Qomolangma) beherbergt. Im so genannten „Wasserschloss Asiens" entspringen die großen Ströme Huang He (Gelber Fluss) und der Jangtsekiang.

Die zweite Stufe bildet ein weitläufiges System von Hochebenen und Becken in einer Höhenlage von rund 1 000 bis 2 000 Metern. Im Westen werden sie von den Gebirgszügen des Karakorum, Tienshan und Pamir begrenzt, im Norden vom Altai. Die Becken grenzen sich deutlich ab: das Tarimbecken, die Dsungarei, Teile der Wüste Gobi, das Qaidam- und das Rote Becken.

Die Großen Ebenen stellen die dritte Stufe dar. Sie erstrecken sich östlich und südöstlich von den Hochebenen bis zum Meer. Sie wurden durch die Ablagerungen von Böden geschaffen, die die großen Flüsse als Sedimente aus den Hochländern mit sich führten.

2 **Lössbergland am Huang He**

3 **Am Huang He bei Jinan**

4 **Tibet**

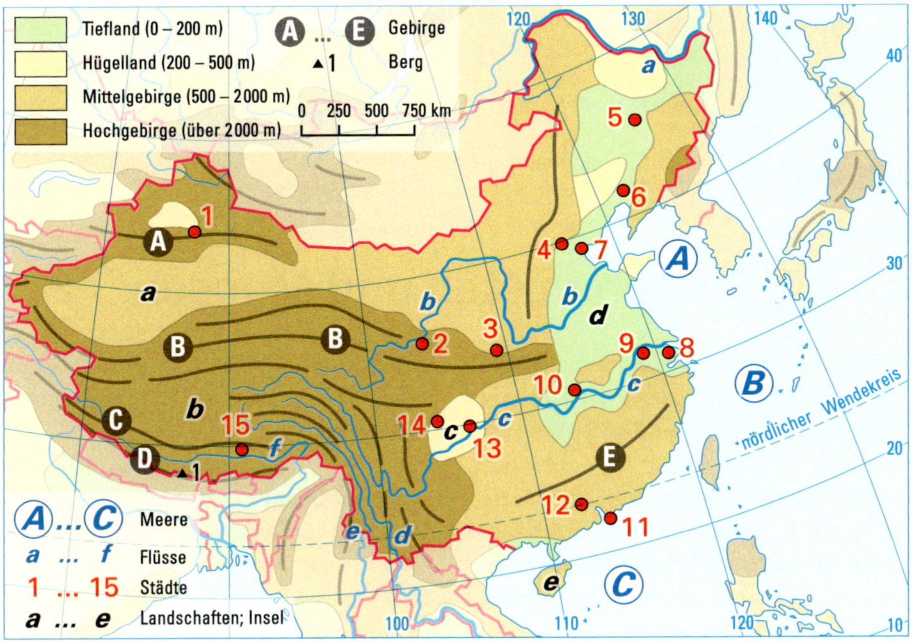

5 Lernkarte von China

Kaum zu glauben

Durch Anwehung feiner Staubpartikel aus den zentralasiatischen Trockengebieten durch den Wintermonsun wurde im Gebiet um den Fluss Huang He eine Lössdecke von stellenweise 300 Meter Mächtigkeit abgelagert und dadurch die einzigartige, heute stark erodierte Landschaft des Lössberglandes geschaffen.
In Deutschland geht die Lössmächtigkeit dagegen kaum über 1,50 Meter hinaus.

1 *Arbeiten Sie mit Profil 1, Karte 5 und Atlas.*
   a) Benennen Sie die mit Buchstaben und Zahlen gekennzeichneten topographischen Objekte.
   b) Bestimmen Sie die Lage von Profil 1 im Gradnetz und benennen Sie die einzelnen Landschaftseinheiten, die im Profil abgebildet sind.

2 *Ordnen Sie die Fotos 2–4 den verschiedenen Stufen in Karte 6 zu. Begründen Sie Ihre Zuordnung.*

6 Treppenaufbau der Oberfläche Chinas

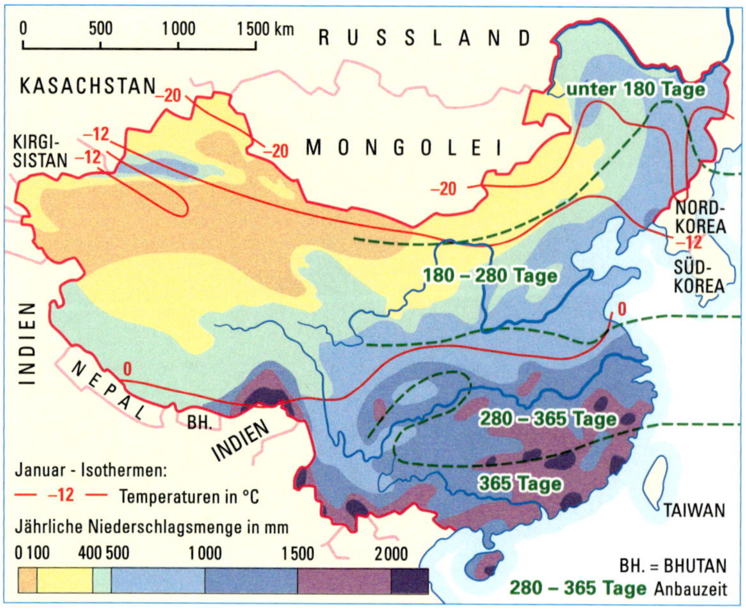

1 *Niederschläge, Temperaturen und Anbauzeiten in China*

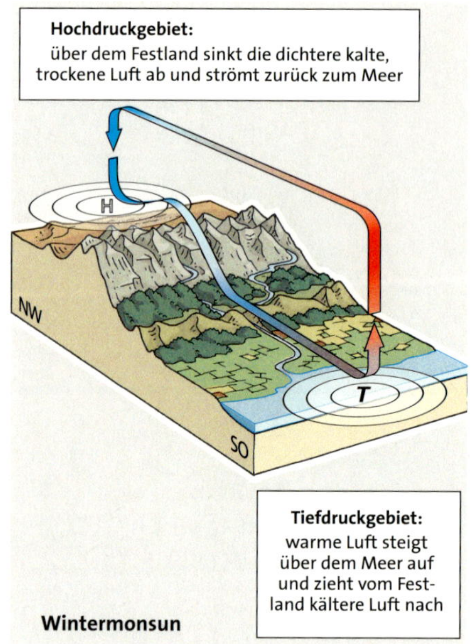

2 *Wintermonsun in China*

China: Binnenwüsten und Monsun

China ist aufgrund seiner Lage, Ausdehnung und seines Reliefs von starken klimatischen Gegensätzen geprägt. Der Großteil des Landes liegt in der Gemäßigten Zone, der Süden in der Subtropischen und Tropischen Zone und der Norden liegt z.T. im Bereich des kaltgemäßigten borealen Klimas der Kalten Zone. Das Hochland von Tibet hat ein raues, kaltes und trockenes Klima und wird gelegentlich auch als der „dritte Pol der Erde" bezeichnet.
Nach den Niederschlagsverhältnissen lässt sich China in einen ariden Westen und einen humiden Osten unterteilen.
Der Monsunzyklus beherrscht die Jahreszeiten großer Teile Chinas. Im Herbst kühlt die asiatische Landmasse schneller ab als das Gelbe, das Ost- und das Südchinesische Meer und bildet ein Zentrum hohen Luftdrucks. Kalte, trockene nördliche Winde (Wintermonsun) wehen über China seewärts. Wenn das Land sich im Frühjahr erwärmt, dringt feuchtwarme Luft aus dem Süden und Osten landeinwärts. Dieser Sommermonsun ist verantwortlich für die hohen Niederschläge im Südosten, die nach Nordwesten hin immer weniger werden.

In klimatischer Hinsicht lässt sich China grob in vier Teilräume gliedern, die so genannten „Vier Farben":

Das gelbe China
Der Norden Ostchinas wird als das gelbe China bezeichnet. Auf den fruchtbaren Löss- und Schwemmlandböden im Bereich des Huang He werden Weizen, Mais und Baumwolle angebaut. Der Lössboden ist sehr erosionsanfällig, was sich nachteilig auf die Nutzung auswirkt. Das Klima erzwingt eine winterliche Anbaupause. Außerdem gefährden Dürren und Überschwemmungen die Ernte. Die gelbbraunen Lössböden und die Farbe des reifen Weizens bestimmen die Landschaft.

Das grüne China
Im südlichen Teil Ostchinas befindet sich im Gebiet um den Jangtsekiang das grüne China mit seinem subtropischen, im äußersten Süden sogar tropischen Klima. Die hohen Gebirge Osttibets verhindern das Vordringen der Staubstürme, daher fehlt hier der Löss. Da sie aber auch die Kälte des Nordens abhalten, sind die Winter hier mild.

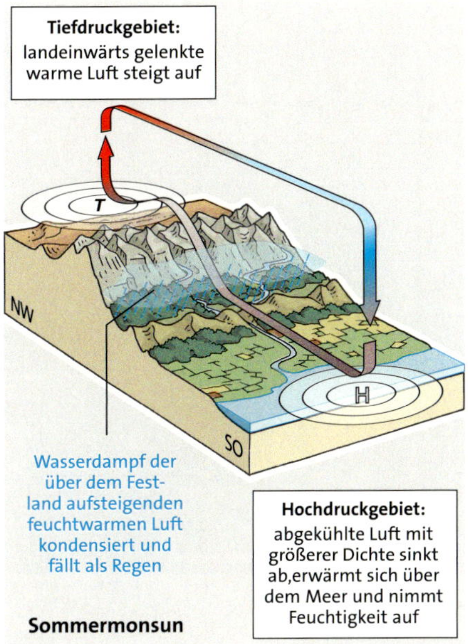

3 ***Sommermonsun in China***

4 ***Schwerpunkte des Ackerbaus***

Seinen Namen hat dieser Teil Chinas von seinem Hauptanbauprodukt, dem Reis, erhalten, der die Felder immer grün aussehen lässt. Reichliche Niederschläge und eine ganzjährige Wachstumsphase garantieren gute Erträge, die durch zusätzliche Bewässerung noch steigerbar sind. Bis zu vier Ernten pro Jahr sind in Gunstgebieten möglich. Es werden auch Baumwolle, Tee und Zuckerrohr angepflanzt.

Das graue China

Das graubraune, auch als staubiges oder trockenes China bezeichnete Gebiet umfasst die winterkalten Steppen und Wüsten in den westlichen und nördlichen Landesteilen: die Sandwüste Taklimakan und die Steppenwüste Gobi. Eine landwirtschaftliche Nutzung ist, abgesehen von nomadischer Weidewirtschaft und von Oasen, kaum möglich.

Das weiße China

Als weißes oder kaltes China bezeichnet man die extrem kalten Becken, Hochflächen und Gebirgsregionen Zentralasiens. Die kargen Gebirgsböden lassen außer der extensiven Weidewirtschaft keine ackerbauliche Nutzung zu.

1 *Übertragen Sie die nachfolgende Tabelle in Ihr Heft und vervollständigen Sie sie. Nutzen Sie dazu auch die Klimatabelle im Anhang.*

Teilraum	Landschaften, Höhenlage, Gewässer	klimat. Bedingungen	Flächennutzung

2 *Das Relief und die klimatischen Bedingungen führen zu starken Unterschieden*

a) in der Bewohnbarkeit des Landes: Beschreiben und begründen Sie mithilfe des Atlas und der Karte 4 auf Seite 25 die Bevölkerungsverteilung Chinas.

b) in der landwirtschaftlichen Nutzung: Arbeiten Sie mithilfe der Karten 1 und 4 sowie der Blockdiagramme 2 und 3 die landwirtschaftlichen Gunstzonen heraus und beurteilen Sie, welche Schwierigkeiten China hat, seine stark gewachsene Bevölkerung zu ernähren.

3 *Ordnen Sie die Bilder 2–4 auf Seite 14 den „Vier Farben Chinas" zu.*

4 *Vergleichen Sie den Monsun in China mit dem in Indien. Arbeiten Sie Gemeinsamkeiten und Unterschiede heraus.*

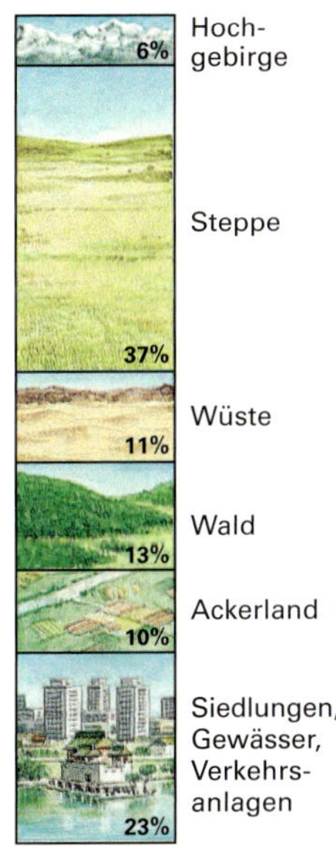

5 ***Flächennutzung in China***

① ***Große Chinesische Mauer***

④ ***Peking: Der Kaiserpalast***

②

1949 wurde die Volksrepublik China gegründet und eine neue Flagge eingeführt. Das Rot steht für den Kommunismus, aber auch für die Mehrheitsgruppe der Han. Der große Stern symbolisiert China, die kleinen die Mandschurei, die Mongolei, Sinkiang und Tibet, aber auch die kommunistische Partei und die vier Werktätigenklassen: Arbeiter, Bauern, Kleinbürger und „patriotische Kapitalisten“.

Das Reich der Mitte – ein altes Kulturland

China ist der älteste Staat der Erde. 221 v. Chr. vereinigte der erste Kaiser Qin mehrere Fürstenstaaten zum chinesischen Kaiserreich. Er vereinheitlichte Gewichte, Maße und Münzen, zentralisierte die Verwaltung und ließ einen ersten zusammenhängenden Verteidigungswall errichten, der später zur Großen Chinesischen Mauer ausgebaut wurde.

Für die Chinesen ist ihr „Reich der Mitte“ seit jeher geistiger und politischer Mittelpunkt der Welt und Inbegriff jeglicher Zivilisation. Schon vor der Kaiserzeit war die Kultur hoch entwickelt und es gelangen bedeutende Erfindungen. Seit mehr als zwei Jahrtausenden beeinflussen die Lehren des Konfuzius (551 – 471 v. Chr.) das Leben. Die von ihm geforderten Tugenden Fleiß, Ehrfurcht, Liebe und Gehorsam gegenüber Eltern, Ahnen und dem Staat werden bis heute geachtet.

Bis ins 16. Jahrhundert war China das wirtschaftlich am weitesten entwickelte Land der Erde. Danach folgte eine Politik der Abschottung gegenüber fremden Einflüssen. Das Land fiel technologisch und wirtschaftlich zurück. Im 19. Jahrhundert war China so geschwächt, dass Küstengebiete an ausländische Mächte abgegeben werden mussten.

Vom Kommunismus ...

Als 1912 der letzte Kaiser gestürzt wurde, folgten Jahre innerer Wirren und Bürgerkriege. Aus ihnen ging die Kommunistische Partei als Sieger hervor. Deren Vorsitzender Mao Zedong gründete 1949 die Volksrepublik China. Die Zentralregierung gab nun gesellschaftliche und wirtschaftliche Entwicklungsziele vor. Privateigentum an Grund und Boden wurde abgeschafft, Fabriken wurden verstaatlicht. Viele Chinesen, vor allem Unternehmer, flüchteten in die Nachbarstaaten.

Der „Große Sprung nach vorn“ sollte Chinas Wirtschaft vorantreiben. Bauern wurden in Volkskommunen zusammengeschlossen, Familienbetriebe abgeschafft. Falsche Planungen führten jedoch zu Hunger, Elend

③

Altchinesisches Reich

1000 v. Chr. – 500 v. Chr. – 0 – 500 n. Chr. – 581 n. Chr. – 906 n. Chr.

Frühe Hochkulturen am Huang He und Jangtsekiang

Laozi 664 – 520

Konfuzius 551 – 479

Erste Zeit der Kultur und Weisheit

Gründung des Kaiserreiches 220 v. Chr.

Herausbildung des Beamtenstaates; Lehren des Konfuzius werden Staatsreligion; Beginn des Mauerbaus

Zeit der großen politischen Zerrissenheit 220 – 581:

1. Bedrohung von außen durch Hunnen und Türken

Erste Blütezeit des Neuen Reiches:

Ausweitung des Reiches nach Westen; Handel mit Arabien; 868: erstes gedrucktes Buch

⑤ *„Terrakottaarmee" des Kaisers Qín Shihuángdì (210 v. Chr.)*

⑦ ***Propagandafoto aus der Zeit des „Großen Sprungs nach vorn"***

und zum Tod von Millionen Menschen. In der „Kulturrevolution" der 1960er-Jahre wurden traditionelles, nichtsozialistisches Denken und Verhalten bekämpft. Dies behinderte die wirtschaftliche Weiterentwicklung Chinas.

... zur sozialistischen Marktwirtschaft

Nach dem Tod von Mao Zedong 1976 kam es zu einem Richtungswechsel. Unter Führung von Deng Xiaoping wurden wieder Privatbetriebe zugelassen und Eigenverantwortung statt zentraler Planwirtschaft gefördert. China öffnete sich nun stärker für ausländische Firmen. Mit dem „Beschluss zur sozialistischen Marktwirtschaft" begannen ab 1990 weitere Reformen zur Entwicklung der Wirtschaft. Ein beispielloser Boom setzte ein.

⑥ Die chinesische Gesellschaft ist auf den ersten Blick ethnisch sehr homogen. Mehr als 90 % der Bevölkerung werden zu den Han-Chinesen gezählt. Darüber hinaus gibt es nach offizieller Zählung 55 nationale Minderheiten. Sie machten laut der Volkszählung des Jahres 2000 mit 106 Millionen Menschen zwar nur 8,4 % der Bevölkerung aus, aber die von ihnen bewohnten „autonomen" Regionen umfassen nahezu zwei Drittel der Gesamtfläche des Landes. Vielfach bilden allerdings die Chinesen, die sich selbst als Han bezeichnen, auch dort die Bevölkerungsmehrheit. (...)

Thomas Heberer, Bundeszentrale für politische Bildung: Volksrepublik China. Informationen zur politischen Bildung H. 289, Bonn 2005, S. 47

⑧ ***Chinesische Erfindungen:***

Seide 600 v. Chr.
Papier 100 v. Chr.
Akupunktur 400 n. Chr.
Kompass 500 n. Chr.
Buchdruck 600 n. Chr.
Porzellan 700 n. Chr.
Schießpulver 1200 n. Chr.

ONLINE-Link

27960X-0201

1 *Erklären Sie, wie sich politische Entscheidungen auf die Wirtschaftsentwicklung Chinas ausgewirkt haben.*

2 *Zeigen Sie auf, warum das 20. Jahrhundert als „Jahrhundert der Reformen und Revolutionen" bezeichnet wird. Erstellen Sie hierzu einen Zeitstrahl.*

3 *China gliederte Tibet 1950 gewaltsam in seinen Staatsverband ein. Erarbeiten Sie in Gruppen den historischen Hintergrund der tibetisch-chinesischen Beziehungen, die Sichtweise Chinas sowie die der tibetischen Exilregierung.*

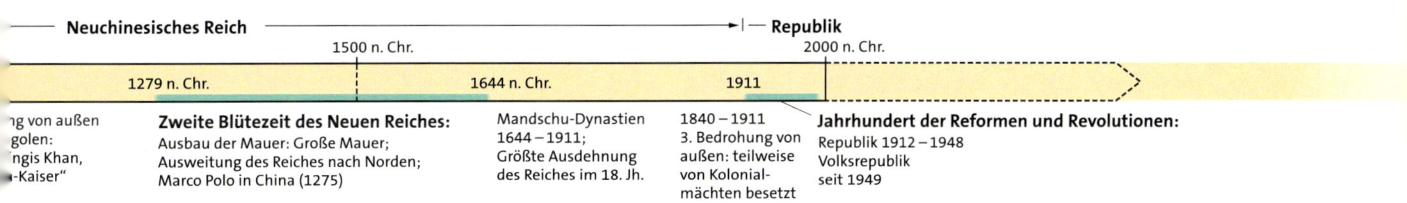

Nicht länger ohne uns Frauen!

In vielen Ländern liegt die Entwicklung auf den Schultern der Frauen: Sie verrichten die Feldarbeit, erziehen die Kinder und verdienen zusätzlich Geld für den Familienunterhalt. Auch in Indien und China leben Mädchen und Frauen in extrem unterschiedlichen Verhältnissen.

60 % der Chinesen und 71 % der Inder leben auf dem Land. Hier, wo die Armut weit verbreitet ist, haben viele Frauen nie die Schule besucht oder einen Beruf gelernt. Sie verdienen ihren geringen Lebensunterhalt auf dem Feld, in Fabriken, Steinbrüchen oder beim Straßenbau. Zudem überleben gerade in den ländlichen Regionen kulturelle und religiöse Traditionen, bei denen die Männer die vorherrschende Rolle spielen.

In den Großstädten hält dagegen die Selbstbestimmung der Frau immer mehr Einzug. Im Zuge der Gleichberechtigung und des wirtschaftlichen Aufschwungs ist es für viele Frauen möglich, das Leben nach eigenen Vorstellungen zu gestalten. Zum Selbstwertgefühl tragen eine gute Ausbildung, berufliche Selbstständigkeit und die Aktivitäten in Frauengruppen bei. Viele Frauen haben studiert und gut bezahlte Tätigkeiten als Rechtsanwältinnen, Ärztinnen, in der Computerindustrie oder in der Luftfahrt angenommen.

Immer mehr Frauen nehmen ihr Schicksal nicht einfach hin. Sie schließen sich zusammen und protestieren gegen ihre Benachteiligung.

①

Staat	Frauenanteil an den Beschäftigten	Analphabetenrate (Männer)	Analphabetenrate (Frauen)
Indien	28,4 %	27 %	52 %
China	44,5 %	5 %	13 %

② Sayed Vaheedha ist Muslimin – im stark hinduistisch dominierten Indien, genauer gesagt in Nallella, einem Dorf im indischen Bundesstaat Andhra Pradesh. Als solche war sie dazu erzogen, das Haus möglichst nicht zu verlassen, sich zu verschleiern, sich ihrem Mann unterzuordnen und ansonsten so unauffällig wie möglich zu leben.

Im Jahr 2000 begann die Lodi Multipurpose Social Society mit Unterstützung der Andheri-Hilfe die Frauen in ihrem Dorf zu organisieren. In regelmäßigen Treffen wagten sie es, die Ursachen ihrer Armut zu hinterfragen. Sie begannen, kleinste Beträge zu sparen, um sich im Notfall mit Kleinkrediten aushelfen zu können. So wurden sie vom Geldverleiher unabhängig. Das gefiel Sayeds Mann. Er erlaubte ihr, zu den Treffen zu gehen und ihren Sparbeitrag zur Gruppe zu bringen. Danach musste sie sofort nach Hause kommen. Nach und nach baute sie mehr Kontakt zur Frauengruppe auf, nahm an Seminaren teil und zeigte immer stärker ihre Führungsfähigkeiten. Nach einigen Jahren wurde sie zur Gruppenleiterin gewählt, sodass sie an Treffen auf Kreisebene teilnahm. (...) Sayed war es schließlich, die durchsetzte, dass im Dorf Abwasserleitungen gelegt und eine Straße gebaut wurden! Sie bewirkte, dass die Frauen Geld von der Regierung erhielten, um kleine Einkommensprojekte zu realisieren. So wurde Sayed die erste Frau, die je den Vorsitz im Gemeinderat innehatte. (...)

Nach: Andheri-Hilfe Bonn e. V.: Andhra Pradesh: Zwei starke Frauen – eine Erfolgsstory, unter: www.andheri-hilfe.org

3 Wan Ming Lang, 21 Jahre:
Ich bin ein Bauernmädchen aus der chinesischen Provinz Sichuan. (...) Von Vater bezog ich regelmäßig Prügel und musste als Älteste die schwerste Arbeit verrichten. Als Wasserträgerin trug ich mit zehn Jahren 45 kg schwere Wassereimer über mehrere Kilometer. (...) Besonders schlimme Erinnerungen habe ich an die bitterkalten Winter. Ich besaß keine Schuhe und hatte an Händen und Füßen Frostbeulen sowie Risse und Schwielen, aus denen rotes Fleisch hervorquoll. Mit 14 Jahren nahm mich mein Onkel mit in die nächste Kleinstadt, wo ich als Kindermädchen und Putzfrau arbeitete. Ein Jahr später besuchte mich Vater mit einer Heiratsvermittlerin und einem Kandidaten, der über 40 war. Ich ekelte mich vor diesem Mann und kann mich nicht mehr erinnern, wie ich diesem Schicksal entkommen bin. (...) Jetzt arbeite ich bei einer Professorin. Einen Großteil meines Verdienstes schicke ich nach Hause, damit meine jüngste Schwester zur Schule gehen kann. Aber mein Vater verspielt das Geld häufig. (...) Seit einiger Zeit bin ich offiziell mit Herrn Xu befreundet. (...) Er arbeitet in einer Behörde, bei der er einiges Ansehen genießt. Unsere Familien sähen es gerne, wenn wir ein Paar würden, aber ich habe das Gefühl, dass er nur so lange nett zu mir ist, bis ich ihm meine Ersparnisse gegeben habe, um einen Brotladen zu eröffnen. Ich aber möchte meine Selbstständigkeit behalten und selbst bestimmen, was mit meinem sauer verdienten Geld passiert.

Nach: Xiao Hui Wang/Monika Endres-Stamm: Töchter des halben Himmels, sieben Frauen aus China: Fischer Taschenbuchverlag GmbH, Frankfurt am Main, 2000

4 Die 36-jährige Managerin Shao Yun leitet eine Event- und Marketing-Agentur in Peking (...). Knapp zehn Jahre hat Shao Yun als Angestellte im Immobiliensektor gearbeitet, dann hat sie eine Marktlücke entdeckt und sich selbstständig gemacht. Für Shao Yun und viele andere Singles – die so genannten „white collar ladies“ – stehen Selbstständigkeit und Karriere an erster Stelle im Leben. Während die „blue collar ladies“ arbeiten, um ihrer Familie und besonders ihren Kindern einen sorgenfreien Alltag zu ermöglichen, leben die „white collar ladies“ wie Shao Yun als Singles in den chinesischen Großstädten. Sie haben eine gute Ausbildung, ein relativ hohes Einkommen und genießen gesellschaftliche Anerkennung. Vor allem aber machen sie sich frei vom traditionellen Einfluss ihrer Familien, auch beim Thema Familiengründung und Eheschließung.

Nach: Yao Yongmei/Eva Mehl: Der Traum von einem besseren Leben – Chinas Frauen auf dem Land und in der Stadt, Deutsche Welle, unter: www.dw-world.de

1 a) *Vergleichen Sie die Entwicklungswege der Frauen in ländlichen und städtischen Räumen.*
b) *Erläutern Sie, welche Faktoren jeweils die Selbstbestimmung der Frauen fördern oder hemmen.*
c) *Stellen Sie die Möglichkeiten und Grenzen von Hilfsprojekten zur Verbesserung der Stellung der Frauen in ländlichen Räumen gegenüber.*

2 *Vergleichen Sie die Bildungschancen von Männern und Frauen in Indien und China und überlegen Sie, welche Auswirkungen diese auf die Stellung der Frau in der Gesellschaft haben.*

5 ***Analphabetenrate der Bevölkerung ausgewählter chinesischer Provinzen (2005)***

	Männer	*Frauen*
Peking	*2 %*	*6 %*
Fujian	*5 %*	*20 %*
Sichuan	*10 %*	*23 %*
Tibet	*33 %*	*56 %*

6 ***Analphabetenrate der Bevölkerung ausgewählter indischer Bundesstaaten (2001)***

	Männer	*Frauen*
Kerala	*6 %*	*12 %*
Delhi	*13 %*	*25 %*
Rajasthan	*24 %*	*56 %*
Uttar Pradesh	*30 %*	*57 %*

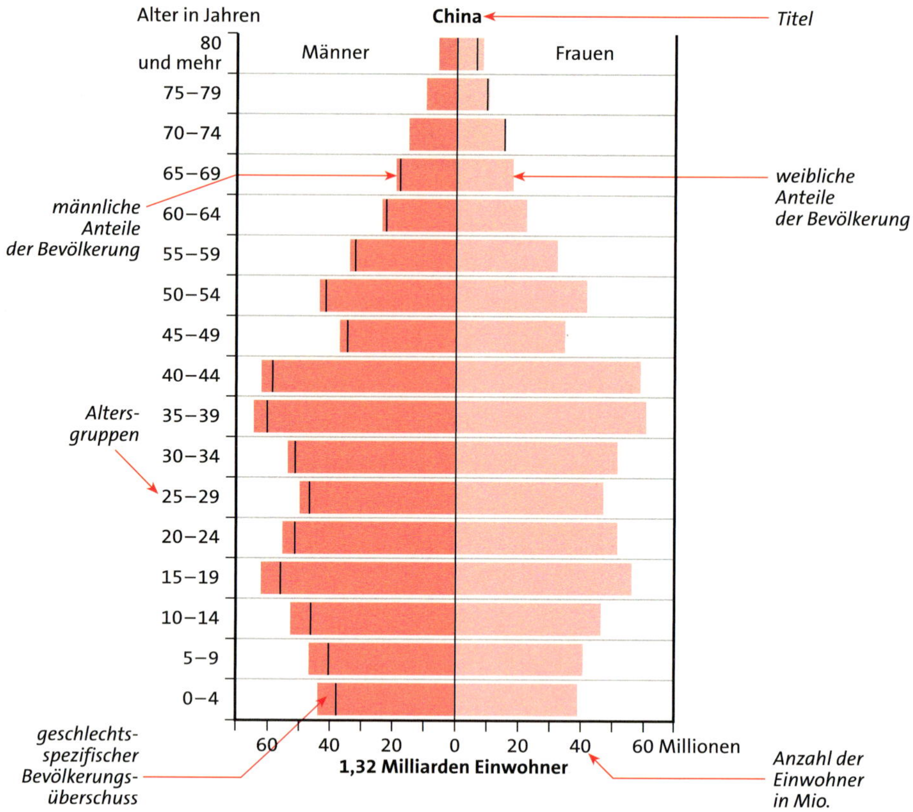

1 ***Bevölkerungspyramide von China im Jahr 2007***

Bevölkerungspyramiden geben Auskunft über den geschlechtsspezifischen Altersaufbau eines Landes zu einem bestimmten Zeitpunkt. Wenn Sie gelernt haben, sie zu lesen, können Sie Tendenzen der vergangenen oder der weiteren Bevölkerungsentwicklung erklären und begründen sowie Vergleiche zu anderen Staaten ziehen.

Eine Bevölkerungspyramide auswerten

Die Gesamtzusammensetzung einer Bevölkerung nach Merkmalen wie beispielsweise Altersaufbau, Geschlecht oder sozialer Zugehörigkeit bezeichnet man als **Bevölkerungsstruktur**.

In einer **Bevölkerungspyramide** wird die Zusammensetzung der Bevölkerung nach den natürlichen Merkmalen Alter und Geschlecht grafisch dargestellt.

Eine Bevölkerungspyramide ist ein Häufigkeitsdiagramm. Dabei werden die Altersklassen auf der senkrechten y-Achse abgebildet. Die waagerechte x-Achse stellt die geschlechtlichen Anteile der Bevölkerung dar. Die Streifen links der y-Achse zeigen die Anteile der Altersgruppen der männlichen, die rechte Seite die der weiblichen Bevölkerung.

Bevölkerungspyramiden sind Ausprägungen bestimmter Entwicklungsstadien einer Bevölkerung. Dabei werden vier Grundformen unterschieden (siehe Grafiken 3).

Bevölkerungspyramide auswerten

1. Schritt: Orientieren

Stellen Sie fest, für welches Land und für welches Jahr die Angaben gemacht werden. Bestimmen Sie die Einteilung der Achsen. Überprüfen Sie, ob die Bevölkerungsanteile in absoluten oder relativen Zahlen angegeben werden.

2. Schritt: Beschreiben

Lesen Sie die geschlechtsspezifischen Anteile in den einzelnen Altersgruppen ab.
Geben Sie die Gesamtanteile für folgende Bevölkerungsgruppen an:

❷ **Beispiel China**

Orientieren:
- Gesamtbevölkerung 2007: 1,32 Mrd. Einwohner
- Einteilung der x-Achse: Zehn-Millionen-Schritte bis 70 Mio.
- Einteilung der y-Achse: ...

Beschreiben:

Altersgruppe	**m**	**w**	**gesamt**
0–4	44 Mio.	39 Mio.	83 Mio.
5–9	47 Mio.	40 Mio.	87 Mio.
...			
35–39	65 Mio.	61 Mio.	125 Mio.
...			

Gesamtanteile der Altersgruppen

Kinder und Jugendliche	270 Mio. = ... %
Erwerbstätige Bevölkerung	...
Nichterwerbstätige Bevölkerung	...

Auffälligkeiten:
- hohe Bevölkerungszahl der 35- bis 44-Jährigen und...
- geringe Bevölkerung ab 65 Jahren und...
- Bevölkerungsabnahme in den letzten 10–15 Jahren
- Überschuss der männlichen Bevölkerung v. a. in der Gruppe der 0–19-Jährigen ...

Erklären:

...

Einer Grundform zuordnen:

Chinas Bevölkerungspyramide stellt eine Mischung aus Pyramide (an der Spitze) und Urnenform (Basis) dar. Die absolute Zahl der Geburten ist noch immer sehr hoch, nimmt aber inzwischen langsamer zu als vor 20 Jahren.

Prognose erstellen:

Die hohe Geburtenrate lässt auf ein weiteres Wachstum der ohnehin hohen Gesamtbevölkerung schließen. Dafür spricht auch der geringe Anteil älterer Menschen.

Ein so starkes Wachstum der Bevölkerung führt zu sozialen Problemen wie mangelnde Ernährung, Wohnungsnot und unzureichende medizinische Betreuung. Es bedeutet auch erhöhte Aufwendungen für Bildung und einen hohen Anteil junger Menschen auf dem Arbeitsmarkt. Maßnahmen zur Eindämmung der hohen Geburtenrate greifen zwar, aber viel zu langsam.

- *Kinder und Jugendliche (0 14 Jahre)*
- *Erwerbsfähige Personen (15–64 Jahre)*
- *Nicht mehr erwerbsfähige Personen (> 64 Jahre)*

Beschreiben Sie den Altersaufbau der Bevölkerung. Gibt es Auffälligkeiten bzw. Unregelmäßigkeiten?

3. Schritt: Erklären

Sammeln Sie Hintergrundinformationen, die die Auffälligkeiten im Altersaufbau erklären.

4. Schritt: Einer Grundform zuordnen

Ordnen Sie die dargestellte Pyramide einer der vier Grundformen zu. Bedenken Sie dabei, dass es auch Mischformen geben kann.

5. Schritt: Prognose erstellen

Leiten Sie ab, wie sich die Bevölkerung eines Staates entwickelt. Formulieren Sie dann Aussagen zu Auswirkungen der Altersstruktur auf die Gesellschaft.

1 *a) Werten Sie die Bevölkerungspyramide von China aus.*

b) Vergleichen Sie die Bevölkerungspyramiden von China und Indien (Seite 27). Begründen Sie die Unterschiede.

2 *Suchen Sie im Internet eine Bevölkerungspyramide von Deutschland und werten Sie diese aus.*

❸ ***Grundformen von Bevölkerungspyramiden***

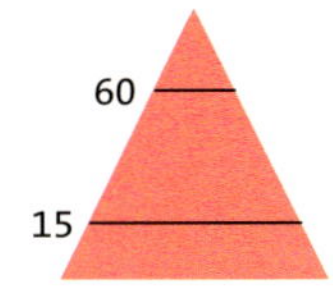

Pyramidenform: *hohe und über längere Zeit konstante Geburten- und Sterberate bedingen langsames Wachstum.*

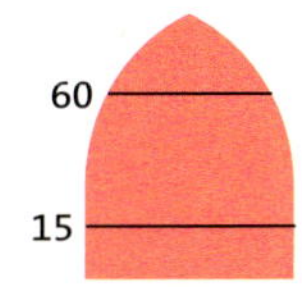

Bienenkorbform: *über längere Zeit gleich bleibende niedrige Geburten- und Sterberaten sowie eine hohe Lebenserwartung bedingen gleich bleibende Bevölkerungszahlen.*

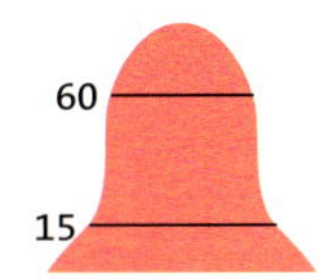

Glockenform: *aufgrund eines Ansteigens der Geburten bei gleichbleibend niedriger Sterblichkeit beginnt die Bevölkerung wieder zu wachsen.*

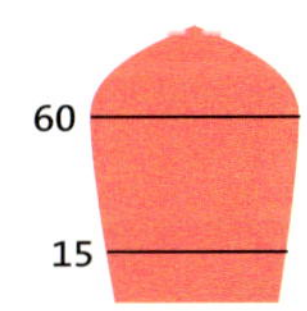

Urnenform: *bei hoher Lebenserwartung und kontinuierlich abnehmenden Geburtenzahlen schrumpft die Bevölkerung über lange Zeit.*

ONLINE-Link
27960X-0202

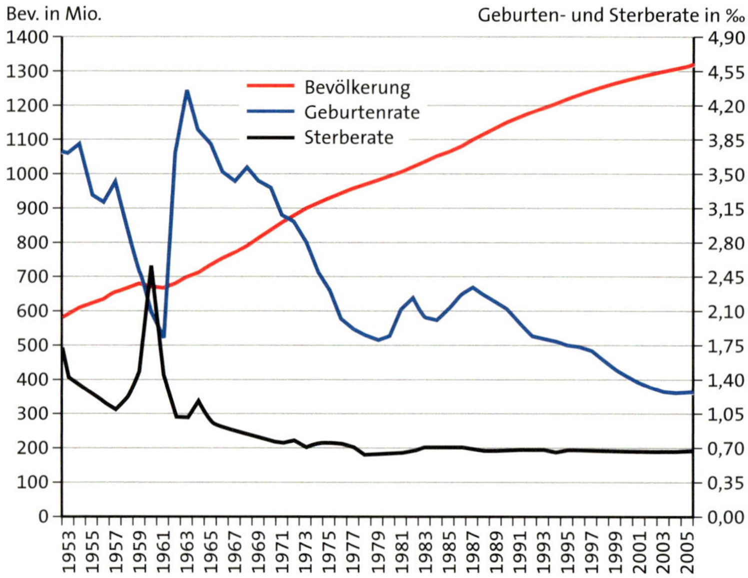

1 ***Entwicklung der Geburten- und Sterberaten in China (1953 – 2005)***

3 ***Versicherungen werben für Eigentumswohnungen***

China: Ein Kind – die Lösung?

Geburtenrate/Sterberate

Anzahl der Lebendgeborenen/ Gestorbenen pro 100 Einwohner eines Landes oder eines Gebietes innerhalb eines Jahres.

Wachstumsrate

Differenz zwischen Geburtenrate und Sterberate.

Natürliche Bevölkerungsentwicklung

Veränderung der Bevölkerungszahl innerhalb eines Landes oder Gebietes und innerhalb eines Zeitraumes infolge der Veränderungen der Geburten- und Sterberate.

2 **China knackt Grenze von 1,3 Milliarden Einwohnern**

Mit der Geburt eines Jungen hat China am Donnerstag eine Höchstmarke bei der Bevölkerungszahl markiert. Während der Vater vor Stolz platzt, löst der neue Erdenbürger bei der chinesischen Regierung Besorgnis über das rapide Einwohnerwachstum aus. (...)

SPIEGEL ONLINE vom 06.01.2005, unter: www.spiegel.de

„Für China ist es eine gute Sache, eine große Bevölkerung zu haben. Von allen wertvollen Dingen der Welt sind die Menschen das Wertvollste", sagte Mao Zedong 1955. China hatte damals schon eine große Bevölkerung, da das Ansehen der Familie von der Zahl der Kinder abhängig war. Jedoch hielten Hungersnöte, Kriege und Naturkatastrophen das Wachstum in Grenzen. Nach der Gründung der Volksrepublik China wurde eine raschere Zunahme der Bevölkerung zum Ziel der **Bevölkerungspolitik** erklärt, um die Produktion in Landwirtschaft und Industrie zu steigern und um das Verkehrsnetz auszubauen. Da sich mit der wirtschaftlichen Entwicklung auch die medizinische Versorgung verbesserte, wuchs die Bevölkerung explosionsartig. Die Staatsführung befürchtete soziale und wirtschaftliche Probleme und schrieb ab 1980 die **Ein-Kind-Familie** vor. Späte Ehen und Geburten wurden gefördert: Familien mit einem Kind erhielten z. B. kostenlose medizinische Betreuung, Gratisausbildung und wurden bei der Wohnungsvergabe bevorzugt. Die Einhaltung des Gesetzes wurde insbesondere in den Städten durch Parteifunktionäre strikt kontrolliert und bei Missachtung mit Geldstrafen bis hin zu staatlich erzwungenen Schwangerschaftsabbrüchen sanktioniert.

Widerspruch und Lockerungen

Das harte Gesetz führte zu Versuchen, es zu umgehen. Bauernfamilien verschwiegen häufig die Geburt eines Mädchens und hofften beim zweiten Kind dann auf einen Sohn. Inzwischen sind Ausnahmen erlaubt, besonders in entlegenen Gebieten. Dort drohen alte Menschen zu verarmen, weil Kinder und Enkel nicht mehr in gewohntem Maß für sie sorgen können. In den Städten allerdings halten sich fast alle an die Ein-Kind-Regel, da hier die Fürsorge für alte Menschen, z. B. durch Altenheime, wesentlich verbessert wurde.

④ ***China: Bevölkerungsdichte nach Provinzen***

⑥ ***Entwicklung der Einwohnerzahl Chinas***

1680	*100 000 000*
1760	*200 000 000*
1850	*400 000 000*
1900	*425 000 000*
1930	*420 000 000*
1950	*560 000 000*
1970	*790 000 000*
1980	*1 000 000 000*
1990	*1 140 000 000*
2000	*1 265 000 000*
2005	*1 310 000 000*
2007	*1 322 000 000*
2010 (Prognose)	*1 348 000 000*
2030 (Prognose)	*1 500 000 000*
2050 (Prognose)	*1 424 000 000*

⑤ **Der größte Luxus ist das zweite Kind**

Zhou Jun hat den Aufstieg vom kleinen Angestellten aus der Provinz zum wohlhabenden Selbstständigen in Peking geschafft. Er besitzt eine Eigentumswohnung, ein Auto (...) und sein fünf Jahre alter Sohn geht in den teuersten Kindergarten des Wohnviertels. Fragt man ihn, was ihm noch fehlt, ist die Antwort: ein zweites Kind. Für viele Eltern aus Chinas neuer Mittelklasse ist dies der größte Luxus, den man sich leisten würde, wenn man denn dürfte. (...)

Von Anfang an kostet das Kind im sozialistischen Erziehungssystem viel Geld. Da es die Regel ist, dass beide Ehepartner arbeiten, muss (...) für die Betreuung gesorgt werden. Vom Kindergarten an beginnt der Konkurrenzkampf. Das Kind muss in die jeweils beste Einrichtung, um Chancen auf die Universität zu haben. Je besser, desto höher die Gebühren und umso höher die „freiwillige Spende", die man für die Aufnahme der Kinder leisten muss. Zhou Jun hat dem Kindergarten seines Sohnes 20 000 Yuan (etwa 2 000 Euro) gespendet. Das entspricht dem Jahresverdienst eines kleinen Angestellten. Angesichts dieser Kosten überlegt sich jeder, ob er noch ein zweites Kind haben will. (...)

Nach offiziellen Angaben soll die Ein-Kind-Politik noch bis zum Jahr 2010 beibehalten werden. Chinesische Bevölkerungswissenschaftler warnen vor einer Überalterung der Gesellschaft. Peking und Shanghai haben schon die Bestimmungen gelockert. So darf man nach einer Scheidung in der zweiten Ehe noch ein Kind bekommen. Am bedeutendsten aber ist die Neuregelung, nach der in den beiden Metropolen nun Paare, bei denen Mann und Frau Einzelkinder sind, zwei Kinder haben dürfen. Für Zhou Jun und seine Frau trifft keine der Ausnahmeregeln zu. (...) *nach: Petra Kolonko, in: Frankfurter Allgemeine Zeitung vom 25.03.04, S. 9*

⑦ ***„pangzi" – „Dickerchen": In China kein Schimpfwort, sondern ein Kosewort.***

⑧ ***„Der kleine Kaiser"***

1 a) *Erklären Sie die Bevölkerungsentwicklung und -verteilung Chinas. Beziehen Sie in Ihre Überlegungen auch geschichtliche und naturräumliche Gegebenheiten mit ein.*

b) *Bewerten und beurteilen Sie die Maßnahmen der Bevölkerungspolitik ab 1980.*

2 *Erläutern Sie, was mit der Karikatur 8 bzw. mit Bild 7 ausgedrückt werden soll.*

3 *Diskutieren Sie, was Vorrang hat: Die Freiheit des Einzelnen, über die Anzahl der Kinder zu bestimmen, oder die Notwendigkeit, die Geburten zu verringern?*

1 ***Werbung für Familienplanung in Mumbai (Bombay)***

3 Familienplanungsprogramme in Indien

1952: erstes Programm; Plakatwerbung, Familienberatungsstellen, Bereitstellung von Verhütungsmitteln

1972: Legalisierung des Schwangerschaftsabbruches

1975–1977: Sterilisierungskampagnen

1978: Heraufsetzung des Heiratsalters

1979: Umbenennung von Familienplanungs- in Familienwohlfahrtsprogramm; stärkere Berücksichtigung des sozialen Umfelds

2000: Förderung der Gesundheit von Frauen und Kindern vor und nach der Geburt, Zugang zu medizinischer Versorgung

2 ***Entwicklung der Einwohnerzahl Indiens***

1901	*238 000 000*
1911	*252 000 000*
1921	*251 000 000*
1931	*278 000 000*
1941	*318 000 000*
1951	*361 000 000*
1961	*439 000 000*
1971	*548 000 000*
1981	*685 000 000*
1991	*866 000 000*
2001	*1 027 000 000*
2007	*1 130 000 000*
2011 (Prognose)	*1 202 000 000*
2021 (Prognose)	*1 380 000 000*
2031 (Prognose)	*1 549 000 000*
2041 (Prognose)	*1 698 000 000*
2051 (Prognose)	*1 808 000 000*

Indien, bald Nummer 1?

Fast jede Sekunde wird in Indien ein Kind geboren, 65 000 am Tag, 24 Millionen im Jahr. Damit liegt Indien weltweit an der Spitze. Hält die Entwicklung an, wird Indien in einigen Jahren China als bevölkerungsstärkstes Land ablösen.

Anders als in China ist die indische Bevölkerung sehr jung: Über die Hälfte der Inder ist unter 25 Jahre alt, nur fünf Prozent sind im Rentenalter.

Der Bevölkerungsdruck ist eines der großen Probleme in Indien. Fortschritte in der Nahrungsproduktion, bei der Schaffung von Arbeitsplätzen und bei der Bekämpfung der Armut werden durch die wachsende Zahl zu versorgender Menschen aufgezehrt. Zwar wächst die indische Wirtschaft nach der chinesischen weltweit am stärksten. Aber bis zum Jahr 2020 werden rund 250 Millionen mehr Arbeitskräfte nach einer Beschäftigung suchen als heute. Etwa ein Viertel der Inder lebt bereits unterhalb der Armutsgrenze. In den Ballungsräumen ist die Lage noch verheerender. So muss in der Metropole Mumbai (früherer Name: Bombay) jeder zweite Bürger mit dem Gegenwert von weniger als einem Dollar am Tag auskommen.

Familienplanung

Als eines der ersten Länder hat Indien staatliche Maßnahmen zur Familienplanung durchgeführt, um das Bevölkerungswachstum zu verringern. Im Gegensatz zu den strengen Gesetzen in China hält man jedoch an dem Prinzip der Freiwilligkeit fest. Durch Aufklärung, Werbung und Förderungsmaßnahmen soll die Geburtenrate gesenkt werden. Erfolge in der Familienplanung stellen sich jedoch nur langsam ein, weil freiwillige Maßnahmen, wie z.B. die Verwendung von Verhütungsmitteln, von vielen Paaren erst akzeptiert werden, wenn bereits zwei Söhne geboren sind. Nach wie vor gibt es Schlagzeilen über Mitgiftmorde und Tötung von Mädchen im Mutterleib oder kurz nach der Geburt. Während weltweit Frauenüberschuss herrscht, so kommen in Indien auf 1 000 Männer nur 933 Frauen. Alarmierend sind auch die Zahlen einer Abtreibungsklinik in Mumbai: von 7 000 Abtreibungen waren 6 900 Mädchen.

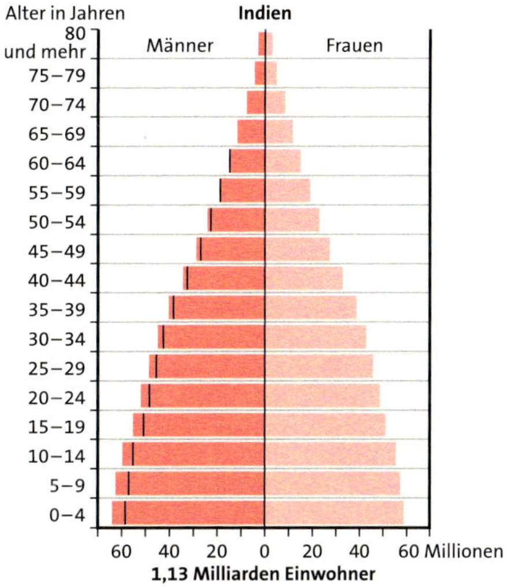

4 ***Bevölkerungspyramide von Indien (Stand 2007)***

6 ***Missing girls of India – Eine Miss-Wahl der ganz besonderen Art***

5 **Die fehlenden Mädchen von Indien**

Der weltweit bekannte Autor Salman Rushdie berichtet über eine unglaubliche Geburtentendenz in Indien. Dort werden schwangere Frauen unter dem Deckmantel einer Vorsorgeuntersuchung gezwungen, das Geschlecht des ungeborenen Kindes feststellen zu lassen. Wenn es ein Mädchen ist, macht die patriarchalische Gesellschaft Druck auf die werdenden Mütter, abzutreiben. Dieser Nötigung haben die Frauen, wenn überhaupt, wenig entgegenzusetzen. Sie glauben, ein männlicher Nachfolger habe einen höheren Wert, was ihre soziale Umgebung ihnen auch nahezulegen scheint. So kommt es, dass in Indien der männliche Bevölkerungsanteil ständig steigt. (...) Und warum? „In Alter und Krankheit bin ich auf meine Kinder angewiesen", berichtet ein indischer Familienvater. „Hier auf dem Land ist die medizinische Versorgung immer schlechter als in den Städten. Mein ganzer Stolz sind meine Söhne, denn nur sie dürfen nach meinem Tode die Bestattungszeremonie durchführen und erhalten bei der Hochzeit eine Mitgift. Für meine Tochter muss ich eine teure Ausstattung aufbringen, wenn sie heiratet."

Salman Rushdie, in: The Guardian, vom 05.05.01

7 **Das Ende der Mädchen-Morde**

(...) Eine Frauenrechtlerin berichtet: „Als wir am Anfang in die Dörfer kamen und sagten: ‚Tötet Eure Mädchen nicht mehr', haben uns die Eltern gefragt: ‚Was bekommen wir dafür?' Wir organisierten dann Frauengruppen, finanzierten mit Spenden aus Deutschland Gesundheitsprogramme und klärten über Empfängnisverhütung auf." Heute werden in 90 Dörfern um Madurei in Südindien, wo die Frauengruppen der Andherihilfe Bonn seit über 25 Jahren aktiv sind, keine Mädchen mehr getötet. Wenn heute ein Mädchen geboren wird, wird ein Fest gefeiert. Zwei Kokosnussbäume werden gepflanzt. Sie bringen nach vier Jahren Früchte und damit ein Einkommen für die Familie. Dank eines Mädchens. (...)

Franz Alt/SWR, Weltspiegel, Sendung vom 11.03.07

1 *a) Werten Sie die Bevölkerungspyramide von Indien aus.*

b) Vergleichen Sie die Entwicklung der Bevölkerung von Indien und China.

2 *Vergleichen Sie die Maßnahmen zur Familienplanung von China und Indien. Beziehen Sie auch Strukturdaten aus dem Anhang ein.*

3 *Interpretieren Sie die Karikatur 6.*

→ *Eine Bevölkerungspyramide auswerten, siehe Seite 22/23*

1 Einwohner in Mumbai

1900	1 260 000
1910	1 510 000
1920	1 750 000
1930	1 800 000
1940	2 280 000
1950	3 800 000
1960	5 280 000
1970	7 780 000
1980	11 080 000
1990	14 530 000
1995	16 520 000
2000	18 580 000
2004	21 500 000
2015 (Prognose)	26 100 000

Bevölkerungsdichte 2005:
29 869 Ew./km² (Stadt)
4 690 Ew./km² (Metropolregion)

2 Einwohner der Metropolregion Shanghai

1901	651 000
1910	833 000
1918	1 000 000
1931	3 124 000
1940	3 595 000
1950	4 927 000
1960	10 563 000
1970	10 726 000
1980	11 465 000
1990	12 834 000
1995	13 014 000
2000	13 216 000
2005	13 356 000

Bevölkerungsdichte 2005:
17 634 Ew./km² (Stadt)
206 Ew./km² (Metropolregion)

Bezeichnungen für Marginalsiedlungen:

Indien:	Bustees
Peru:	Gurios
Brasilien:	Favelas
Türkei:	Gecekondu

3 Mumbai

Flucht in die Millionenstädte

Die boomende Wirtschaftmetropolen Indiens und Chinas sind Sinnbild des wirtschaftlichen Aufschwungs in diesen Ländern. Obwohl Städte wie Mumbai und Shanghai weit über die eigentlichen Stadtgrenzen hinausgewachsen sind, suchen täglich mehrere hundert Neuankömmlinge ihr Glück in der Stadt. Worin liegen aber die Ursachen für die **Verstädterung** in Indien und China?

Zum einen werden die Menschen von den unzureichenden Lebensbedingungen des ländlichen Raums (den so genannten **Push-Faktoren**) weggetrieben. Zu diesen zählen beispielsweise das geringe Einkommen als Pächter oder Landarbeiter, Arbeitslosigkeit, fehlende Dienstleistungen oder fehlende außerlandwirtschaftliche Arbeitsplätze. Zum anderen werden die Menschen von der Hoffnung auf bessere Lebensbedingungen (den so genannten **Pull-Faktoren**) in die Stadt gezogen. Diese sind unter anderem die Hoffnung auf einen Arbeitsplatz, bessere Verdienstmöglichkeiten, medizinische und soziale Versorgung, Bildungs- und Aufstiegschancen sowie Einkaufsmöglichkeiten.

Die Wanderungsbewegungen der Menschen aus den ländlichen Gebieten in die Städte werden auch als **Landflucht** bezeichnet.

4 Im größten Bustee Mumbais

Dharavi ist mit fast 800 000 Einwohnern und einer Fläche von 2,2 km² der größte Slum in Mumbai. Er wird sogar als der größte Slum Indiens bezeichnet. Dharavi liegt im Zentrum der Stadt, perfekt erschlossen durch vier Bahnlinien und zwei große Ausfallstraßen. Trotz dieser Enge ist dieser „Stadtteil" nicht nur Wohnviertel, sondern auch ein riesiges Gewerbegebiet. Hergestellt werden hier hochwertige Lederwaren, wie z. B. Ledertaschen für DKNY oder Kleidung, wie z. B. T-Shirts mit Pepsi-Slogans für den Weltmarkt, aber auch Backwaren, Süßigkeiten oder Schmuck für den Binnenmarkt.

Man hört die üblichen „Vom Tellerwäscher zum Millionär"-Geschichten, mit dem Unterschied, dass manche Millionäre Mumbais als Kotsammler angefangen haben. (...) Ein großer Teil der Produktion Dharavis ist offiziell nicht genehmigt, aber geduldet, denn auch der Staat profitiert davon.

nach: Hermann Denecke/Padma Rao, in: Merian. Indiens Süden, Gräfe & Unzer (Hoffmann & Campe), 1992, S. 49

5 *Shanghai: Wanderarbeiter bei der Mittagspause*

6 *Bruttonationaleinkommen in China nach Regionen*

Luxus und Armut in Mumbai

Die meisten Neuankömmlinge lassen sich in den Bustees, den **Marginalsiedlungen** nieder. Diese haben sich überall in der Stadt gebildet und wachsen unkontrolliert. Die Lebensbedingungen und die hygienischen Verhältnisse sind schlecht.

Mumbai wirkt trotzdem so attraktiv, weil es das wirtschaftliche Zentrum Indiens ist. 40 % der Steuern in Indien werden von Einwohnern dieser Stadt gezahlt. Hier wohnen viele Milliardäre und haben die wichtigsten Firmen sowie Banken ihren Sitz. Allein ein Drittel aller Betriebe der indischen Computerindustrie finden wir hier. Die Filmstudios, die umgangssprachlich als „Bollywood" bezeichnet werden, haben weltweite Bedeutung errungen.

Wanderarbeiter in China

Heute leben noch immer 70 % der Chinesen auf dem Land, aber weniger als die Hälfte von ihnen bearbeiten noch ihren Boden. Das sind rund 35 % weniger als noch vor 25 Jahren. Da mehr als die Hälfte der Arbeitskräfte auf dem Land ohne Beschäftigung sind, strömten seit der Öffnungspolitik in den 1980er-Jahren mehr als 80 Millionen ehemalige Bauern als **Wanderarbeiter** in die großen Städte. Hier hoffen sie, dauerhaft Arbeit zu finden oder zumindest als Hilfsarbeiter ihr Geld zu verdienen. Da sie schlecht ausgebildet und nicht organisiert sind, werden sie in den Städten oft ausgenutzt. So arbeiten viele Bauern als billige Arbeitskräfte, ohne jemals angelernt zu werden. Um den Zustrom zu kontrollieren, stellt man seit einigen Jahren Arbeitserlaubniskarten aus. Es werden nur so viele ausgegeben, wie Arbeitsplätze vorhanden sind. Die meisten Wanderarbeiter besitzen nur eine zeitlich begrenzte Aufenthaltserlaubnis oder wohnen illegal in der Stadt. Am Rande der Städte Peking, Shanghai, Guangzhou und Shenzhen sind bereits Siedlungen der Wanderarbeiter mit negativen Begleiterscheinungen wie wachsender Kriminalität und Umweltbelastungen entstanden. Es bilden sich aber auch neue soziale Gemeinschaften und Initiativen zur Selbsthilfe.

1 *Setzen Sie die Angaben der Tabellen 1 und 2 in eine entsprechende Grafik um.*
2 *Erklären Sie, weshalb die Millionenstädte Magnete für viele Landbewohner sind.*
3 *Zeigen Sie die negativen Begleiterscheinungen des rasanten Städtewachstums auf.*
4 *Interpretieren Sie die Karte 6.*

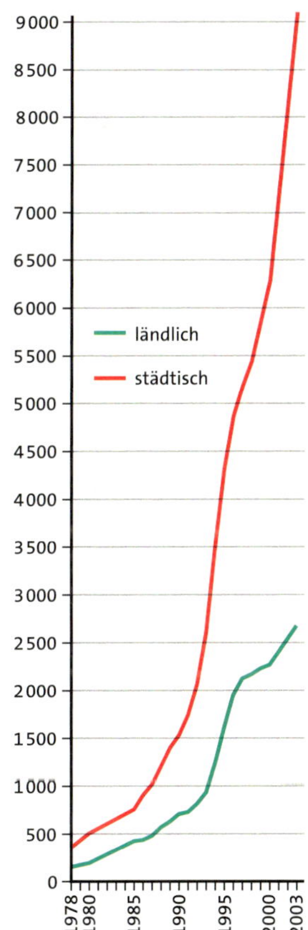

7 *Pro-Kopf-Einkommen der ländlichen und städtischen Haushalte 1978–2003 in Yuan*

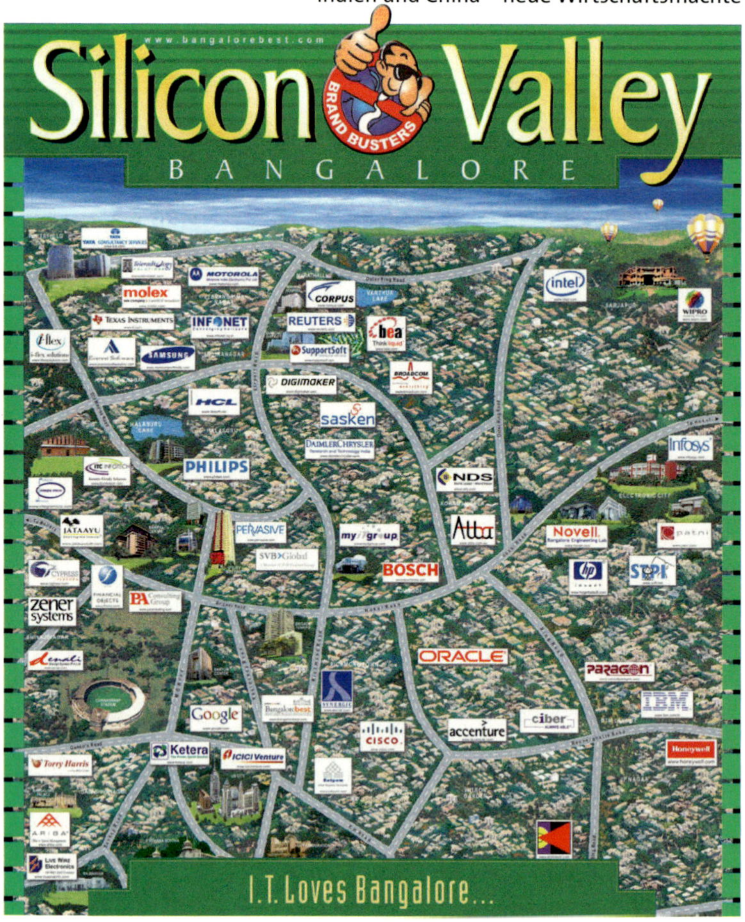

1 ***Bangalore als Standort weltweit bedeutender IT-Internehmen***

3 **Erste Welt und Dritte Welt nebeneinander**
In Bangalore, der Hightech-Hauptstadt im Süden Indiens, gibt es so viele Internetcafés wie im Rest des Subkontinents, sechs Millionen Einwohner, über 600 Computerfirmen und massenweise Bits-und-Bytes-Experten. Die aufstrebende Stadt sonnt sich im Erfolg. Im Schatten nebenan dagegen leben viele ohne Wasser, Strom oder gar Internetzugang. Die dritte Welt gleich neben der ersten. Nirgendwo wird der Kontrast augenfälliger als auf dem Firmengelände von Infosys. Selbst für westliche Angestellte bietet der Software-Produzent mehr als traumhafte Arbeitsbedingungen. Golfplatz und Swimmingpool für die Computerprogrammierer, Mathematiker und Ingenieure. Kreatives Pause-Machen: erwünscht! Fördern und Fordern? Die Rechnung geht auf. Infosys boomt mit Umsatz- und Gewinnsprüngen. Viele amerikanische und europäische Firmen lassen hier ihre Softwareprogramme entwickeln. (...)
Ralf Bonsels, ZWEITES DEUTSCHES FERNSEHEN, 3sat.online: Sendung vom 14.05.2004, unter: www.3sat.de

2 ***Steckbrief zu Bangalore:***
- *Hauptstadt des Bundesstaates Karnalaka*
- *6,5 Mio. Einwohner (2005)*
- *Bruttoregionalprodukt: 20,4 Mrd. US-$ (2001) = 5,9 % des BIP Indiens*
- *in Bangalore werden 40 % aller Dienstleistungsexporte und 15 % aller Warenausfuhren Indiens erwirtschaftet*
- *wichtiger Börsenplatz*
- *deutsche Firmen: z. B. Bosch, Siemens, SAP, Daimler*
- *ausländische Direktinvestitionen in Indien 2006: 11,1 Mrd. US-$, davon 2,6 Mrd. US-$ aus Deutschland*

Wachstumspole: Anstoß zur Industrialisierung

IT-Metropole Bangalore
Nach der Unabhängigkeit im Jahre 1947 beschloss die Regierung, Bangalore zur „Stadt der Zukunft“ zu entwickeln, zur intellektuellen Hauptstadt Indiens. Das war der Beginn immenser Investitionen in Forschungs- und Produktionsstätten. Auch Rüstungsbetriebe sowie Einrichtungen der Weltraumforschung wurden in Bangalore angesiedelt.
Der Stolz der Stadt und Grundlage weiterer Entwicklung sind heute drei Universitäten, 20 technische Hochschulen und viele Forschungsinstitute der Bereiche Wissenschaft, Gesundheit, Luft- und Raumfahrt, Landwirtschaft, Ernährung und Elektronik.
Während der 1990er-Jahre entwickelte sich der **Wachstumspol** Bangalore zum bevorzugten Standort der Hightechindustrie (z. B. der Elektronik, der Informationstechnologie und Telekommunikation) und machte sich als global integriertes Zentrum der Hightechforschung und -produktion einen Namen. Bezeichnungen wie „Electronics Capital of India“ oder „India´s Silicon Valley“ drücken die Bedeutung der Vorzeigeprojekte aus.
Dabei bietet Bangalore interessante Alternativen zu den chinesischen Boomregionen und weist wichtige Standortvorteile auf: Die größte Demokratie der Welt lockt mit politischer Stabilität und einem riesigen Reservoir gut ausgebildeter Arbeitskräfte, besonders von Ingenieuren. Zudem sprechen diese als Bewohner einer ehemaligen britischen Kolonie die Weltsprache Englisch.

④ Gemeinhin gilt Shanghai mit seinen Wolkenkratzern und seinem gigantischen Wirtschaftswachstum als die chinesische Boomtown schlechthin. Dieser Ruf ist zweifellos gerechtfertigt, doch Shanghai hat diese Rolle nicht für sich allein gepachtet. Denn 1400 Kilometer weiter südlich gibt es eine andere chinesische Metropole, die genauso beeindruckende Hochhäuser und eine nicht minder boomende Wirtschaft bieten kann: Shenzhen zählt inzwischen zwölf Millionen Einwohner und hat damit ihre Nachbarstadt Hongkong weit überholt, die auf sieben Millionen Bewohner kommt. (...)
Bis 1979 [war Shenzhen] nichts als ein verschlafener Grenzort mit gerade 30000 Einwohnern, ein bedeutungsloses Nest ohne jeden Reiz.
Doch dann ging es Schlag auf Schlag: 1979 erhielt Shenzhen die Stadtrechte, ein Jahr darauf beschloss die Führung in Peking, die Stadt zur Sonderwirtschaftszone zu erheben. (...) Ein unerhörter Bauboom setzte ein, Millionen Chinesen aus allen Teilen des Landes strömten in die aufstrebende Metropole, die im Auftrag der Kommunistischen Partei die damalige britische Kolonie Hongkong in den Schatten stellen sollte. (...) Das ist zumindest auf den ersten Blick gelungen: Die Skyline kann sich mit der von Manhattan messen. Das höchste Gebäude, das Diwang Mansion, misst 384 Meter. Ein Hochhaus entsteht in Shenzhen doppelt so schnell wie in anderen Teilen der Welt. Die Stadt verfügt, anders als andere chinesische Millionenmetropolen, über zahlreiche Parks und moderne Stadtautobahnen voll mit Mercedes- und BMW-Limousinen. Dazu kommen Unmengen von Einkaufszentren und Restaurants, darunter die erste McDonalds-Filiale in ganz China. Fahrräder sind verboten - sie gelten als Symbol der Armut und würden den regen Autoverkehr stören. (...)

Thomas Gross: Stadt der Konkubinen, unter: SPIEGEL ONLINE vom 10.10.2006

⑤ ***Shenzhen***

Sonderwirtschaftszone Shenzhen

1978 wurden in China Reformen zur Ablösung der Planwirtschaft eingeleitet: In einem moderaten Umfang sollten marktwirtschaftliche Strukturen eingeführt werden. Dabei sollte die eigene Entwicklung technischer Innovationen zurückgestellt und das Know-how sowie das notwendige Kapital aus dem Ausland investiert werden.

In vier **Sonderwirtschaftszonen** galten besondere Bedingungen: niedrige Löhne, Steuer- und Handelserleichterungen, billige Grundstücke, Erlaubnis der Produktion für den Export. Es entstanden vor allem kapital- und technologieintensive Industriebetriebe. Es dominierten Produkte, die sich mit geringem Aufwand an Energie und Rohstoffen herstellen ließen.

Die Lage der Sonderwirtschaftszonen wurde sorgfältig geplant: Shenzhen grenzte an die damalige Kronkolonie Hongkong, Zhuhai an das unter portugiesischer Verwaltung stehende Macao. Die beiden anderen, Shantou und Xiamen, liegen gegenüber dem Tigerstaat Taiwan (Republik China). Die vier Wachstumspole sollten den Anstoß zum wirtschaftlichen Aufschwung der Volksrepublik liefern und zugleich zu Konkurrenten Hongkongs, Macaos und Taiwans werden.

Vor allem Shenzhen wurde zum Vorzeigeprojekt. Die Hightechbranchen Software, Telekommunikation, Optoelektronik und Elektronik sind Shenzhens Schlüsselindustrien. Die seit 1999 jährlich in Shenzhen stattfindende Messe China Hi-Tech Fair unterstreicht die Stellung als Zentrum der Hochtechnologie.

1 *Vergleichen Sie die Standortfaktoren von Bangalore und Shenzhen.*
2 *Recherchieren Sie, welche weiteren deutschen Unternehmen in beiden Städten vertreten sind. Begründen Sie deren dortige Präsenz.*

⑥ ***Steckbrief zu Shenzhen:***

- *Bezirksfreie Sonderwirtschaftszone*
- *10,8 Mio. Einwohner (2005)*
- *Bruttoregionalprodukt: 37,7 Mrd. US $ (2005) – 5,3 % des BIP Chinas*
- *45 % aller Exporte aus der Hightechbranche*
- *viertgrößter Containerhafen der Welt*
- *wichtiger Börsenplatz*
- *deutsche Firmen: z. B. Siemens, Conrad Electronic, Lufthansa Technik, Lufthansa Cargo*
- *ausländische Direktinvestitionen in China 2006: 69,5 Mrd. US-$, davon 2,4 Mrd. US-$ aus Deutschland*

1 *China: modernes Einkaufszentrum in Shanghai*

4 *China: Uiguren-Familie in Xinjiang auf dem Weg zum Markt*

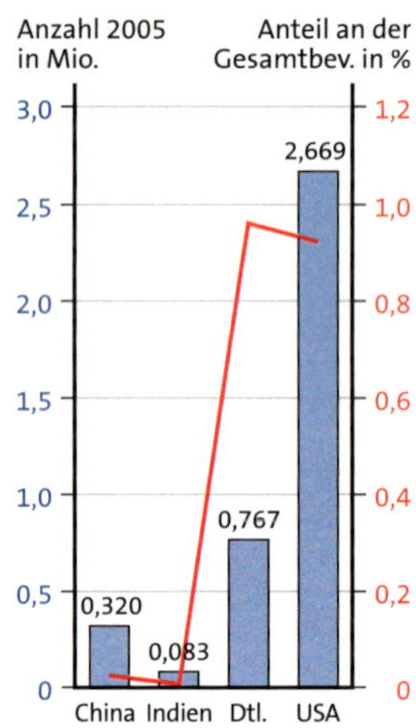

2 *Millionäre (in US-$) ausgewählter Staaten*

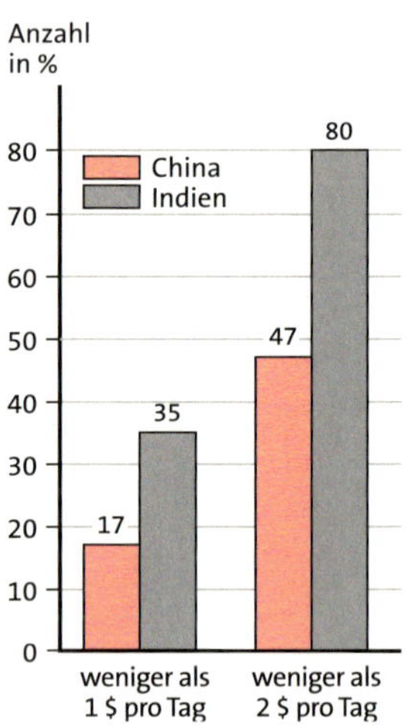

3 *Anteil der Bevölkerung unterhalb der Armutsgrenze in %*

Wohlstand für alle?

Disparitäten in China ...

Die Wirtschaftsreformen haben China zu einem bedeutenden Akteur der Weltwirtschaft gemacht. Die Öffnung und gezielte Förderung des Küstenraumes bewirkte dort einen bislang unbekannten Wirtschaftsboom. Der Aufschwung hat jedoch auch zu erheblichen sozialen Verwerfungen geführt. China hat sich innerhalb von 20 Jahren von einem der egalitärsten Staaten zu einer Gesellschaft mit sehr großen **sozialen** und **regionalen Disparitäten** entwickelt. Eine wachsende soziale Ungleichheit und gewaltige Einkommensunterschiede zeigen sich besonders zwischen Stadt und Land, zwischen den Küstenprovinzen und dem Hinterland, aber auch innerhalb der städtischen und ländlichen Gesellschaftsschichten.

Mit dem Programm zur „Großen Entwicklung des Westens“ wird versucht, die regionalen Disparitäten zu verringern. Ziel ist die deutliche Verbesserung der Lebensverhältnisse der Menschen, um die massenhafte Abwanderung in die östlichen Landesteile und vor allem in die Städte zu bremsen. Die „Harmonisierung der Gesellschaft“ als Leitmotiv künftiger Wirtschaftspolitik zur nachhaltigen Entwicklung Chinas und zum sozialen Ausgleich wurde sogar im 11. Fünfjahresplans (2006 bis 2010) festgeschrieben.

5 **Ein China, zwei Welten**

Die Zeit drängt. Wolken künden Regen an. Li wischt sich Strohreste aus dem Gesicht und wirft seinem Onkel eine Getreidegarbe zu. Seine Mutter kehrt die Strohreste zusammen – eine Szene wie aus dem Mittelalter. Die Zeit ist stehen geblieben in Yu Hu.

Lei Yang ist gerade aus Norwegen zurück von einem Jazzfestival. Begeistert klappt er in einer Pekinger Szenebar seinen Laptop auf, zeigt Bilder von grünen Fjorden, blonden Frauen und bekannten Jazzmusikern wie Nils Peter Molvaer, seinem Idol, das er interviewt hat. Die Jazzrhythmen hat er direkt in sein Internetradio übertragen.

Ein China, zwei Welten. Li und Lei stehen für die immer größere Kluft, die die Chinesen trennt. Die Minderheit ist im 21. Jahrhundert angekommen, die Mehrheit steckt im 19. Jahrhundert fest – und da wird sie wohl auch bleiben. „Der Traum von der sozialen Mobilität ist für viele Menschen ausgeträumt. Immer mehr Chinesen haben das Gefühl, sie strampeln sich ab, aber es wird nicht besser“, sagt der China-Experte Sebastian Heilmann von der Universität Trier. Viele Forscher sehen in der wachsenden Ungleichheit eine politische Zeitbombe. (...)

Caspar Dohmen, unter : www.handelsblatt.com, vom 01.09.2005

6 **Indien: in einem Restaurant in Bangalore**

8 **Indien: Hirsedreschen auf dem Land**

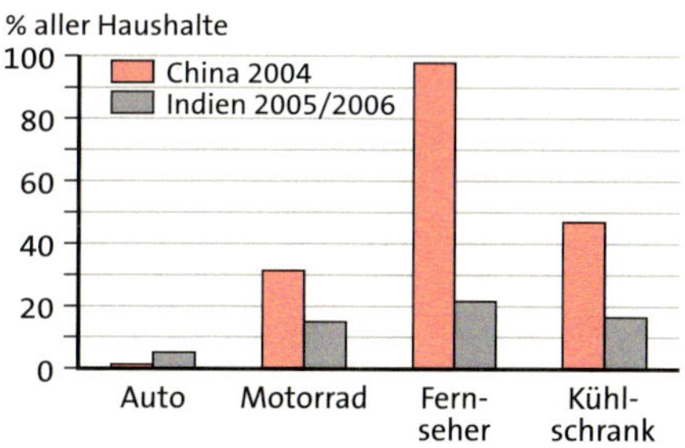

7 **Konsumgüterbesitz in % aller Haushalte**

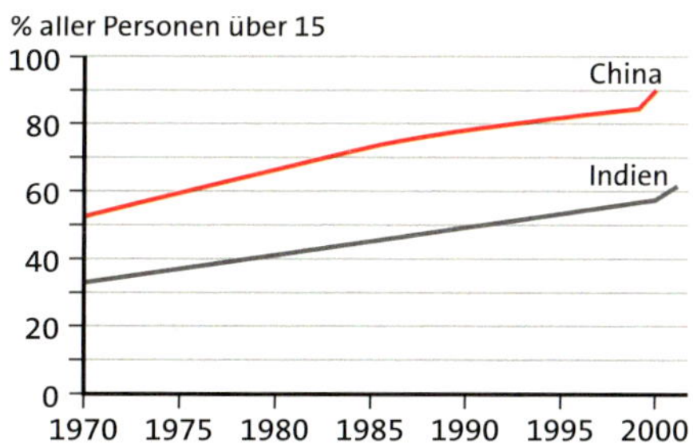

9 **Alphabetisierungsrate der über 15-jährigen Personen**

... und in Indien

Auch Indien ist ein Land mit sehr großen sozioökonomischen Gegensätzen. Knapp ein Drittel der ärmsten Menschen der Welt lebt hier. Gleichzeitig ist Indien ein Land mit einem sehr stark wachsenden Mittelstand. Nationale Schätzungen prognostizieren für das Jahr 2006, dass 200 bis 250 Millionen Inder dem Mittelstand angehörten, das sind immerhin rund 20 % der Einwohner. Mit der weiteren wirtschaftlichen Entwicklung wird die Kaufkraft dieser Bevölkerungsschicht zunehmen und vor allem in den Aktivräumen den Aufschwung beschleunigen. Die Einkommensschere zwischen den unteren und oberen Schichten wird sich weiter öffnen.

In Indien befinden sich die besonders armen Regionen schwerpunktmäßig im Zentrum und im Osten des Landes. Die westlichen und nordwestlichen Regionen sind dagegen von der Armutsproblematik weniger betroffen. Die Armut ist in den rückständigen und wirtschaftlich schwachen Gebieten besonders hoch. Gründe hierfür sind die nur langsam wachsenden landwirtschaftlichen Erträge und die somit nur geringfügig steigenden Löhne der Landarbeiter.

Versuche der indischen Behörden, dem Problem entgegenzuwirken, waren oft nur in geringem Maße erfolgreich. Meist wollte man durch Maßnahmen wie Land- und Pachtreformen die bestehenden Probleme beseitigen. Diese Maßnahmen wurden jedoch oft von den betroffenen Großgrundbesitzern umgangen, indem man das Land nominell Familienmitgliedern oder Bekannten überschrieb. Auch das Engagement der Bundesstaaten bei der Umsetzung der Maßnahmen war recht unterschiedlich.

1 *Beschreiben Sie anhand der Bildpaare und des Textes 5 Disparitäten in China und Indien.*

2 *Interpretieren Sie die Grafiken 2, 3, 7 und 9. Stellen Sie Zusammenhänge her.*

3 *Werten Sie die Diagramme 10 und 11 aus und erklären Sie, wie sich steigende Löhne auf die wirtschaftliche Entwicklung auswirken.*

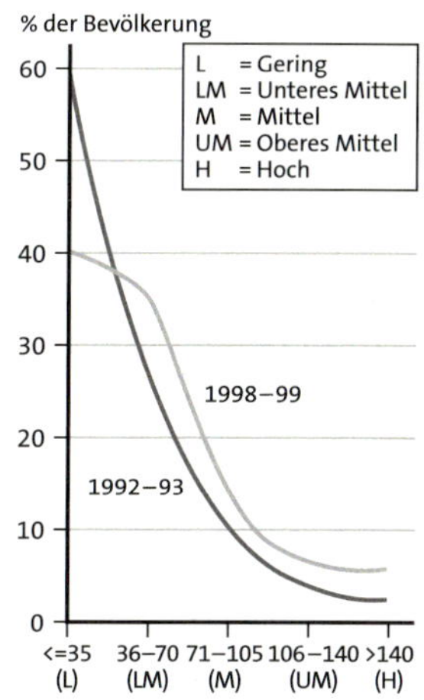

10 **Indien: Jahreseinkommen in Tsd. indischen Rupien (INR)**

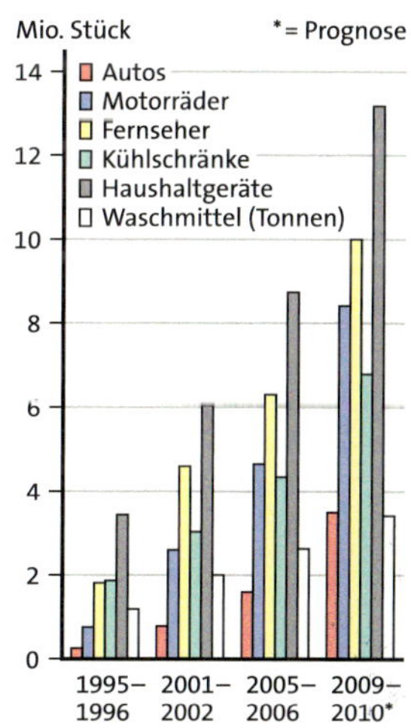

11 **Indien: steigende Nachfrage nach Gütern**

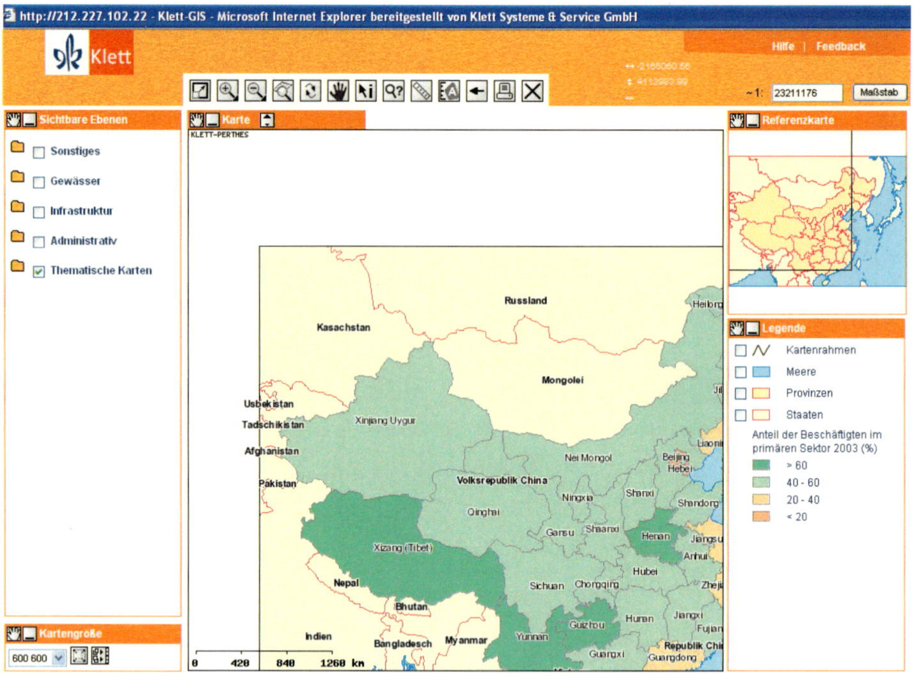

1 *Anteil der Beschäftigten im primären Sektor Chinas (screenshot von www.klett-gis.de)*

Mit Geographischen Informationssystemen (GIS) kann eine Vielzahl von thematischen Karten aufgebaut und verglichen werden. Damit lassen sich z. B. die Lebensverhältnisse in einem Land herausarbeiten und präsentieren.

Regionale Disparitäten in China untersuchen – ein WebGIS-Projekt

Ein Geographisches Informationssystem ist ein Werkzeug, mit dem raumbezogene Daten einer Datenbank verarbeitet und kartographisch dargestellt werden können. Anders als bei einem Atlas werden aber die zu Grunde liegenden Werte ständig aktualisiert. Außerdem kann eine Vielzahl von thematischen Karten entsprechend der jeweiligen Fragestellung aufgebaut werden.

Die komplexen Abfragemöglichkeiten in einem GIS helfen, zeit- und materialaufwändige Recherchen in Atlanten, Schulbüchern, Internet oder Fachliteratur abzukürzen. Die Visualisierung in Karten stellt zu den üblichen Darstellungsformen eine Alternative oder Ergänzung dar.

Regionale Disparitäten zwischen West und Ost, aber auch zwischen Stadt und Land prägen das Bild Chinas und führen im Land zu unterschiedlichen Lebensverhältnissen. Die Gründe dafür sind vielfältig, ebenso die Auswirkungen.

Das WebGIS hilft Ihnen, verschiedene Fragen zu lösen. So z. B.: Wie wirken sich Unterschiede in der Wirtschaftsleistung auf die Lebensverhältnisse der Menschen aus? Welche Faktoren sind zur Ermittlung von Lebensverhältnissen überhaupt geeignet?

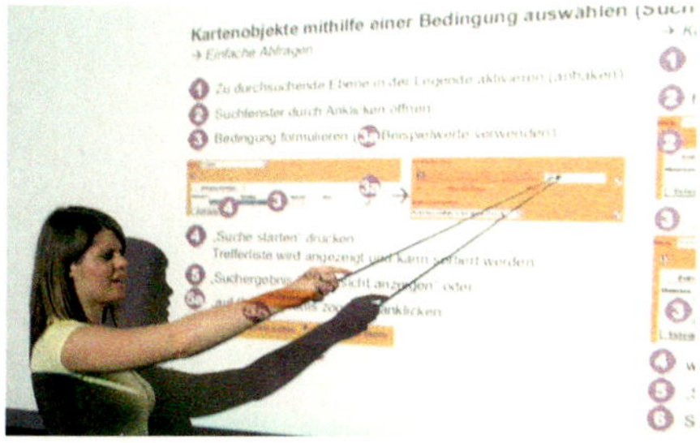

② **Sich mit dem WebGIS vertraut machen**

③ **Thema mit einer Mindmap erschließen**

④ **Erarbeiten der Aufgaben**

⑤ **Karten generieren und interpretieren**

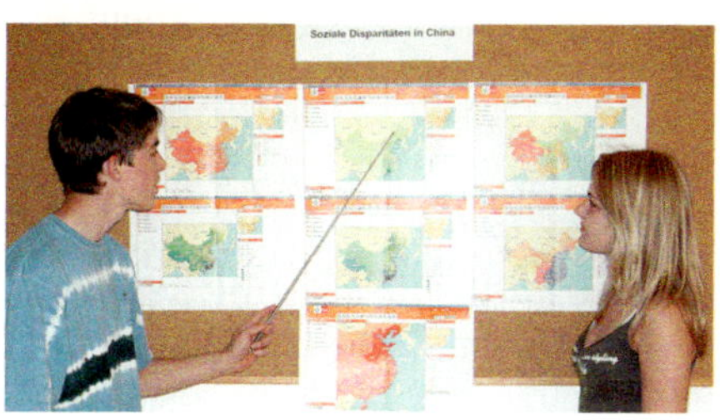

⑥ **Zusammenhänge erklärend präsentieren**

Ein WebGIS-Projekt durchführen

1. Schritt: Vorbereitungen treffen

Machen Sie sich mit den technischen Möglichkeiten des WebGIS vertraut. Folgende Fertigkeiten sollten Sie sich aneignen:

- *Kartenebenen an- und ausschalten,*
- *Informationen über Kartenobjekte abfragen (Info-Werkzeug),*
- *Kartenobjekte mithilfe einer Bedingung auswählen (Suche): einfache oder kombinierte Abfragen mit „UND“ bzw. „ODER“,*
- *Datenbank als Informationsquelle nutzen.*

2. Schritt: Thema erschließen

Legen Sie zu Beginn der Projektarbeit ihr Thema fest und formulieren Sie Ihren Zielhorizont. Beispielsweise wollen Sie unterschiedliche Lebensverhältnisse in China darstellen und deren Ursachen und Auswirkungen erklären.

3. Schritt: Projekt planen

Erstellen Sie einen Zeitplan und verteilen Sie innerhalb der Projektgruppe die anfallenden Arbeiten und Aufgaben.

4. Schritt: Thema erarbeiten

Bearbeiten Sie nun das Projekt in Gruppen:

- *Sichten Sie die für Sie relevanten und im GIS zur Verfügung stehenden Informationen.*
- *Aktivieren Sie die entsprechenden Kartenebenen und erstellen Sie durch einfache oder kombinierte Abfragen thematische Karten.*

5. Schritt: Präsentation erstellen

Präsentieren Sie die Ergebnisse der einzelnen Gruppen in geeigneter Form. Stellen Sie Zusammenhänge zwischen einzelnen Karten her.

6. Schritt: Projekt beurteilen

Tauschen Sie die gewonnenen Erfahrungen aus und besprechen Sie die gesamte Projektarbeit. Beurteilen Sie, was gut gelungen ist und was besser gemacht werden könnte.

1 *Arbeiten Sie in Gruppen und vergleichen Sie die Lebensverhältnisse in unterschiedlichen Teilen Chinas.*

⑦ ***Ausgewählte Daten zu den Lebensverhältnissen in China***

Im Durchschnitt haben 100 Haushalte

- *24,0 Motorräder*
- *143,6 Fahrräder*
- *1,4 PKW*
- *130,5 TV-Geräte*
- *26,9 Musikanlagen*
- *27,8 PC*
- *61,8 Klimaanlagen*
- *66,6 Duschen*
- *95,4 Telefonanschlüsse*
- *90,1 Handys*

Zum Vergleich:
In Deutschland haben im Durchschnitt 100 Haushalte

- *100,0 PKW*
- *114,2 Handys*
- *84,9 PC*

Informationen

Für das WebGIS brauchen Sie einen Computer mit Internetanschluss. Damit können Sie auch ohne zusätzliche GIS-Software zuhause arbeiten. Eine Kurzanleitung zu den GIS-Werkzeugen und den wichtigsten Funktionen finden Sie unter ***www.klett-gis.de****.*

Hinweis

Das WebGIS wird wie auch andere Software ständig weiterentwickelt. Daher wird sich im Laufe der Zeit auch das Aussehen der Seiten im Internet verändern.

1 ***Die Hochertrags-Reissorte IR 8 ist eine Kreuzung aus einer chinesischen und einer indonesischen Reissorte (PETA)***

2 ***Wissenschaftler des Int. Rice Research Institutes***

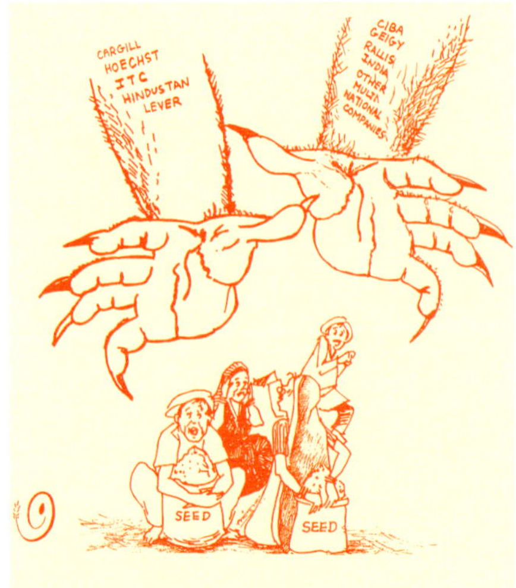

4 ***Plakat aus Indien***

Kaum zu glauben

Wissenschaftler identifizierten 2006 ein Gen, das Reispflanzen ermöglicht, zwei Wochen, also eine Woche länger als üblich, vollständig unter Wasser zu überleben. Somit könnten Reisernten besser gegen Überflutungen geschützt werden.

Die Grüne Revolution

3 **Die Grüne Revolution hat dazu beigetragen, die Nahrungsmittelproduktion gewaltig zu steigern. Doch ihr wird angelastet, dass sie die Umwelt zerstöre.**

Der Ausdruck Grüne Revolution bezeichnet eine Methode, die Nahrungsmittelproduktion zu erhöhen, und zwar nicht, indem die Anbaufläche ausgedehnt, sondern indem die Produktivität erhöht wird. Man züchtet Sorten, die gut auf Düngerabgaben reagieren.

Das Problem ist das Bevölkerungswachstum. (...) 1789 zählte die Welt etwa soviel Einwohner wie heute Indien allein: rund 920 Millionen. Da gibt es nur eine Möglichkeit – mehr produzieren.

Auf Kosten der Nahrungsgrundlagen? Der Böden zum Beispiel?

Im Gegenteil, es gilt die Zerstörung der Wälder zu stoppen. (...) Der wichtigste Grund für das Verschwinden der Wälder ist die Ausdehnung der Anbaufläche. Die Frage ist nicht, ob höhere Erträge wünschbar sind. Es gibt keine andere Art, mit weniger Land und weniger Wasser mehr zu produzieren.

Kommt die Grüne Revolution nicht vor allem den reicheren Bauern zugute?

Je kleiner der Bauer, desto mehr Produktivität braucht er. Kann ein Kleinbauer statt einer Tonne zwei oder drei Tonnen Reis produzieren, so kann er die Überschüsse verkaufen. Je ärmer er ist, desto wichtiger ist es, dass er Überschüsse für den Markt produzieren kann. Die Kleinbauern in Südasien müssen die Produktion intensivieren, aber auch diversifizieren. (...)

Doch im allgemeinen wird nach den Methoden der Grünen Revolution keineswegs nachhaltig gearbeitet, sondern zerstörerisch, wie im Bergbau.

Für diese Art des Wirtschaftens ist das Wort „Grüne Revolution" fehl am Platz. (...) Grüne Revolution meint mehr Grün, mehr Bäume, mehr Natur, mehr Produktion, aber auf ökologisch tragfähiger Basis.

Wurde in der Grünen Revolution dieser ökologische Aspekt vernachlässigt?

Das Ganze kam eben sehr rasch – die Grüne Revolution ist erst 20 oder 30 Jahre alt. Und als die Bauern einmal sahen, dass sie mehr produzieren konnten – da sind Fehler passiert, Pestizide wurden leichtsinnig eingesetzt. (...)

Andreas Bänziger: „Für die Natur, für die Armen, für die Frauen", aus einem Interview mit M. S. Swaminathan, dem indischen Agrarexperten und Vater der Grünen Revolution, in: Der Tagesanzeiger CH vom 08.11.96, unter: www.tages-anzeiger.de

5 Indische Bauern verzweifelt

(...) In den vergangenen fünf Jahren haben sich nach amtlichen Angaben allein in vier Bundesstaaten im Westen und Süden mehr als 3600 Baumwollbauern das Leben genommen. Bauern- und Menschenrechtsgruppen sprechen von bis zu 18000 Selbstmorden.

Viele indische Landwirte müssen sich zum Kauf ihres Saatgutes verschulden und können das zur Rückzahlung nötige Geld nach schlechten Ernten oder bei fallenden Preisen nicht aufbringen. Private Geldverleiher in den Dörfern verlangen bis zu zehn Prozent Zinsen pro Monat. (...)

n-tv.de vom 17. 07. 06, unter: www.n-tv.de

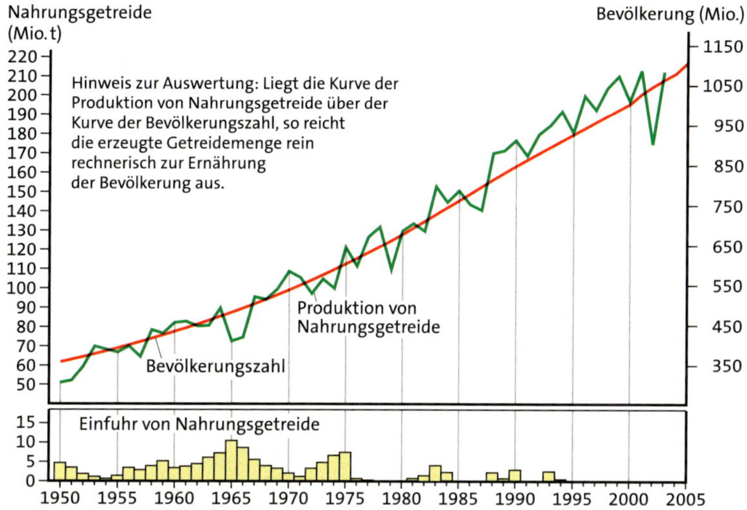

6 ***Entwicklung der Bevölkerungszahl und der Produktion von Nahrungsgetreide in Indien***

Als in den 1960er-Jahren nach längerer Dürrezeit die indische Landwirtschaft nicht mehr genügend Nahrungsmittel liefern konnte und Hungersnöte ausbrachen, entschloss sich die Regierung, durch eine **Grüne Revolution** die Landwirtschaft zu modernisieren und zugleich durch eine Boden- und Pachtreform soziale Ungleichgewichte abzubauen.

Zum einen wurden mit verstärktem Maschineneinsatz die Bewässerungsflächen vergrößert. Zum anderen wurde neu gezüchtetes Saatgut für Reis und Weizen eingesetzt. Diese schnell wachsenden Sorten trugen mehr und größere Körner und ließen drei Ernten im Jahr zu. Die Steigerung der Erträge war ein großer Erfolg.

Es wurden aber auch sehr schnell die Schattenseiten der neuen Landwirtschaft deutlich. Die neuen Hochertragssorten verlangten große Mengen Dünger und Schädlingsbekämpfungsmittel. Außerdem wurden die indischen Bauern von ihren Saatgutfirmen abhängig, denn nur nach Zahlung hoher Lizenzgebühren durften sie die geschützten Sorten nutzen.

Die hohen Kosten für das neue Saatgut, Dünger, Schädlingsbekämpfungsmittel und den Maschineneinsatz für die Bewässerungsanlagen konnten nur die reichen Großgrundbesitzer tragen. Kleinbauern und landlose Pächter konnten nicht mithalten. Außerdem kam es in vielen Bewässerungsgebieten zu ökologischen Schäden durch Versalzung der Böden und Vergiftung der Umwelt. So verschärften sich die Probleme der Kleinbauern weiter. Um ihre Existenz zu sichern, kämpfen sie gegen die Lizenzgebühren der großen Saatgutfirmen. Sie fordern den freien Zugang zu allem Saatgut. Sie sprechen von „Biopiraterie" und leisten Widerstand. Die indische Regierung unterstützt sie in ihren Forderungen.

7 Reis- und Weizenproduktion (in Mio. t) und Flächenerträge (in kg je ha)

	1950/51	1960/61	1970/71	1980/81	1990/91	2000/01	2003/04
Reis	20,6	34,6	42,2	53,6	74,3	85,0	87,0
Flächenertrag	668	1013	1123	1336	1740	1901	2051
Weizen	6,5	11,0	23,8	36,3	55,1	69,7	72,1
Flächenertrag	663	851	1307	1630	2281	2708	2707

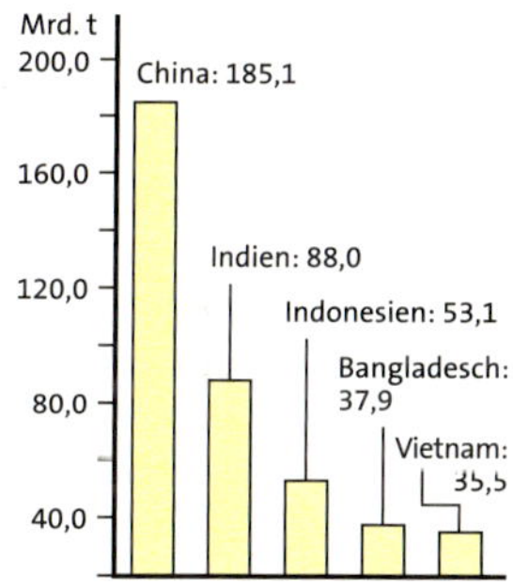

8 ***Die größten Reisproduzenten (2005)***

1 *Swaminathans Ziel war es, mit der Grünen Revolution die Nahrungsmittelproduktion zu erhöhen, die Natur zu schützen und die Bedingungen der Armen zu verbessern (Text 3). Erörtern Sie seinen Erfolg oder Misserfolg.*

2 *Indische Bauern sprechen von „Biopiraterie". Erläutern Sie deren Standpunkt unter Einbeziehung des Plakats 4.*

1 ***Wushan (40 000 Einwohner): neue „Oberstadt" und verlassene „Unterstadt"***

3 **Drei-Schluchten-Damm vollendet**

Mit einer schlichten Zeremonie hat China die Fertigstellung des umstrittenen Drei-Schluchten-Staudamms gefeiert. (...)
Die in dem gewaltigen Prestigeprojekt verbauten 27 Millionen Kubikmeter Beton und 280 000 Tonnen Metall sollen die berüchtigten Überschwemmungen des größten Flusses in China bändigen. Mit einer Leistung von rund 85 Milliarden Kilowattstunden jährlich soll die weltgrößte Wasserkraft-Anlage zudem den Energiehunger der heftig boomenden chinesischen Wirtschaft stillen helfen. (...)

tagesschau.de vom 20. 05. 06,
unter: www.tagesschau.de

Sanxia-Projekt: Was bleibt unterm Strich?

Sanxia *= Drei Schluchten*

Jangtsekiang
Auch Yangtze (chinesisch: Chang Jiang = langer Fluss)
- *mit 6 380 Kilometern der drittlängste Fluss der Erde*
- *Pegelschwankungen von bis zu 60 Metern*
- *im Einzugsgebiet lebt über ein Drittel der Bevölkerung Chinas*
- *führt im natürlichen Zustand bis zu 680 Mio. Tonnen Schlamm bis zur Mündung*

2 ***Die größten Wasserkraftwerke der Erde***

Kraftwerk	*Land*	*Leistung in MW*
Drei-Schluchten-Projekt	*China*	*18 200*
Itaipu	*Brasilien/ Paraguay*	*14 000*
Guri	*Venezuela*	*10 300*
Sajan	*Russland*	*6 400*
Grand Coulee	*USA*	*6 180*
Krasnojarsk	*Russland*	*6 000*
Churchill Falls	*Kanada*	*5 500*
La Grande 2	*Kanada*	*5 500*

Für die ehrgeizigen Ziele der Entwicklung Westchinas ist elektrische Energie unerlässlich. Ein wichtiger Baustein für die Versorgung der aufstrebenden Industrie stellt das Sanxia-Projekt dar. Anstelle von Kohle- oder Kernkraftwerken hat sich die Regierung für die Wasserkraft entschieden. Einer der mächtigsten Flüsse der Erde wurde dazu im Oberlauf aufgestaut und wird die Energie für ein Gebiet mit 2 000 Kilometern Durchmesser liefern.
1992 beschloss die Regierung den Bau dieses gigantischen Projektes, zu dem auch ein Schiffshebewerk und Schleusen gehören.
Nach 13 Jahren Bauzeit, mit bis zu 70 000 Arbeitern, die rund um die Uhr arbeiteten, und 39 Milliarden Euro Kosten verursachten, stand die größte Talsperre der Welt.
Kaum ein anderes Vorhaben wurde so kontrovers diskutiert wie „die große Mauer des modernen China". Die Regierung in Peking (Beijing) hatte ein neues Prestigeobjekt, aber zwei Millionen Chinesen keine Heimat mehr. Die ökologischen Auswirkungen sind kaum vorhersehbar, denn die zwei Kilometer lange Staumauer ist weltweit einzigartig.

Auswirkungen des Projekts
Durch das Staudammprojekt werden insgesamt etwa 60 000 Hektar Land mit 17 größeren Städten, 140 Kleinstädten und mehr als 600 Dörfern überflutet. Fast 2 Millionen Menschen müssen umgesiedelt werden. Für viele Menschen verbessern sich die Wohnverhältnisse, aber den Verlust von Haus und Heimat kann ihnen keiner wiedergutmachen. Einige der Zwangsumgesiedelten beklagten, dass Beamte für die Umsiedlung bestimmtes Geld teilweise in die eigenen Taschen umgeleitet hätten. Zudem fühlten sich viele von ihnen in der neuen Umgebung nicht wohl. Weg vom Flussufer bedeutet meist auch weg vom fruchtbaren Boden. Die Umsiedlung soll bis zu einer Höhe von 182 Metern erfolgen. Zu den hohen finanziellen Kosten der Umsiedlung kommen noch die Probleme der Schaffung neuer Arbeitsplätze und der Bau neuer Straßen und Brücken.
Durch den Bau des Stausees werden über 5 000 Jahre alte Grabstätten und etwa 800 Kulturdenkmäler für immer in den Fluten verschwinden. Nur wenige davon werden abgebaut und an einer höheren Stelle wieder errichtet.

④ **Das Klima wird sich verändern**

Der Jangtse-Stausee wird mehr Regen und niedrigere Temperaturen bringen, meint der Klimaexperte der Umweltschutzorganisation Greenpeace, Karsten Smid. (...) Es kann vor allem in der Region (...) zu Veränderungen kommen. Mehr Wasser verdunstet. Die Folge davon ist, dass sich Niederschläge häufen werden und sich möglicherweise auch die Temperatur verändert. Das hat neben den sozialen Folgen enorme Auswirkungen auf die Biodiversität, die Vielfalt der Pflanzen- und Tierarten. Klimaschützer lehnen den Damm daher ab. (...)

Kerstin Krupp in: Berliner Zeitung vom 12.06.03, S. 2

⑤ **Ziele der chinesischen Regierung**

- **Vermeidung von Überflutungen**. Wasser vom Oberlauf des Jangtsekiang kann zurückgehalten werden (Das Hochwasser von 1998 überschwemmte ein Gebiet, das einem Viertel der Fläche Deutschlands entspricht).
- **Sicherung der Wasserversorgung**. Der Jangtsekiang versorgt einen Großteil der Menschen in seinem Einzugsgebiet mit Trink- und Brauchwasser. Zudem sollen durch ein aufwändiges Leitungssystem im Norden Chinas neue landwirtschaftliche Flächen erschlossen werden.
- **Entwicklung des chinesischen Westens**. Durch die Förderung der Schifffahrt können die großen Städte und Wirtschaftszentren im Landesinneren besser versorgt werden. Große Containerschiffe können z.B. von Shanghai bis Chongqing (etwa 31 Mio. Einwohner) durchfahren.
- **Erzeugung von elektrischer Energie**. Rund 85 Milliarden Kilowattstunden sollen jährlich den Energiehunger der chinesischen Wirtschaft stillen. Das entspricht der Leistung von 20 mittelgroßen Atomkraftwerken.

Im Überflutungsgebiet befinden sich mehr als 650 Fabriken, 4000 Krankenhäuser sowie Friedhöfe mit über 40000 Gräbern, mehrere Bergwerke und Abfalldeponien. Von dort können viele Giftstoffe in den Stausee gelangen und zum Sterben von Fischen führen. Ein weiteres Problem sind die bis zu 680 Millionen Tonnen Geröll- und Schlammmassen, die der Fluss jährlich aus dem trockenen Landesinneren mit sich führt. Durch die verringerte Fließgeschwindigkeit im Staubereich wird befürchtet, dass sich in 50 Jahren so viel Schlamm im Stausee absetzt, dass nur noch 50 % des Stauvolumens zur Verfügung stehen. Riesige Öffnungen in 90 Metern Höhe des Staudamms sollen verhindern, dass der Stausee in kurzer Zeit zugeschüttet wird. Die neuen Hafenanlagen in Chongqing müssten ständig ausgebaggert werden. Hoffnungen auf Verlangsamung des Prozesses bestehen durch den schnelleren Wasserdurchlauf am Damm während der Regenperiode.

Die große Wasserfläche von 1100 km² könnte das lokale Klima ändern. Hinzu kommt die enorme Masse des Stausees, welche auf die Oberfläche der Erde drückt und zu geologischen Störungen führen könnte. Tatsächlich ist die Gefahr von Erdbeben in diesem Gebiet groß. Ein Dammbruch hätte unvorstellbare Folgen. In der Planung wurde daher der Bau so angelegt, dass er sehr starken Erdbeben widerstehen soll. Aber ein Restrisiko bleibt immer.

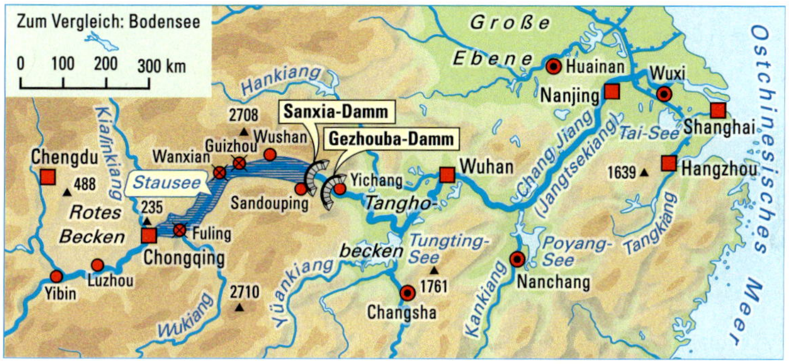

⑥ ***Das Sanxia-Staudammprojekt***

1 a) *Der Energiehunger Chinas ist gewaltig. Stellen Sie in Gruppenarbeit Vorzüge und Probleme bzw. Gefahren des Sanxia-Projekts gegenüber und diskutieren Sie, wie die Realisierung solcher Großprojekte heutzutage generell gesehen wird.*

b) *Partnerarbeit: Diskutieren Sie mögliche Alternativen zu einem solchen Staudammprojekt.*

2 *Stellen Sie in Kurzreferaten weitere chinesische Mammutprojekte vor, wie z.B. die Kasachstan-China-Pipeline oder die Bahnlinie nach Lhasa in Tibet.*

Kaum zu glauben

Auch Deutschland ist am Sanxia-Projekt beteiligt: Den Auftrag für das weltweit größte Schiffshebewerk ging an zwei deutsche Ingenieurunternehmen; auch Siemens erhielt einen Milliardenauftrag zur Lieferung der Generatoren und Wasserturbinen.

❶ **„Dicke Luft" in China**

❸ **Luftverschmutzung über dem Gangestiefland**

❷ **Slumsiedlung in Mumbai, Wasserstelle neben einem Müllplatz**

Der Preis des Wachstums

Die Umweltverschmutzung nimmt in den wirtschaftlich boomenden Schwellenländern China und Indien trotz zahlreicher Gegenmaßnahmen immer mehr zu.

Der Vizechef des staatlichen chinesischen Umweltamtes bezifferte die jährlichen Schäden auf 200 Milliarden US-Dollar oder zehn Prozent des Bruttoinlandsproduktes. Rohstoffknappheit und unzureichende Anstrengungen im Umweltschutz behindern immer mehr die Entwicklung des Landes.

In seiner Studie „State of the World 2006" betont das Worldwatch Institute, dass Entscheidungen, die die beiden Staaten Indien und China in den nächsten Jahren treffen werden, entweder zu einer steigenden ökologischen oder politischen Instabilität führen werden oder aber zu einer Entwicklung, die auf leistungsfähigen Technologien und einer verantwortungsvollen Nutzung der vorhandenen Ressourcen beruht. Das bisherige ressourcenintensive Modell des wirtschaftlichen Wachstums kann im 21. Jahrhundert nicht mehr funktionieren. Würden Inder und Chinesen wie die Amerikaner leben, wären zwei Planeten Erde notwendig, nur um diese beiden Wirtschaftsysteme aufrechtzuerhalten.

In den großen Städten Indiens und Chinas werden die Probleme schon heute besonders deutlich: Täglich werden in Peking (Beijing) rund 1000 Autos neu zugelassen. Die Autoabgase werden in Zukunft stark zunehmen. Selbst strikte Regeln für Abgasnormen und Benzinverbrauch könnten nur begrenzt Erleichterung schaffen, da die Zahl der Pkw-Besitzer in Indien und China in den kommenden Jahren stark zunehmen wird.

Auch der Energiehunger der beiden boomenden Staaten wird weiter steigen. Das könnte aber auch eine Chance sein. Jedes neue Kraftwerk, das gebaut werden muss, und jede neue Fabrik, die erstellt wird, kann sauberer und effizienter arbeiten als alle bisherigen.

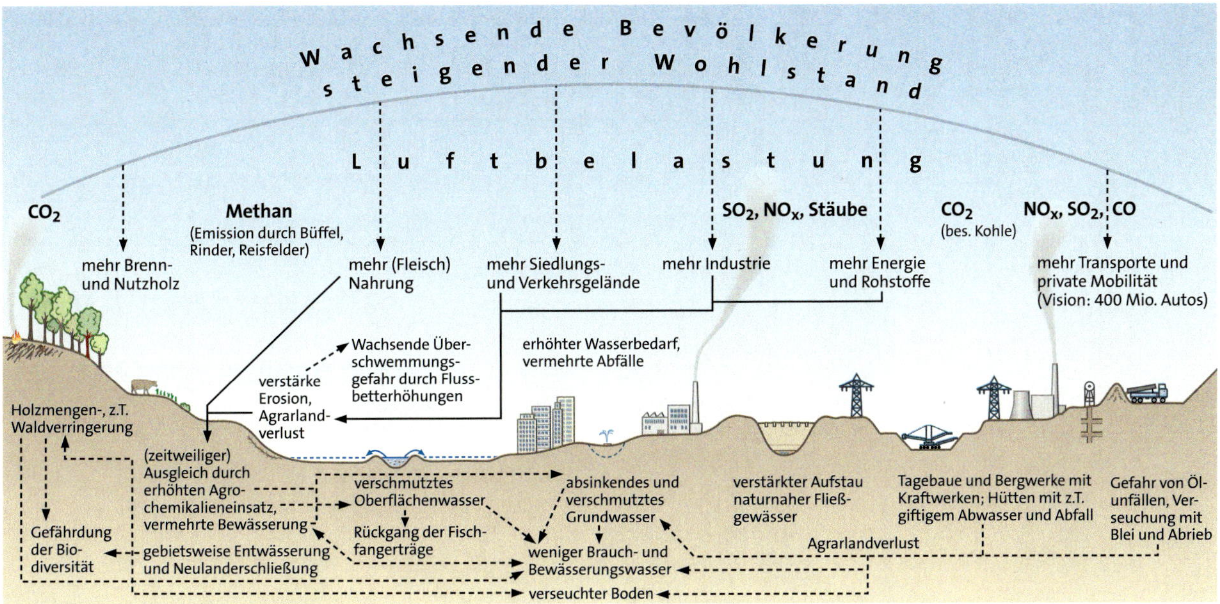

4 Wachsende Umweltbelastung durch zunehmende Bevölkerung

5 Gewaltsame Proteste gegen Umweltverschmutzung in China

In China ist es bei Protesten gegen die zunehmende Umweltverschmutzung erneut zu gewaltsamen Auseinandersetzungen zwischen der Polizei und Demonstranten gekommen. Fabrikgebäude und Polizeiautos seien bei den Unruhen am Samstag in der östlichen Provinz Zhejiang in Brand gesetzt worden, berichtete ein Augenzeuge am Montag. (...) Die Proteste hätten sich gegen die Vergiftung des Trinkwassers und des Gemüses in mehreren Dörfern durch eine Fabrik gerichtet. Mehrere Kinder seien bereits an Bleivergiftung gestorben. Es war der dritte Protest dieser Art in der Region innerhalb der letzten Monate. (...) In China kommt es immer häufiger zu öffentlichen Unmutsäußerungen – trotz der Versuche der Kommunistischen Partei, die Ruhe im Land zu bewahren. (...)

Die Neue Epoche vom 22.08.05
unter: www.epochtimes.de

6 The Impact of Asia's Giants

If everyone lived like the average Chinese or Indian, you wouldn't be reading about global warming. On a per capita basis, China and India emit far less greenhouse gas than energy-efficient Japan, environmentally scrupulous Sweden – and especially the gas-guzzling U.S. (The average American is responsible for 20 times as much CO_2 emission annually as the average Indian.) There's only one problem: 2.4 billion people live in China and India, a great many of whom aspire to an American-style energy-intensive life. And thanks to the breakneck growth of the two countries' economies, they just might get there - with potentially disastrous results for the world's climate. (...)

Bryan Walsh, in. Time vom 26.03.06
unter: www.time.com

Kaum zu glauben
Nach Angaben der Weltbank befinden sich 16 der 20 am meisten verschmutzten Städte der Welt in China.

1 Erklären Sie unter Einbeziehung von Grafik 4 den Zusammenhang zwischen Wirtschaftswachstum und Umweltbelastung.

2 Diskutieren Sie die Risiken und Chancen, die das rasante Wirtschaftwachstum in China und Indien mit sich bringen kann.

3 Immer wieder kommt es in Indien oder China zu schwerwiegenden Umweltschäden. Referieren Sie über aktuelle Vorkommnisse.

Regionale und soziale Disparitäten

Indien und China –

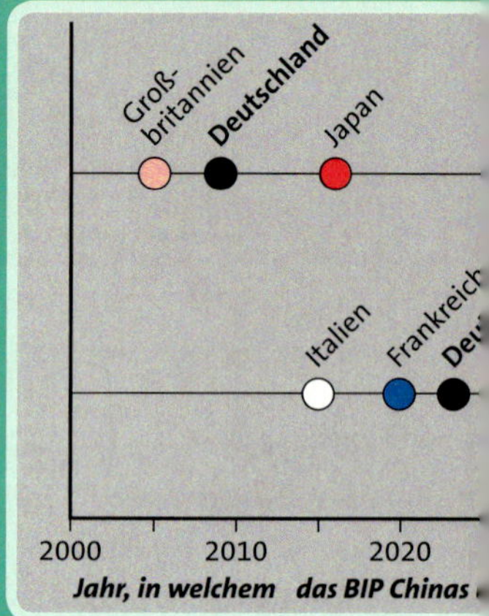

Arbeitskräftepotenzial als Wirtschaftsmotor

Indien: größte Demokratie der Welt

Kolonialismus

alte Hochkultur

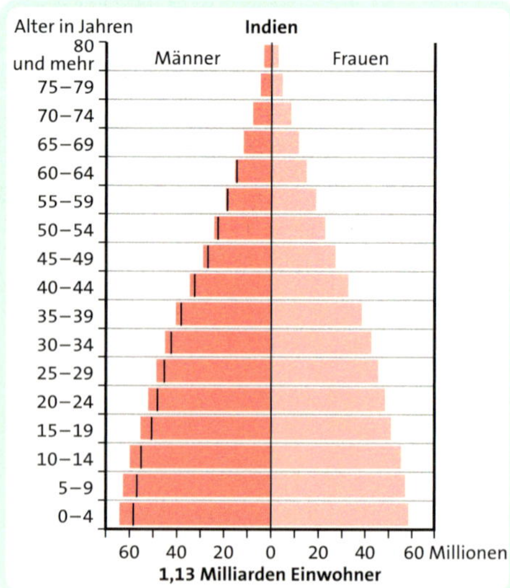

Wichtige Begriffe
- *Bevölkerungspolitik*
- *Bevölkerungsstruktur*
- *Ein-Kind-Familie*
- *Grüne Revolution*
- *Kasten*
- *Landflucht*
- *Monsun*
- *Pull-Faktoren*
- *Push-Faktoren*
- *regionale Disparitäten*
- *Sonderwirtschaftszonen*
- *soziale Disparitäten*
- *Verstädterung*
- *Wachstumspol*
- *Wanderarbeiter*

Sichern Sie Ihr Grundwissen

Erklären Sie, wie Indien und China der enorme wirtschaftliche Aufstieg gelang und welche Probleme sie heute bewältigen müssen.

/erstädterung

Umweltprobleme

Wirtschaftsmächte

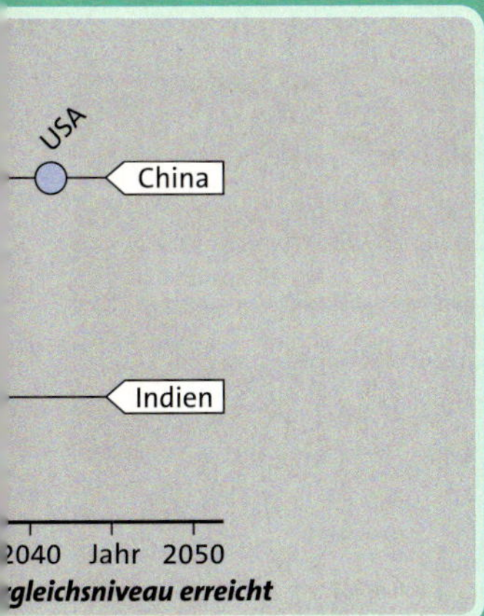

ge Binnenmärkte

Wachstumspole

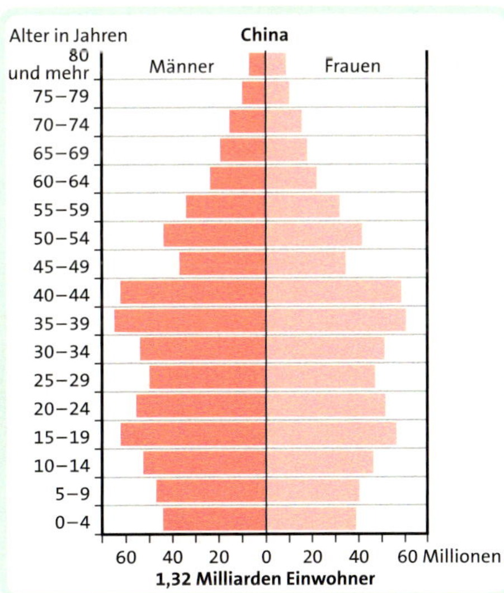

China: größter kommunistischer Staat der Welt

Kulturrevolution

altes Kaiserreich

Grundwissen

1

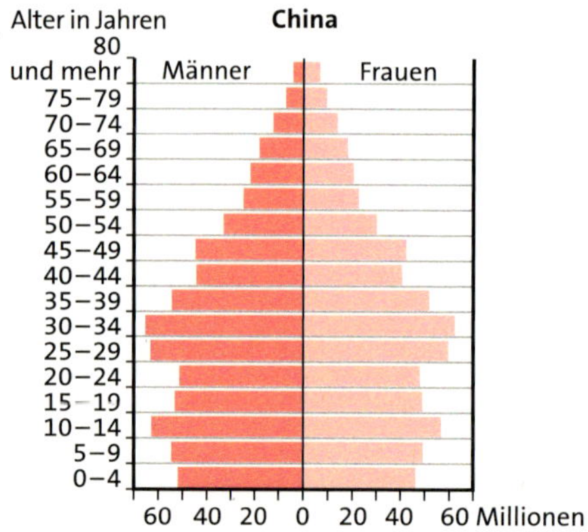

3

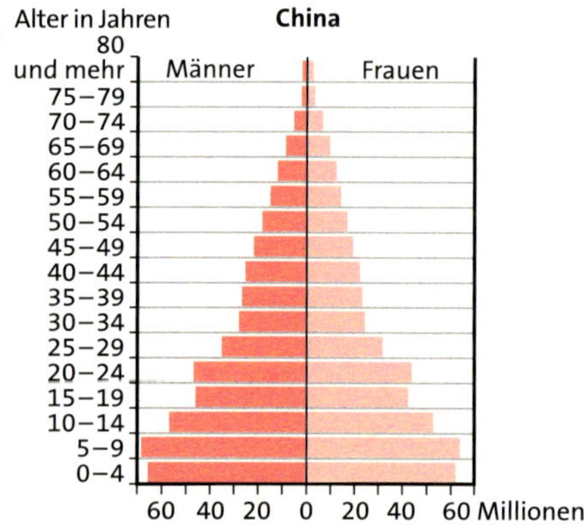

1 Bevölkerungsentwicklung Chinas

a) Ordnen Sie die Bevölkerungspyramiden Chinas den Jahren 1975 und 2000 zu.

b) Beschreiben und begründen Sie die Veränderungen.

c) Ordnen Sie die beiden Pyramiden der jeweiligen Grundform zu.

d) Erläutern Sie, welche bevölkerungsgeographischen Probleme China in den nächsten Jahrzehnten lösen muss.

e) Skizzieren Sie eine Bevölkerungspyramide Chinas für das Jahr 2050.

f) Erklären Sie die Unterschiede zwischen der chinesischen und der indischen Bevölkerungspolitik.

4

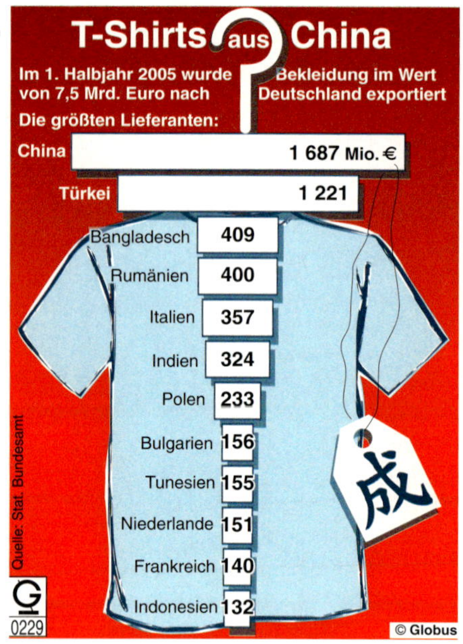

2

2 Indien – der Dienstleister

a) Erklären Sie, weshalb man Indien als „Dienstleister der Welt" bezeichnet. Beziehen Sie die Karikatur 2 mit ein.

b) Erklären Sie, inwiefern sich heute die koloniale Vergangenheit auf Indiens wirtschaftliche Aktivitäten auswirkt.

3 China – die Werkbank der Welt

Erklären Sie, weshalb man China als „Werkbank der Welt" bezeichnet. Beziehen Sie die Grafik 4 mit ein.

4 Stellung der Frau

Ein wichtiges Ziel der Globalen Agenda 21 ist die Erhöhung der Mädchenbildung in Ländern wie Indien. Ordnen Sie jeder Kurve im Diagramm 5 einen der folgenden Begriffe zu: Ernährung, Geburtenrate, Gleichstellung, Säuglingssterblichkeit.

5

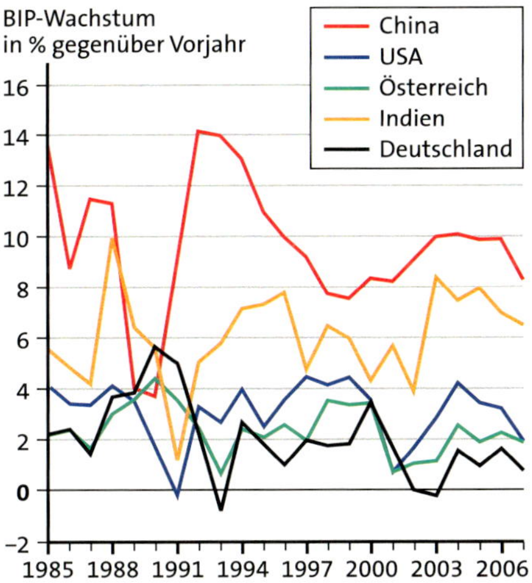

6

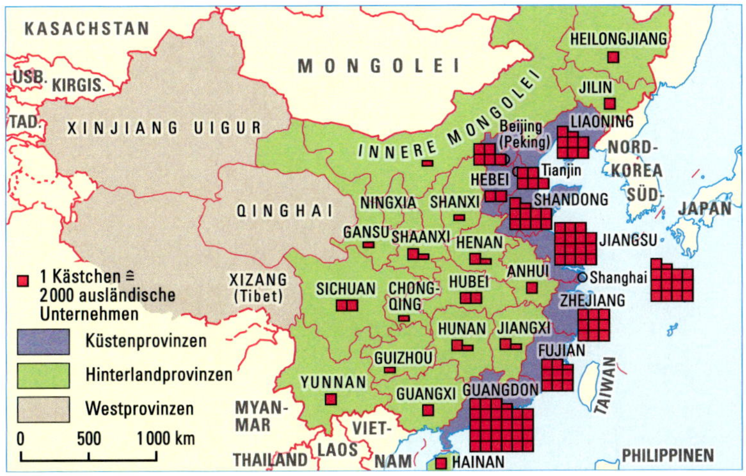

8 ***Ansiedlung ausländischer Unternehmen in China***

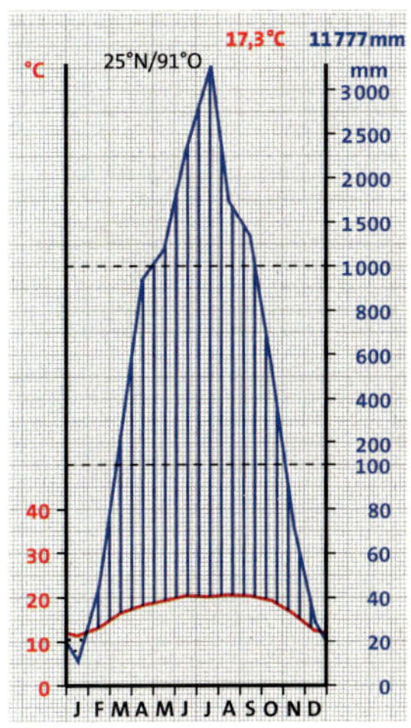

9

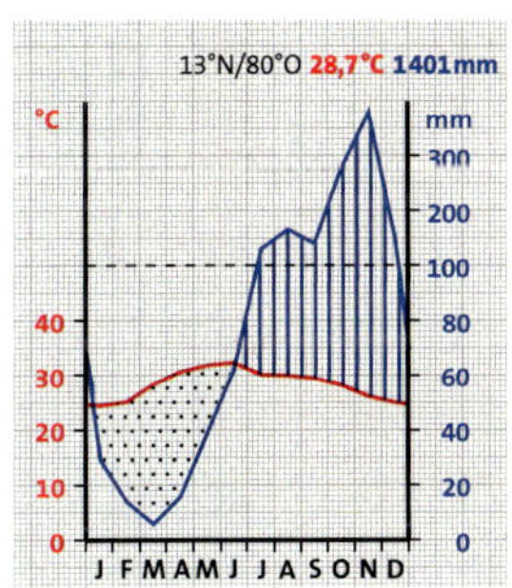

10

5 *Indien und China – die neuen Wirtschaftsmächte*

Vergleichen Sie das Wachstum des BIP der neuen Wirtschaftsmächte mit den USA, Deutschland und Österreich.

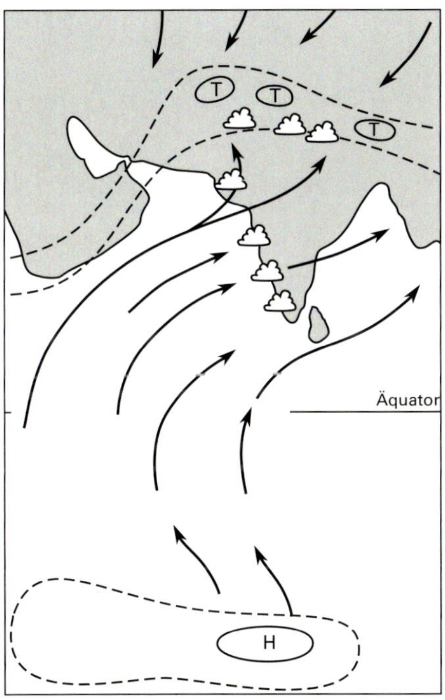

7 ***Luftströmungen während des Sommermonsuns***

6 *Disparitäten in China*

a) *Erklären Sie, weshalb der Küstenraum Chinas für ausländische Unternehmen besonders attraktiv ist.*

b) *Erstellen Sie für einen möglichen Investor, der in China ein Unternehmen gründen möchte, einen Überblick über die im Land vorherrschenden Disparitäten. Benutzen Sie dazu Karten, die Sie mit einem geographischen Informationssystem erstellen (www.klett-gis.de).*

7 *Das Klima Indiens*

a) *Ordnen Sie die Klimadiagramme den Stationen Madras und Cherrapunji zu.*

b) *Erklären Sie die Unterschiede bei den Temperaturen und den Niederschlägen.*

c) *Erläutern Sie mithilfe der Skizze 7 und einer topografischen Karte von Indien, wie die Luftströmungen während des Sommermonsuns verlaufen.*

d) *Beschreiben und erklären Sie, für welche Gebiete Indiens der Sommermonsun die meisten Niederschläge bringt.*

ONLINE-Link

Aufgabenlösungen

27960X-0203

Training

Der asiatisch-pazif

Der asiatisch-pazifische Wirtschaftsraum besteht aus Staaten mit großen wirtschaftlichen und gesellschaftlichen Unterschieden. Er ist eine Boomregion mit einer starken Dynamik und einem gemeinschaftsorientierten Wertesystem. Sie erfahren in diesem Themenblock, wie Staaten mit unterschiedlichen Voraussetzungen verschiedene Wege der wirtschaftlichen Entwicklung einschlagen, um an der globalisierten Weltwirtschaft erfolgreich teilzuhaben.

·rche Wirtschaftsraum

Malaysia: Protonwerk bei Kuala Lumpur

Singapur

Australien: Ranger Uranmine

Japan: Hochgeschwindigkeitszug

Orientierung im asiatisch-pazifischen Raum

Der asiatisch-pazifische Raum umfasst:
- *ein vielfältiges Staatenmosaik aus indigenen und eingewanderten Völkern*
- *die wirtschaftlich dynamischste Region der Erde*
- *mit Australien einen rohstoffreichen Kontinent*

Im asiatisch-pazifischen Raum befinden sich:
- *das Land mit der höchsten Bevölkerungsdichte: Singapur 6 369 Ew./km²*
- *die einwohnerreichste Insel: Java (Indonesien) mit 131,2 Mio. Ew.*
- *der Staat mit den meisten muslimischen Einwohnern: Indonesien mit ca. 140 Mio. Muslimen*
- *die Metropolregion mit der höchsten Einwohnerzahl: Tokyo mit 36,8 Mio. Ew.*

Der in diesem Kapitel besprochene asiatisch-pazifische Raum umfasst zum einen Japan und Korea, zum anderen die Halbinseln und Inseln Südostasiens sowie den Kontinent Australien.
Japan und Korea liegen im Grenzbereich der größten Landmasse der Erde, Eurasien, und dem Pazifik, dem größten Ozean der Welt. Sie werden von Bergländern geprägt, die von intensiv genutzten Tal- und Beckenlandschaften durchzogen sind. Die Halbinsel Korea erstreckt sich etwa 1 000 Kilometer vom chinesischen Festland zur japanischen Insel Kyushu.
Japan besteht aus annähernd 4 000 Inseln. Über drei Viertel der Landmasse Japans verläuft eine Gebirgskette, deren höchster Berg der Fujisan auf der Hauptinsel Honshu (3 776 Meter) ist. Nur die Hauptballungsgebiete Kanto (mit Tokyo und Yokohama) und Kansai (Osaka, Kyoto und Kobe) liegen auf größeren Ebenen.
Südostasien erstreckt sich über 6 000 Kilometer vom östlichen Ende des Himalaya bis vor die Küsten Australiens im Süden. Es umfasst mehr als 20 000 tropische Inseln, die den größten Archipel der Erde bilden. Die gebirgigen Inselbögen werden vom Javagraben des Indischen Ozeans und dem Philippinengraben im Pazifik begrenzt.
Australien bildet den Abschluss nach Süden hin. Der kleinste der Kontinente hat eine Nord-Süd-Ausdehnung von etwa 3 700 Kilometern und eine West-Ost-Ausdehnung von ungefähr 4 000 Kilometern. Er ist von Wüsten und Ebenen geprägt.
Der asiatisch-pazifische Raum ist Teil des pazifischen Feuerrings, eines Vulkangürtels, der den gesamten Pazifik umgibt.

1 **Japan: Schneelandschaft in Niigata**

2 **Indonesien: Kulturlandschaft auf der Insel Java**

3 **Thailand: Strand auf Ko Chang**

4 **Malaysia: tropischer Regenwald**

5 **Australien: Ayers Rock**

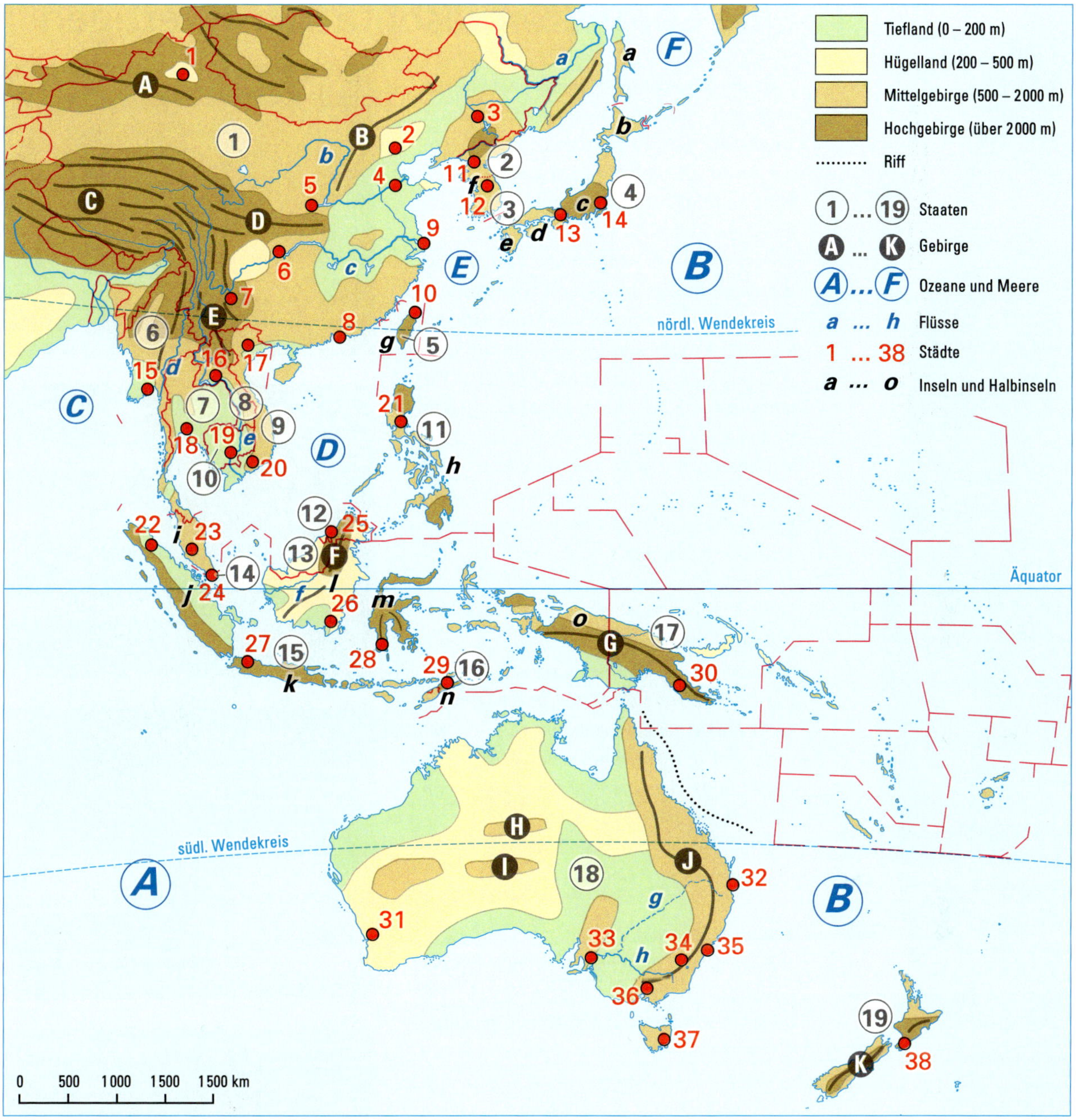

⑥ ***Lernkarte zum asiatisch-pazifischen Raum***

1 *Arbeiten Sie mit der Lernkarte 6: Benennen Sie die mit Buchstaben und Zahlen gekennzeichneten topographischen Objekte.*

2 *Ziehen Sie anhand der Fotos 1 bis 5 Rückschlüsse auf die klimatischen Gegebenheiten in den jeweils dargestellten Räumen und ordnen Sie diese in die jeweilige Klimazone ein.*

Eine Computerpräsentation anfertigen

Sicher haben Sie bereits die Erfahrung gemacht, dass ein Referat oder die Ergebnisse einer Gruppenarbeit den Zuhörern interessant und eindrucksvoll zu präsentieren, meist nicht einfach ist.
Eine Computerpräsentation kann Ihnen helfen, Ihre Ergebnisse übersichtlich und anschaulich zu vermitteln – und es zu erlernen, ist viel einfacher, als Sie denken!

In diesem Themenblock werden verschiedene Staaten des asiatisch-pazifischen Raumes vorgestellt, die sich hinsichtlich Ressourcenausstattung, Entwicklungsweg, Wirtschaftskraft und Wachstumsdynamik stark unterscheiden.
Es besteht nun die Möglichkeit, dass die vorgestellten Staaten im Unterricht nacheinander von allen bearbeitet werden. Spannender kann es aber sein, wenn Sie in Gruppen je einen Staat untersuchen. Weitere Informationen und Anschauungsmaterial finden Sie in Sachbüchern, Reiseführern, Zeitschriften oder im Internet. Die Ergebnisse Ihrer Recherche stellen Sie den anderen Gruppen vor. Dies kann mithilfe einer PowerPoint-Präsentation geschehen.

1. Schritt: Vorbereiten

- *Bevor Sie die Computerpräsentation erstellen, müssen Sie klären, welche Inhalte Sie präsentieren wollen und wie Sie diese sinnvoll gliedern können. Beachten Sie die Zeitdauer, die Ihnen für die Präsentation zur Verfügung steht.*
- *Legen Sie die Anzahl und die Reihenfolge der geplanten Folien fest.*

2. Schritt: Erstellen

Wählen Sie im Präsentationsprogramm ein geeignetes Folienlayout und -design aus. Fügen Sie Texte und Materialien ein. Beachten Sie dabei Folgendes:

- *Jede Folie erhält eine treffende Überschrift. Formulieren Sie den Textinhalt in klaren Stichworten.*
- *Beschränken Sie sich auf wesentliche Informationen, denn eine Flut von unwichtigen Mitteilungen lenkt beim Zuhören ab.*
- *Geben Sie auf jeder Seite am unteren Rand die Quellen der von Ihnen verwendeten Materialien an.*

1
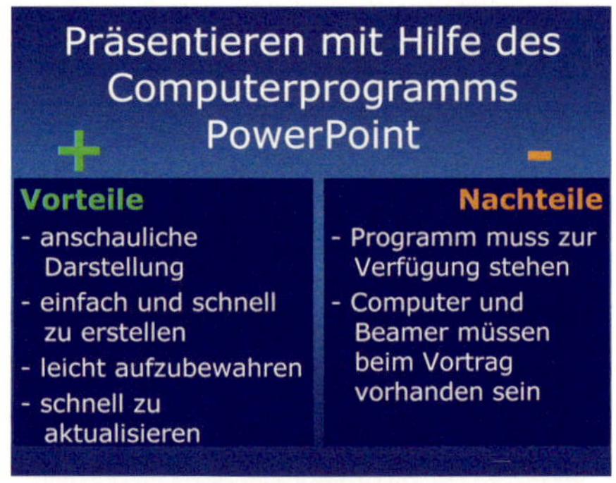

2

3

4
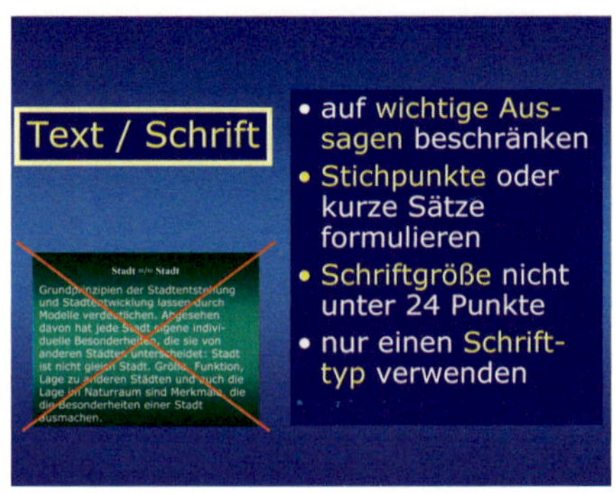

5 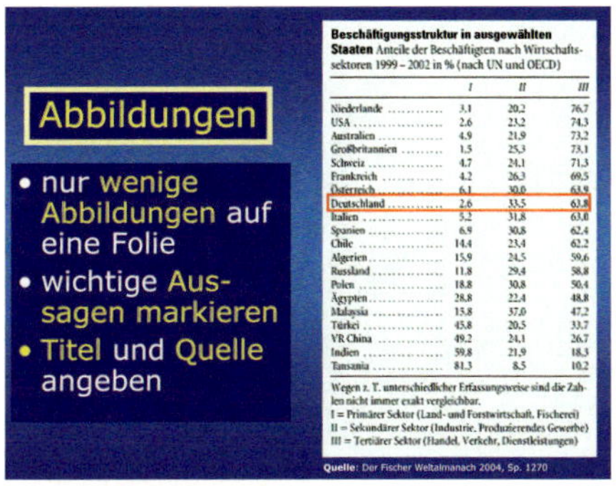

Beschäftigungsstruktur in ausgewählten Staaten Anteile der Beschäftigten nach Wirtschaftssektoren 1999 – 2002 in % (nach UN und OECD)

	I	II	III
Niederlande	3,1	20,2	76,7
USA	2,6	23,2	74,3
Australien	4,9	21,9	73,2
Großbritannien	1,5	25,3	73,1
Schweiz	4,7	24,1	71,3
Frankreich	4,2	26,3	69,5
Österreich	6,1	30,0	63,9
Deutschland	2,6	33,5	63,8
Italien	5,2	31,8	63,0
Spanien	6,9	30,8	62,4
Chile	14,4	23,4	62,2
Algerien	15,9	24,5	59,6
Russland	11,8	29,4	58,8
Polen	18,8	30,8	50,4
Ägypten	28,8	22,4	48,8
Malaysia	15,8	37,0	47,2
Türkei	45,8	20,5	33,7
VR China	49,2	24,1	26,7
Indien	59,8	21,9	18,3
Tansania	81,3	8,5	10,2

Wegen z. T. unterschiedlicher Erfassungsweise sind die Zahlen nicht immer exakt vergleichbar.
I = Primärer Sektor (Land- und Forstwirtschaft, Fischerei)
II = Sekundärer Sektor (Industrie, Produzierendes Gewerbe)
III = Tertiärer Sektor (Handel, Verkehr, Dienstleistungen)

6 Das Programm PowerPoint gibt Ihnen die Möglichkeit, zu jeder Folie ein Notizblatt zu erstellen (Funktion: Ansicht => Notizblatt). Hier können Sie in Stichworten die Informationen aufschreiben, die Sie den Zuhörern zu der jeweiligen Folie geben wollen. Ausgedruckt lassen sich die Notizblätter als Vortragsmanuskript nutzen.

7 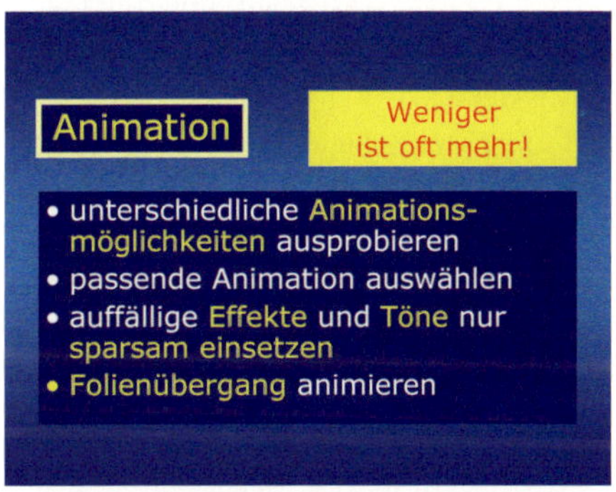

8 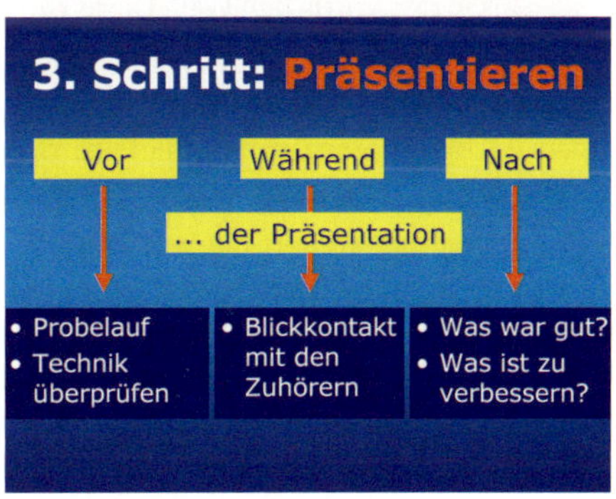

- *Wählen Sie einen ansprechenden Hintergrund für die Folien. Achten Sie dabei auf den Kontrast zwischen Text und Hintergrundfarbe.*
- *Wählen Sie Schrifttyp und Schriftgröße so, dass sie aus der Entfernung leicht lesbar sind. Durch dezente Hervorhebung (z. B. Markierung oder Farbe) wird jede wichtige Information gekennzeichnet. Aber: Eine zu bunte Präsentation lenkt eher ab.*
- *Gehen Sie sparsam mit Animationseffekten und Sounds um – sie sind dann sinnvoll, wenn sie dem Zuschauer beim Erfassen und Verarbeiten von Informationen helfen.*
- *Bestimmen Sie den Folienübergang: Soll er automatisch oder nach Bedarf durch Mausklick erfolgen?*
- *Zu jeder Folie können Sie ein Notizblatt mit Sprecherkommentaren erstellen.*
- *Fertigen Sie eine Sicherungskopie an.*
- *Üben Sie den kompletten Vortrag mehrmals. Eine „Generalprobe“, z. B. vor Freunden, gibt Ihnen Sicherheit.*

3. Schritt: Präsentieren

- *Prüfen Sie vor der Präsentation, ob die benötigte Technik (Computer, Laptop, CD-ROM, Beamer) funktioniert.*
- *Erläutern Sie Ihre präsentierten Folien, denn viele Informationen bedürfen einer Erklärung, da sie für die Zuhörer neu sind.*
- *Sprechen Sie langsam und möglichst frei in Richtung des Publikums. Nutzen Sie die Folien, um den roten Faden nicht zu verlieren.*
- *Beraten Sie sich anschließend mit der Klasse: Was hat gut geklappt? Was kann das nächste Mal verbessert werden?*

1 *Arbeiten Sie in Gruppen. Erstellen Sie eine Computerpräsentation zu einem Staat des asiatisch-pazifischen Raumes.*

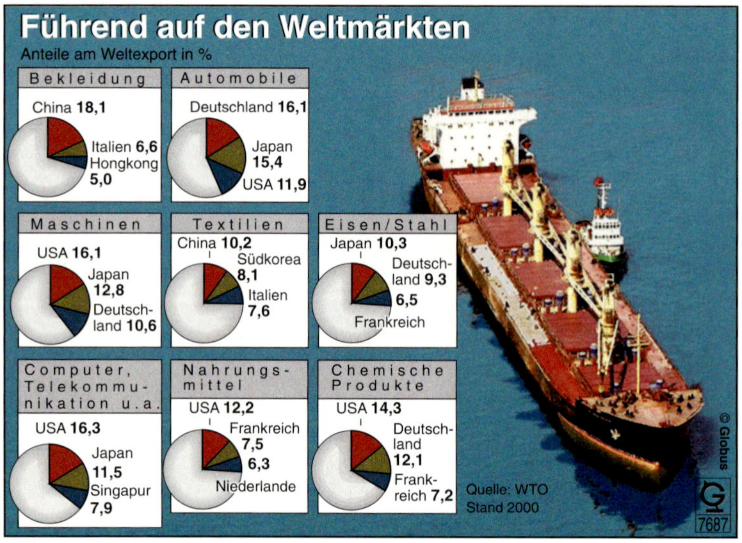

❶ ***Übersicht der Marktführer***

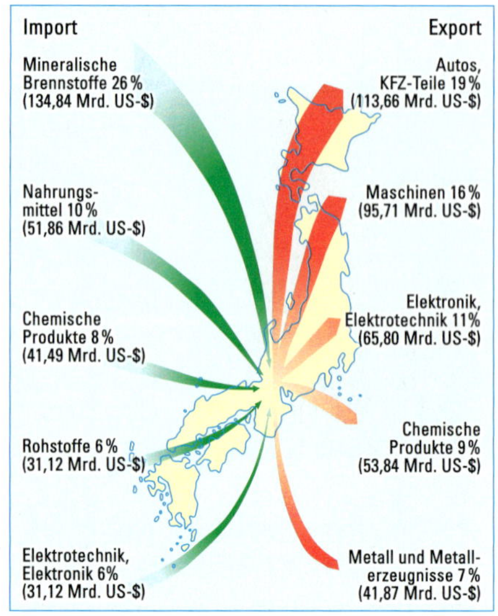

❺ ***Hauptimporte und -exporte Japans 2005***

Japan – Industriemacht ohne Rohstoffe

❷ ***Rohstoffabhängigkeit Japans***

Erdöl	*100 %*
Eisenerz	*100 %*
Bauxit	*100 %*
Baumwolle	*100 %*
Zink	*98 %*
Kupfer	*95 %*
Erdgas	*92 %*
Kohle	*75 %*
Weizen	*65 %*
Holz	*50 %*

❸ ***Exportvolumen ausgewählter Länder 2006 (in Mrd. US-$)***

Deutschland	*1 112*
USA	*1 037*
China	*969*
Japan	*647*
Welt	*12 062*

Japan hat nur wenig mehr Fläche als Deutschland, seine Bevölkerung ist jedoch eineinhalbmal so groß. Die Bevölkerungsdichte liegt deshalb mit 332 Einwohnern pro km² auch wesentlich höher. Die Bevölkerung ist innerhalb des Landes allerdings sehr ungleichmäßig verteilt. So drängen sich in einem Umkreis von 50 Kilometern um den Mittelpunkt Tokyos 30 Millionen Menschen auf einem Fünfzigstel der Landesfläche. Dies entspricht einem Viertel der gesamten Bevölkerung Japans.

Fast alle **Rohstoffe** muss Japan einführen. Riesige Frachter- und Tankerflotten beliefern die Weiterverarbeitungsanlagen an den Küsten mit Eisenerz, Kohle und Erdöl.

Trotz dieser starken Abhängigkeit von Rohstoffimporten stieg Japan nach dem Zweiten Weltkrieg zur zweitstärksten Industriemacht und zur drittgrößten Handelsnation der Welt auf. Japanische Industrieerzeugnisse traten auf dem Weltmarkt einen Siegeszug an und eroberten die Führung in vielen Zweigen.

❹ **Entwicklung der Beschäftigten in den Wirtschaftsbereichen in Prozent (1980–2004)**

	1980	1990	2000	2004
Primärer Sektor	10,4	7,2	4,9	4,6
Sekundärer Sektor	34,9	33,8	30,2	27,8
Tertiärer Sektor	54,7	59,0	64,9	67,6

Seit 1990 steigt die Industrieproduktion in Japan langsamer als in den Jahren zuvor. Dennoch spielt Japan weiterhin eine führende Rolle in der Weltwirtschaft. Gründe für die japanischen Exporterfolge sind einerseits die hohe Qualität der Produkte bei günstigen Preisen, andererseits aber auch andere Produktions- und Vermarktungsverfahren als in der westlichen Welt. Diese Zauberformel machte die Japaner zum Vorbild für Europäer und Amerikaner.

Einen wichtigen Beitrag dazu lieferte das METI (Ministry of Economy, Trade and Industry). Es plant und steuert die Industriepolitik Japans und reguliert oder schlichtet bei Problemen und Meinungsverschiedenheiten. Das Hauptaugenmerk des Ministeriums liegt auf der Stärkung der japanischen Industrie und unterstützt diese in Fragen der Technologie, Modernisierung, Investition in neue Anlagen und des nationalen sowie internationalen Wettbewerbs.

6 „Fußball-Roboter“ aus Japan

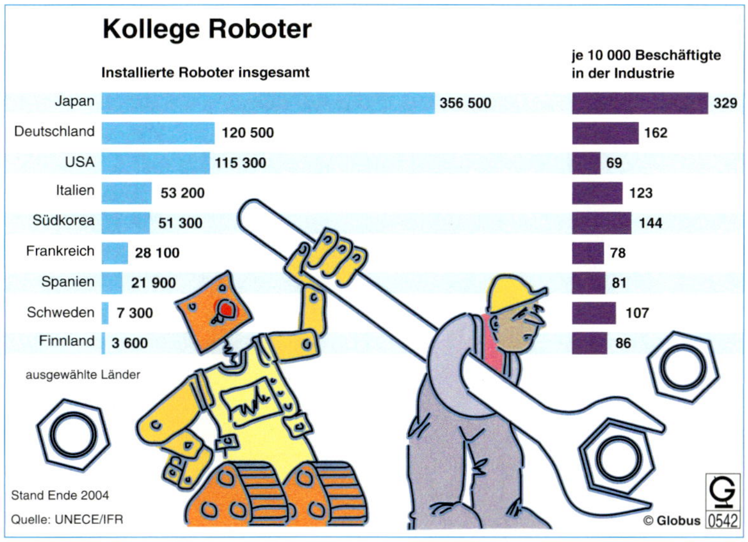

7 **Robotereinsatz in der Industrie**

Japan führt

Ob für grobe oder feine Arbeiten, Roboter sind in vielen Bereichen der Industrie heute eine Selbstverständlichkeit. Je mehr Präzision in der Produktion eine Rolle spielt, desto notwendiger ist der Einsatz der elektronischen Helfer, die noch auf Bruchteile von Millimetern genau schleifen, bohren oder fräsen können. Auch bei monotonen, wiederkehrenden oder für Menschen gefährlichen Fertigungsschritten werden Computer und Roboter eingesetzt. Sie verrichten Tag und Nacht immer die gleichen Handgriffe, ermüden niemals und zeigen daher auch keine Konzentrationsschwäche.

Beim Einsatz von Robotern ist Japan weltweiter Spitzenreiter. Die neuen Roboter von Sony und Honda werden heute nicht mehr nur für Arbeiten eingesetzt, einige Modelle können sogar tanzen, Fußball spielen, laufen oder Treppen steigen.

1 *Ermitteln Sie Produkte, mit denen Japan auf dem Weltmarkt führend ist.*
2 *Ordnen Sie in einer Tabelle den Logos in der Randspalte Ihnen bekannte Produkte und dazugehörige Industriezweige zu.*
3 *Stellen Sie Vor- und Nachteile des industriellen Einsatzes von Robotern gegenüber.*

8 **Bei Canon**

Das Canon-Werk in Toride bei Tokyo ist eine der größten Fotokopierer-Fabriken der Welt. Jeden Monat werden hier 30 000 Geräte hergestellt. Der Arbeitstag beginnt mit der gemeinsamen Morgengymnastik zu Lautsprechermusik und mit dem „Qualitätsversprechen“ der Werksgruppen.

Häufig machen Arbeiterinnen und Arbeiter Vorschläge, wie man die Arbeit verbessern kann. Dafür gibt es Prämien von der Firmenleitung. Auch für Überstunden erhalten die Beschäftigten zusätzliche Prämien. Ist einmal zu wenig Arbeit da, werden Arbeitszeit und Löhne gekürzt. Entlassungen gibt es selten.

Die meisten Beschäftigten bleiben vom Anfang bis zum Ende ihrer Berufstätigkeit bei Canon. Das Unternehmen gibt günstige Kredite zum Bau von Eigenheimen. Viele Freizeiteinrichtungen, die ebenfalls der Firma gehören, stehen zur Verfügung. Gern wird das Bild von der „Canon-Firmenfamilie“ gebraucht: Die Firma – das ist der Vater („oyabun“). Die Beschäftigten – das sind die Kinder („kobun“).

Nikon NIPPON KOGAKU K.
Panasonic
HONDA
MITSUBISHI ELECTRIC
FUJIFILM
PIONEER
TOSHIBA

9 *Markenvielfalt aus Japan*

ONLINE-Link
Surftipps
27960X-0301

10 *Kaizen*

Geheimnisse des Erfolgs

Auf die Frage nach den Ursachen für das „Japanische Wirtschaftswunder“ hieß es anfänglich: Die Japaner kopieren ausländische Produkte und ausländisches Know-how, sie erhalten niedrige Löhne und weniger Urlaub, arbeiten mehr und sind weniger krank. Die wesentlichen Gründe für den Erfolg hat man dabei meist übersehen:

Die Japan-AG

Die effektive Verschmelzung von Forschung an den Universitäten mit der Produktion in den Betrieben ist nur ein Beispiel für das erfolgreiche Wirken der Japan-AG. Der Begriff soll das Zusammenwirken zwischen Politik, Wirtschaft und den Staatsbeamten verdeutlichen. Der Staat übt großen Einfluss auf die Wirtschaft aus. Die starke Bindung der Beschäftigten an ihren Betrieb gehört ebenso zu dieser Politik. Die Erzeugung eines „Wir-Gefühls“ stärkt das Bewusstsein, ein wichtiger Teil des Ganzen zu sein. Äußere Zeichen dafür sind zum Beispiel das Tragen von Einheitskleidung, Gemeinschaftspausen mit Freiübungen und Singen des Firmenliedes.

Die Hightech-Orientierung

Japan ist heute führend bei der Entwicklung von **Zukunftstechnologien**. Grundlagen dafür sind das große Interesse für alles Neue, die Innovationsfreude der Japaner sowie moderne Forschungseinrichtungen und kurze Entwicklungszeiten für neue Produkte.

Das Kaizen

So nennt man ein in Japan entwickeltes Managementkonzept, das ein ständiges Bestreben nach Verbesserung unter Einbeziehung aller Mitarbeiter und aller Bereiche der Wirtschaft zum Ziel hat. Die Überzeugung von der Notwendigkeit, in kleinen Schritten immer besser zu werden, ist tief in der japanischen Mentalität verwurzelt. Das Leben gilt als ein ständiger Lern- und Verbesserungsprozess. Voraussetzung für das **Kaizen** ist, dass die Arbeitnehmer permanent mitdenken und mitentscheiden. In Teamarbeit lässt sich das besser bewerkstelligen. In keinem Land der Erde ist die Zahl der Verbesserungsvorschläge so hoch wie in Japan. Etwa 80 Prozent der Beschäftigten beteiligen sich jährlich daran. Auf diese Weise hat Japan eine so hohe Produktqualität erreicht.

Ohne die Kleinen läuft nichts

Die japanische Produktion stützt sich auf zwei Standbeine: die meist weltweit bekannten Großbetriebe und unzählige Klein- und Kleinstbetriebe, die das eigentliche Rückgrat der japanischen Wirtschaft bilden. Fast zwei Drittel der Betriebe im verarbeitenden Gewerbe haben weniger als zehn Beschäftigte. Hier arbeiten fast drei Viertel der japanischen Arbeitnehmer. Diese Kleinbetriebe wirken als Zulieferer für die Großbetriebe, z.B. für die Automobilindustrie. Um Aufträge der Großunternehmen wird hart gekämpft. Nur der Zulieferer kann im Wettbewerb bestehen, welcher seine Erzeugnisse **just-in-time**, das heißt zum richtigen Zeitpunkt in der geforderten Menge, Ausführung und Anordnung sowie in ausgezeichneter Qualität, direkt an die Produktionsstelle liefern kann.

(11) ***Nagano: Mitarbeiter eines kleinen Metallbetriebes***

(12) ***Tokyo: Schüler einer Oberschule***

Religiöse Werte und Bildung

Pflichttreue, Selbstbeherrschung, Gehorsam, Wahrheitsliebe, Fleiß und Disziplin – das sind Werte, die in Japan einen hohen Stellenwert haben. Diese stammen zum Teil aus dem Shintoismus, der aus einer schlichten Verehrung der Gottheiten in der Natur und aus einem ausgeprägten Ahnenkult erwuchs. Andere Werte stammen aus dem Buddhismus, wie z. B. geistige Disziplin und der Verzicht auf eigene Wünsche. Auch das Lernen gilt als Tugend.

Ein bis drei Jahre Kindergarten, sechs Jahre Grundschule, drei Jahre Mittelschule, danach schwierigste Übergangs- und Aufnahmeprüfungen in die dreijährige Oberstufe und vier Jahre Universität – das ist der typische Verlauf eines auf höchste Ansprüche ausgerichteten Bildungssystems.

97 Prozent aller Schüler besuchen die Oberschule. Knapp 50 Prozent studieren danach an der Universität. Weil eine hohe Bildung für jeden Japaner selbst und für sein Ansehen in der Gesellschaft so wichtig ist, besuchen 80 Prozent der Schüler Abendschulen, um sich besser auf die Aufnahmeprüfungen vorzubereiten.

Das Wunderkind zeigt Schwächen

Trotz der wirtschaftlichen Höhenflüge der 1980er-Jahre geriet das wohlhabende Japan zu Beginn der 1990er unerwartet in eine Wirtschaftskrise. Die Ursachen liegen zum Teil im Land selbst. Eine völlige Überbewertung von Aktien und Firmengrundstücken führte zu Reichtum, der nur auf dem Papier da war. Zum anderen trugen die schwache Weltwirtschaft und die Absatzschwierigkeiten in der IT-Branche, insbesondere wegen der Konkurrenz aus Südostasien, dazu bei.

Japan entwickelte deshalb umfangreiche staatliche Hilfsprogramme für die Wirtschaft. Die Vergabe von Krediten wird strenger geregelt. Es wurde viel in Forschung und Entwicklung investiert, um durch technologischen Vorsprung die Exporte weiter erhöhen zu können. Immerhin konnte dadurch der Abwärtstrend seit 2003 gestoppt werden. Ein leichtes Wirtschaftswachstum mit sinkenden Zahlen an Firmenpleiten und an Arbeitslosen gibt dem Land neue Hoffnung.

4 *Gestalten Sie eine Gedankenkarte (Mindmap), welche die Ursachen für die Erfolge der japanischen Industrie übersichtlich abbildet.*

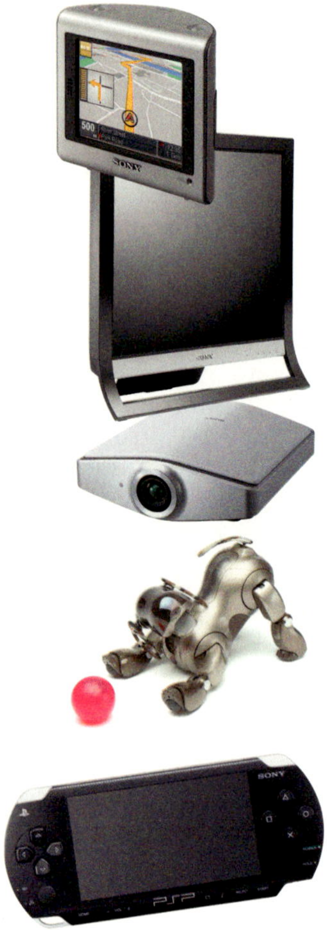

❶ ***Produktauswahl von Sony***

❷ ***Sony-Center am Potsdamer Platz in Berlin***

Global Player Sony

Sony weltweit

Produkte der Unterhaltungselektronik von Sony sind weltweit begehrt. In den letzten Jahren brachte Sony jährlich etwa 500 neue Produkte auf den Markt, also täglich fast zwei Neuentwicklungen.

Auch machte sich der Konzern im Film- und Musikgeschäft einen Namen, z.B. durch den Kauf der legendären US-amerikanischen Filmstudios MGM. 2001 bildete Sony mit dem schwedischen Telekommunikationskonzern Ericsson ein Gemeinschaftsunternehmen mit 3500 Angestellten und Hauptsitz in London.

Die Europazentrale befindet sich im Sony-Center in Berlin. Im Sony Style Store können die Kunden eine breite Palette der Produkte ausprobieren. Außerdem ist Sony in Deutschland mit einem Forschungszentrum in Stuttgart und einem Vertriebszentrum in Köln vertreten. Die europäischen Ländervertretungen werden jeweils von einem europäischen Management geführt. Nur weniger als 2% der Mitarbeiter sind hier Japaner. Die Teams sind international zusammengesetzt, so dass die Beherrschung der englischen Sprache bei den Mitarbeitern vorausgesetzt wird.

❸ Zwischen 1970 und 1980 war Sony das Enfant-Terrible der japanischen Industrie. Der Konzern gab sich unkonventionell und hungrig, etwa im Umgang mit dem ungeschriebenen Gesetz in der damaligen japanischen Elektronikbranche, dass man „untreue" Mitarbeiter anderer Unternehmen, die gekündigt hatten und sich woanders finanziell verbessern wollten, nicht einstellte.

Emporkömmling Sony scherte sich wenig um alte Traditionen und wurde zum Sammelbecken für junge, unzufriedene Ingenieure, die in starren und senioritätsbezogenen japanischen Unternehmenshierarchien nicht vorankamen. Ergebnis: Die innovativsten Köpfe sammelten sich um die Sony-Gründer Akio Morita und Masaru Ibuka.

Der Durchbruch kam, als Morita in den USA für ein paar tausend Dollar die Rechte an einer Erfindung kaufte: dem „Transistor". Morita erinnerte sich später, dass ihm die US-Manager von Bell zum Abschied noch auf den Weg mitgaben, mehr als Hörgeräte werde er mit den Dingern wohl kaum machen können.

Postinett, A./Bastian, N. in: Handelsblatt Nr. 183 vom 21.09.2005, S. 15

Der Name Sony ist eine Kombination aus dem lateinischen Wort sonus (Klang) und dem englischen Wort sonny (kleiner Junge).

Global Player

Großunternehmen, die auf fast allen nationalen Märkten agieren, werden als **Global Player** bezeichnet. Diese transnationalen Unternehmen werden von nationalen Standorten immer unabhängiger. Sie optimieren Zulieferung, Produktion und Absatz entsprechend der Vorteile, die einzelne Standorte bieten. So können die Einzelteile eines Produkts jeweils in einem anderen Land produziert werden, um sie dann an einem „Montagestandort" zusammenzusetzen. Die internationale Zusammensetzung der Teams und deren Qualifizierung oder die Festlegung auf eine einheitliche Betriebssprache sind neue Herausforderungen für die Unternehmen. Am schnellsten haben sich Großbanken über die Möglichkeiten internationaler Kapitalbewegungen zu Global Playern entwickelt. Trotz vieler Vorteile werden diese Entwicklungen auch von kritischen Stimmen begleitet. Eine zu hohe wirtschaftliche Machtkonzentration, eine zu große politische Einflussnahme sowie Wettbewerbsverzerrungen werden befürchtet. Arbeitsplatzverluste im „Heimatland", Steuerflucht und erschwerte öffentliche Kontrolle sind weitere Kritikpunkte.

1 *a) Begründen Sie, weshalb Sony als Global Player bezeichnet wird.*
b) Stellen Sie Vorteile und Nachteile der Entwicklung einiger Firmen zu Globlal Playern für die japanische Wirtschaft gegenüber.

2 *Suchen Sie im Internet weitere Beispiele für Global Player.*

3 *Erklären Sie, welche Auswirkungen Investitionen von Global Playern wie Sony auf die wirtschaftliche Entwicklung der betroffenen Staaten (z. B. Deutschland) haben können.*

4 *Arbeiten Sie mit Tabelle 4 und den Strukturdaten im Anhang: Vergleichen Sie die Umsätze der bedeutendsten Weltkonzerne mit dem BIP von je drei Staaten Afrikas, Südamerikas, Asiens und Europas. Lesen Sie daraus die Bedeutung der Global Player ab.*

4 Weltkonzerne nach Umsatz (2006)

Rang	Name	Land	Umsatz in Mrd. US-$	Gewinn in Mrd. US-$	Branche
1.	Exxon Mobil	USA	339,9	36,1	Erdöl
2.	Wal-Mart	USA	315,7	11,2	Einzelhandel
3.	Royal Dutch / Shell Group	Großbritannien / Niederlande	306,7	25,3	Erdöl
4.	BP	Großbritannien	267,6	22,3	Erdöl
5.	General Motors	USA	192,6	−10,6	Automobile
6.	Chevron Corporation	USA	189,5	14,1	Erdöl
7.	Daimler Chrysler	Deutschland	186,1	3,5	Automobile
...					
65.	Sony	Japan	66,0	1,1	Unterhaltungselektronik

5 Von Messgeräten zu Spielkonsolen

1946: Gründung des Vorgängerunternehmens Tokyo Tsushin Kogyo K.K (Totsuko); Forschung und Produktion für Telekommunikation und Messgeräte
1955: Börsengang in Tokyo
1958: Umbenennung in Sony Corporation; erstes Transistor-Radio
1968: Ausbau des US-Geschäfts; Einstieg ins Musikgeschäft, Gründung eines Joint Ventures mit der Plattenfirma CBS; erstes Farbfernsehgerät
1979: erstes tragbares Stereo-Kassettengerät und Walkman
1982: nächste Weltneuheit: CD-Spieler
1989: Übernahme des Hollywood-Studios Columbia Pictures Entertainment durch Sony; Einstieg in die Filmproduktion
1994: die erste PlayStation
2000: Einweihung des Sony Centers am Potsdamer Platz in Berlin
2001: Gründung einer eigenen Bank; Zusammenarbeit bei Mobiltelefonen mit Ericsson
2004: Kauf von Metro-Goldwyn-Mayer
2005: PSP (PlayStation Portable)
2006: PlayStation 3

6 ***Auswahl von Zusammenschlüssen und Neugründungen mit dem Ziel der Spezialisierung***

1 *Satellitenbild der Bucht von Tokyo*

Japan – Raumnot macht erfinderisch

Etwa 80 Prozent der Landesfläche Japans sind gebirgig und somit eher ungeeignet für Siedlungen. In einigen größeren Ebenen und entlang der Pazifikküste drängen sich daher Siedlungen, Industriegebiete und Verkehrswege. Allein die drei Ballungsräume um Tokyo, Osaka und Nagoya beherbergen knapp die Hälfte der 127 Millionen Einwohner Japans. Der verfügbare Raum ist knapp.

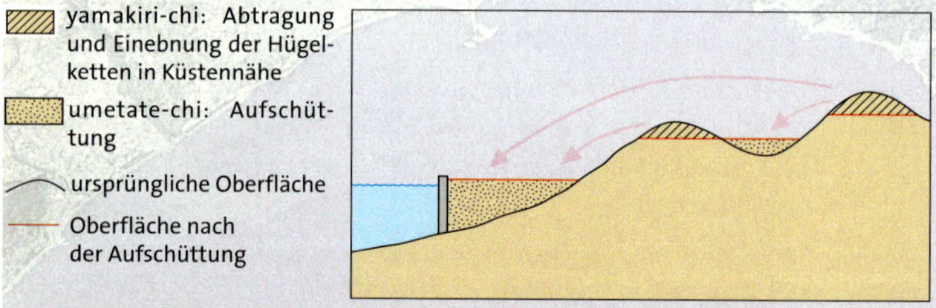

2 *Neulandgewinnung durch Aufschüttung*

Neuland im Meer

Zur Überwindung der Raumknappheit wird in Japan die Strategie der Neulandgewinnung forciert. Diese erfolgt an der Küste durch Aufschüttung mit Müll, Bauschutt und auf dem Festland abgetragenem Material.

An der Bucht von Tokyo lassen sich die Ergebnisse gut ablesen: Immer weiter schieben sich auf 170 Kilometern Küstenlänge die Aufschüttungsgebiete in die Bucht hinein. Es wurden bereits 280 km² Neuland geschaffen. Allerdings gibt es auch eine Kehrseite. Die gewaltigen Industrieanlagen belasten die Umwelt mit hohen Abgas- und Abwassermengen. Das Hauptproblem ist aber, dass die künstlichen Inseln den Wasseraustausch mit dem offenen Meer und damit die Selbstreinigungsvorgänge verhindern.

Osaka – ein Flughafen im Meer

Kansai International Airport liegt auf einer 5,5 km² großen, künstlich aufgeschütteten Insel in der Bucht von Osaka. Ein Hauptziel der Anlage auf dem Meer war, den lauten Flugverkehr aus dem dicht besiedelten Stadtgebiet zu verlagern. Dadurch ist auch ein

24-Stunden-Betrieb möglich. Über gut ausgebaute Verkehrswege sind die Stadtzentren von Osaka, Kyoto und Kobe schnell zu erreichen. Allerdings muss mit technisch aufwändigen und sehr teuren Maßnahmen die künstliche Insel vor Taifunen, Flutwellen und Erdbeben geschützt werden. Vier Monate nach seiner Eröffnung bestand der Flughafen seine Bewährungsprobe beim Erdbeben von Kobe (Magnitude 6,7) mit nur geringen Schäden und stand die ganze Zeit über für die notwendigen Hilfsmaßnahmen zur Verfügung. Seit seiner Eröffnung im Jahre 1994 sinkt die künstliche Insel, auf der er liegt, allerdings stärker und schneller als erwartet im Meeresboden ein. Enorme zusätzliche Kosten entstehen, um den Flugbetrieb aufrechtzuerhalten. Dennoch werden bereits Pläne geschmiedet, den Flughafen um zwei Startbahnen zu erweitern, so dass die steigende Zahl der Fluggäste abgefertigt werden kann.

1 Benennen Sie unter Einbeziehung einer physisch-geographischen Karte Probleme der Raumnutzung in Japan.

2 Erklären Sie, welche natürlichen Voraussetzungen die Neulandgewinnung an der Küste ermöglichen.

3 Benennen Sie weitere mögliche Maßnahmen zur Überwindung der Raumenge.

4 Arbeiten Sie mit dem Satellitenbild und Karte 4: Verschaffen Sie sich einen Überblick über das Ausmaß der Neulandgewinnung in der Bucht von Tokyo und beschreiben Sie die Flächennutzung der Aufschüttungsgebiete.

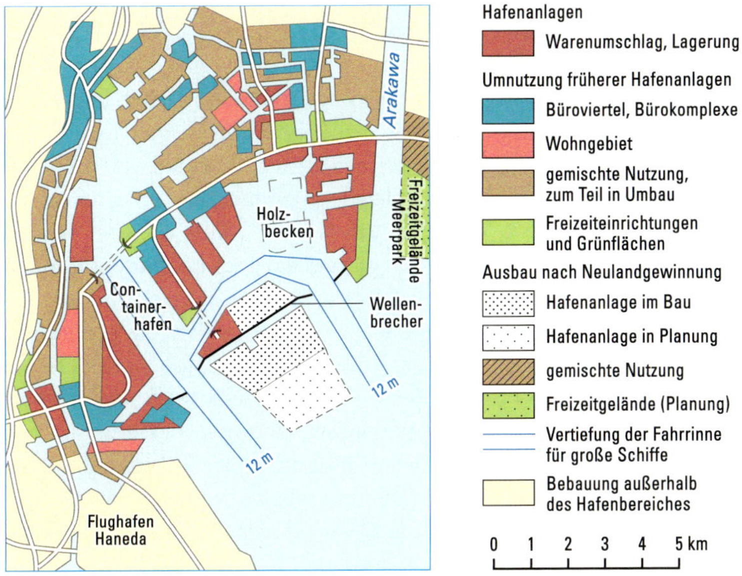

4 **Bau und Nutzung von Neulandflächen im Hafen von Tokyo**

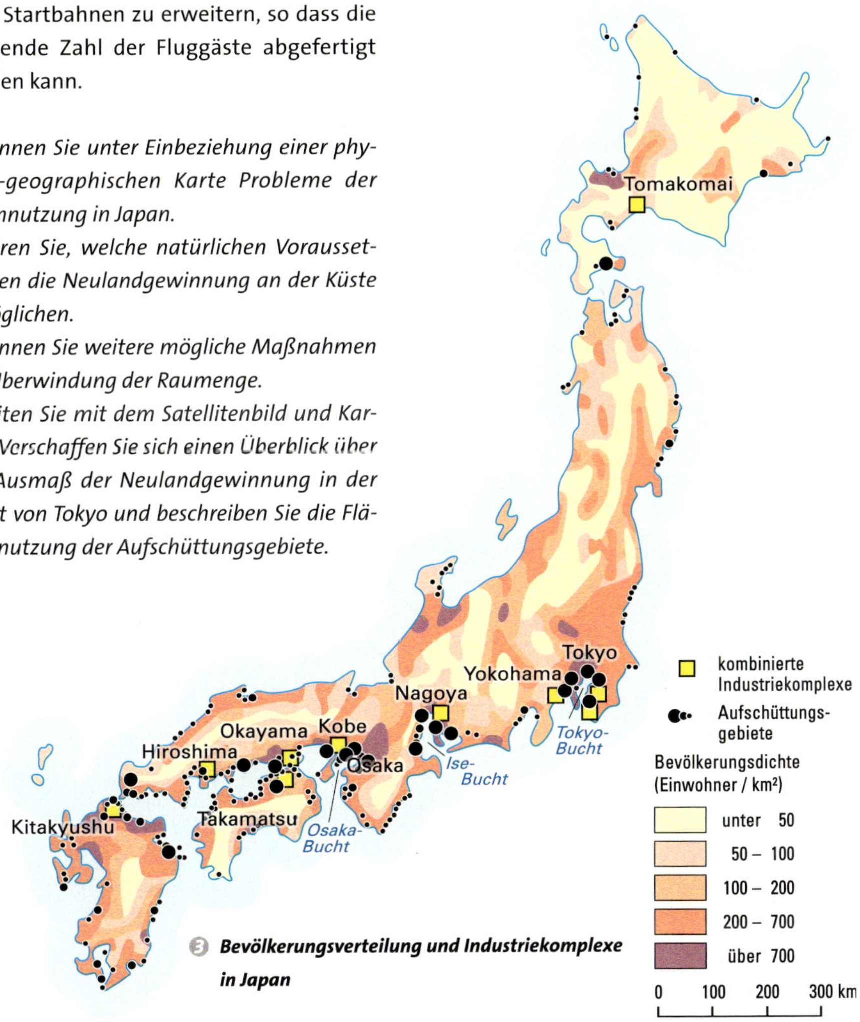

3 **Bevölkerungsverteilung und Industriekomplexe in Japan**

Kaum zu glauben

Eine japanische Erfindung: Kapselhotels, die an Bienenwaben erinnern. Die Gäste übernachten in kleinen (ca. 2 x 1,25 x 1 m), aber mit Fernseher ausgerüsteten Kapseln, die übereinander gestapelt sind. Der Sichtschutz wird durch einen Vorhang gewahrt; Geräusche beeinträchtigen die Privatsphäre erheblich.

5 **Kapselhotel in Japan**

Australiens Flagge zeigt den britischen Union Jack und sechs weiße Sterne auf blauem Grund. Der große Stern repräsentiert den Commonwealth of Australia, sechs der sieben Spitzen stehen für die sechs Verwaltungseinheiten Neusüdwales, Queensland, Südaustralien, Tasmanien, Victoria und Westaustralien. Die siebte repräsentiert das Nordterritorium und das Australische Hauptstadtterritorium mit der Hauptstadt Canberra. Die fünf Sterne auf der rechten Hälfte stellen das „Kreuz des Südens" dar. Das Sternbild diente den Seefahrern als Navigationshilfe und hat somit zur Entdeckung des australischen Kontinents beigetragen.

Kontinent der Einwanderer

Die Einwanderung der Weißen begann im Jahre 1788 mit der Einrichtung der ersten britischen Sträflingskolonien. Die Hafenstädte bildeten gleichzeitig die Verwaltungszentren. Von hier aus wurde auch der Kontakt zum Mutterland gepflegt. Diese Städte waren immer wieder Anlaufpunkt für neue Einwanderer und sind es bis heute geblieben.

Der erste Einwanderungsboom setzte mit den Goldfunden nach 1851 ein. Innerhalb von nur zehn Jahren wuchs die Bevölkerung um mehr als das Doppelte. Die Ureinwohner Australiens wurden seit Beginn der Einwanderung immer weiter ins Landesinnere zurückgedrängt.

In den ersten Jahren bis zur Jahrhundertwende waren es überwiegend Briten, andere Europäer, Amerikaner und Asiaten, die einen Neuanfang in Australien wagten. Gleich nach Gründung des Bundesstaates im Jahr 1901 erließ man ein Gesetz zur Einwanderungsbeschränkung. Dieses richtete sich vor allem gegen die Einwanderung weiterer Asiaten, deren Anzahl gegenüber den Einwanderern aus Europa und Amerika sprunghaft angestiegen war. Anfang der 1970er-Jahre öffnete sich Australien wieder für alle Länder. Die Einwanderung wurde über ein Punktesystem geregelt. Dieses war auf die finanzielle Unabhängigkeit und eine qualifizierte Ausbildung im Sinne des wirtschaftlichen Bedarfs ausgerichtet. Das Herkunftsland spielte dabei keine Rolle mehr. Einen Großteil der Einwanderungen nehmen die Familienzusammenführungen ein.

Gelebte Vielfalt

Heute kann man sagen, dass etwa ein Viertel aller Australier im Ausland geboren wurden. Innerhalb von nur zwei Generationen hat sich eine kulturelle Vielfalt entwickelt, die von einer Bevölkerung aus weit über 100 Ländern getragen wird. Etwa 97 % aller Menschen, die drei Jahre in Australien gelebt haben, sind mit ihrem Leben und ihren Nachbarn zufrieden.

Wie kann das Zusammenleben so gut funktionieren? Drei Gründe sind dafür wichtig:

- Allen Australiern steht das Recht zu, ihre Religion und Sprache beizubehalten und fortzuführen.
- Alle Australier haben rechtlich gleiche Chancen und werden gleich behandelt.
- Alle Australier können ihre Qualifikationen und Fähigkeiten unabhängig von der Herkunft einbringen.

Allerdings werden bei jedem Einwanderer Englischkenntnisse vorausgesetzt.

Das Verhältnis zu den Ureinwohnern verbessert sich dagegen nur langsam. Ein Zeichen an die Welt war es, dass die von Ureinwohnern abstammende Cathy Freeman das Olympische Feuer im Jahr 2000 in Sydney entzündete. Sie bedankte sich für diese besondere Ehre mit dem Gewinn der Goldmedaille im 400 m-Lauf.

1 **„Aborigines"**

Aborigines ist das am häufigsten verwendete Wort für die Ureinwohner Australiens. Es ist die Bezeichnung durch die Weißen: „ab origine" (lat.) = von Anfang an.

Bei Ankunft der britischen Einwanderer gab es in Australien zwischen 300 000 und 700 000 Ureinwohner. Ihre für die Europäer schwer verständliche Kultur wurde von diesen als minderwertig betrachtet. Die weißen Einwanderer ermordeten viele Aborigines, vertrieben sie aus ihren Lebensräumen und infizierten sie mit aus Europa eingeschleppten tödlichen Krankheiten.

1947 schätzte man ihre Zahl nur noch auf 80 000. Man verweigerte ihnen die Bürgerrechte. Erst 1966 erhielten sie das Wahlrecht in Australien. Die Rassentrennung in den Schulen wurde sogar erst in den 1980er-Jahren aufgehoben.

Bis heute sind die Ureinwohner gegenüber den weißen Australiern benachteiligt. Gegenüber den anderen Gesellschaftsschichten verbüßen sie die meisten Gefängnisstrafen. Weiterhin ist das Durchschnittseinkommen der Aborigines wesentlich niedriger, die medizinische Versorgung ist wesentlich schlechter und ihre durchschnittliche Lebenserwartung liegt zwanzig Jahre unter der der weißen Bevölkerung. Die Kindersterblichkeit ist bei den Aborigines sogar doppelt so hoch.

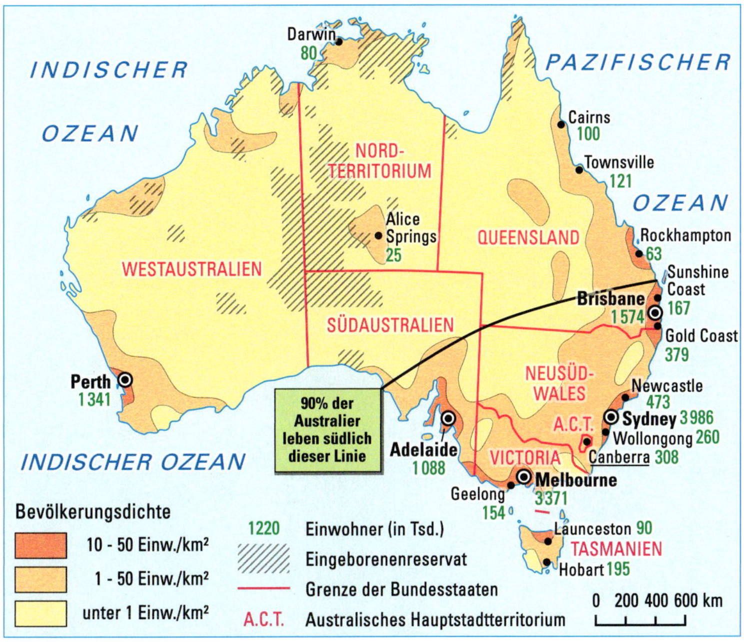

2 ***Die Bevölkerungsverteilung Australiens***

1 Beschreiben Sie anhand der Karte 2 die Bevölkerungsverteilung Australiens und geben Sie mögliche Ursachen dafür an.

2 Vergleichen Sie die Bevölkerungsentwicklung Australiens mit der von Indien und China (siehe Seiten 25 und 26).

3 Begründen Sie die Unterschiede in der Einwanderungspolitik im Verlauf der Geschichte.

3 ***Bevölkerungsentwicklung***

1850	*500 000 Einwohner*
1860	*1 200 000 Einwohner*
1920	*5 000 000 Einwohner*
1960	*10 000 000 Einwohner*
2000	*19 000 000 Einwohner*
2003	*20 000 000 Einwohner*
2007	*20 830 000 Einwohner*

ONLINE-Link
Surftipp
27960X-0302

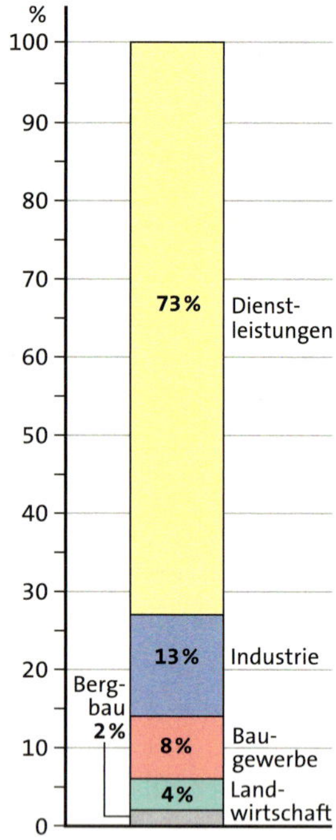

❶ ***Anteil der Beschäftigten in Wirtschaftsbereichen***

❷ ***Ausgewählte Bergbauprodukte Australiens nach Anteilen an der Weltproduktion (in %)***

	Rang	*Anteil*
Titan (Rutil)	*1*	*50*
Bauxit	*1*	*36*
Diamanten	*1*	*37*
Blei	*1*	*18*
Uran	*2*	*16*
Gold	*3*	*14*

❸ ***Durchschnittsalter (DA) und Anzahl (in Tsd.) der Einwohner Australiens nach Geburtsländern im Jahr 2005***

	DA	*Anzahl*
Australien	*33*	*15499*
Groß-britannien	*54*	*1137*
Neuseeland	*39*	*455*
Italien	*65*	*224*
China	*42*	*191*
Vietnam	*41*	*178*
Indien	*39*	*139*

❹ ***Ranger-Uran-Mine im Nordterritorium, drittgrößte Uranmine der Welt***

Rohstoffreiches Australien

Die wirtschaftliche Entwicklung Australiens vollzog sich seit dem 19. Jahrhundert vor allem auf der Grundlage zweier Produkte, die dem Land große Einnahmen sicherten: Schafwolle und Gold.
Besonders der Abbau von Gold führte zu einer raschen industriellen Entwicklung. Der ständige Zustrom an Bevölkerung sicherte die Nachfrage industrieller Produkte am Markt. Gleichzeitig wurde der Ausbau des Verkehrsnetzes notwendig. Mit der Erschließung weiterer Lagerstätten vieler anderer Rohstoffe entwickelte sich Australien zu einem der Hauptexportländer für Rohstoffe. Das gilt besonders für Steinkohle, Eisenerz, Bauxit, Uran und weitere Erze.
Nicht nur der Reichtum Australiens an Bodenschätzen ist von Vorteil, sondern auch ihre Lagerungsverhältnisse. Viele liegen so nah an der Erdoberfläche, dass sie mit geringem Aufwand im Tagebau abgebaut werden können. Hohe Gewinne werden so ermöglicht.

Auch die Landwirtschaft erzielt mit einem Drittel aller Exporteinnahmen beachtliche Ergebnisse. Spitzenplätze in der Welt nehmen die Exporte von Wolle und Schafen ein.

Die wirtschaftliche Zukunft Australiens liegt in Asien

Die Zahlen aus dem Bergbau können schnell darüber hinwegtäuschen, dass 26% der Wirtschaftsleistung von der verarbeitenden Industrie und 71% von den Dienstleistungen erzielt werden. Denn heute besitzt Australien eine vielseitige und moderne Wirtschaft, die der Bevölkerung einen hohen Lebensstandard sichert. Zentren sind die Großstädte mit ihrem Umland, allen voran Melbourne, Sydney und Adelaide.
Innerhalb der letzten Jahrzehnte zeichnet sich in Wirtschaft und Gesellschaft eine deutliche geographische und kulturelle Umorientierung ab. Obwohl Australien in vielen Bereichen noch immer stark von seinen europäisch-britischen Wurzeln geprägt ist,

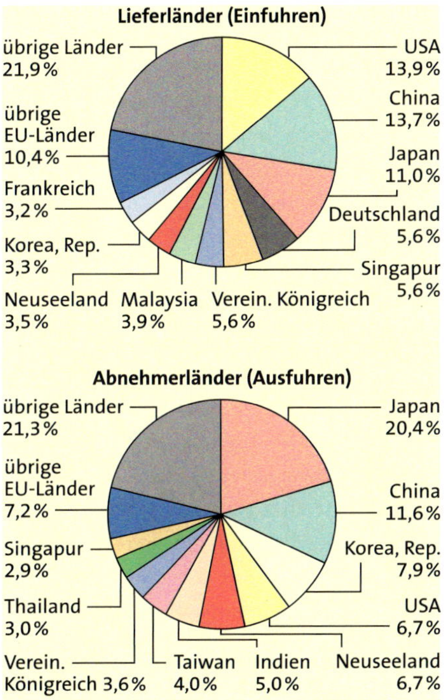

5 ***Die wichtigsten Handelspartner Australiens***

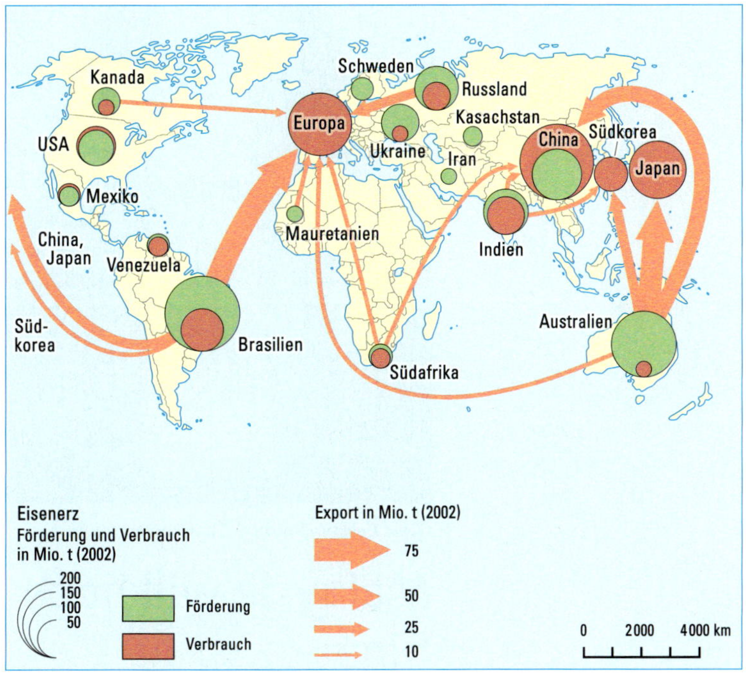

7 ***Eisenerz: Förderung und Verbrauch***

6 Um 72% erhöhte die brasilianische Companhia Vale do Rio Doce im Februar 2005 den Preis für Eisenerz. Der britisch-australische Rohstoffkonzern Rio Tinto folgte im März mit 86%.
Ein Run auf Rohstoffe hat begonnen. Treibende Kraft ist das enorme Wachstum in China. Das Land mit seinen 1,3 Milliarden Menschen wächst schon seit den neunziger Jahren mit Raten von bis zu 10% pro Jahr. (...) Aber es ist nicht nur China. Die halbe Welt bricht auf in ihre eigene industrielle Zukunft. Indien, Südostasien und Südamerika bauen im Eiltempo Industrieanlagen auf.
Narrat, Ingo: Die Reichtümer von morgen liegen unter der Erde, in: Harald Podolsky: Globalisierung im Zeichen des Drachen. Spiegel/Klett, 2006, S. 25.

8 Die VR China will sich im australischen Rohstoffbereich engagieren und plant entsprechende Investitionen. Auch Indien schaut verstärkt nach Australien. Für beide Staaten ist eine gesicherte Rohstoff- und Energieversorgung zur Entwicklung ihrer Volkswirtschaften sehr wichtig. In steigendem Umfang interessieren sie sich für Uranlieferungen aus Australien. Sie planen in ihren Ländern den Aufbau zahlreicher Atomkraftwerke.
Bundesagentur für Außenwirtschaft: Australien – Wirtschaftstrends zum Jahreswechsel 2006/07. Berlin, 2007, S. 3

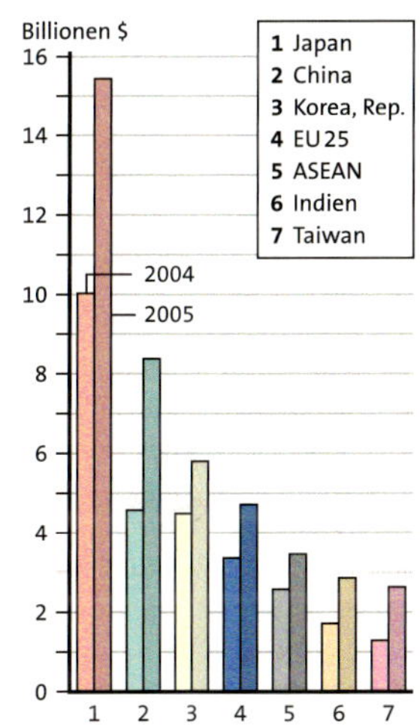

9 ***Rohstoffexporterlöse Australiens (in AU-$) nach Zielländern***

sind sich die Australier ihrer Einbettung in den asiatisch-pazifischen Wirtschaftsraum mittlerweile viel bewusster geworden. Wanderungs- und Handelsströme deuten darauf hin, dass die europäische Vergangenheit in eine asiatische Zukunft mündet.

1 *Arbeiten Sie mit dem Atlas: Benennen Sie die Bodenschätze Australiens und beschreiben Sie die Lage der Vorkommen.*
2 *Australien ist ein Einwanderungsland. Überprüfen Sie diese Behauptung mithilfe der Tabelle 3 und geeigneter Statistiken aus dem Internet.*
3 *Interpretieren Sie die Grafiken 5.*
4 *Diskutieren Sie, welche Rückwirkungen der weltweit steigende Rohstoffverbrauch auf den Wirtschaftsstandort Deutschland hat.*

10 ***Bevölkerungsdichte 2006 (in Ew./km²)***

Japan	*338*
Deutschland	*231*
China	*137*
Indien	*338*
USA	*31*
Australien	*3*

① *Kuala Lumpur: Petronas Twin Towers (452 m)*

Malaysia will hoch hinaus

Malaysia hat einen Traum und ist fest entschlossen, ihn zu realisieren. Im Jahr 1991 verkündete die Regierung die „Vision 2020". Bis zu diesem Datum will das derzeitige **Schwellenland** zum Kreis der entwickelten Industrieländer gehören. Symbol dieses Traums sind die Petronas Twin Towers, bis 2003 der höchste Gebäudekomplex der Welt.

Schwellenland
Staat mit dynamischer wirtschaftlicher Entwicklung, der, im Vergleich zu einem Entwicklungsland, durch einen hohen Anteil des sekundären Sektors am Bruttoinlandsprodukt, einem hohen Energieverbrauch, aber auch durch steigende Lebenserwartung gekennzeichnet ist. Oft kann die gesellschaftlich-soziale Entwicklung nicht mit der wirtschaftlichen Schritt halten. Dies zeigt sich beispielsweise in der Verschärfung regionaler und sozialer Disparitäten.

Ein erfolgreicher Weg

Die Industrialisierung begann in den 1960er-Jahren. Bis dahin war Malaysia ein eher rückständiger Lieferant von mineralischen und pflanzlichen Rohstoffen (Zinn, Kautschuk, Holz, Palmöl). Heute ist das Land der weltweit führende Exporteur von Mikrochips und hat sich zu einem der wichtigsten weltweiten Handelspartner für IT-Güter entwickelt. Malaysia verhängte anfangs hohe Zölle auf Importe und förderte so die Fertigung von ehemals importierten Gütern im eigenen Land (**Importsubstitution**). Im Vergleich zu Japan gab es jedoch wegen der niedrigeren Bevölkerungszahl weniger Käufer mit zudem niedrigerer Kaufkraft. Deshalb traf der Staat drei weitreichende wirtschaftspolitische Entscheidungen:

1. Einheimische Malaien sollten stärker am Wirtschaftsleben beteiligt werden. Bis dahin beherrschten die eingewanderten Chinesen, die nur etwa ein Viertel der Bevölkerung ausmachten, nahezu die gesamte Wirtschaft des Landes.
2. Die Besinnung auf traditionelle asiatische Werte, wie Gruppenethos und Leistungsbereitschaft, sollte eine Entwicklung ähnlich derjenigen Japans in Gang bringen.
3. Die Produktion sollte stärker auf den Export ausgerichtet werden. Ziel dieser **Exportorientierung** war der Aufbau neuer Industriezweige, für deren Produkte im Inland kein Markt vorhanden war.

Wegen fehlender Kapitalreserven kam man auch hierbei anfangs nur langsam voran. Daher fiel 1986 der Entschluss, den Binnenmarkt für transnationale Konzerne zu öffnen. Gewissermaßen über Nacht strömten Milliarden von US-Dollar ins Land. Diese ausländischen Investitionen bewirkten einen kräftigen Aufschwung der Wirtschaft Malaysias. Es entstanden neue Standorte der Datenverarbeitung, Ölraffinerien, große Sägewerke sowie mit Proton das erste Autowerk Südostasiens.

② **Gesetzesvorlage – Bill of Guarantees**

Die malaysische Regierung sichert den Firmen mit MSC-Status folgendes zu:
1. Bereitstellung einer den internationalen Standards entsprechenden Infrastruktur
2. Uneingeschränkte Beschäftigung einheimischer und ausländischer Fachkräfte
3. Uneingeschränktes Eigentum und Schutz der Firmen vor lokalen Besitzansprüchen
4. Erlaubnis zur uneingeschränkten Aufnahme von Kapital aus globalen Fonds
5. Bereitstellung finanzieller Anreize u.a.:
- Steuerbefreiung bis zu 10 Jahren
- Zollbefreiung bei Importen von multimedialer Ausrüstung
6. Keine Zensur des Internets

(frei übersetzt aus: www.mdc.com.my)

3 Blick von dem Fernsehturm in Kuala Lumpur auf den Multimedia Super Corridor (MSC)

4 ***Multimedia Super Corridor (MSC)***

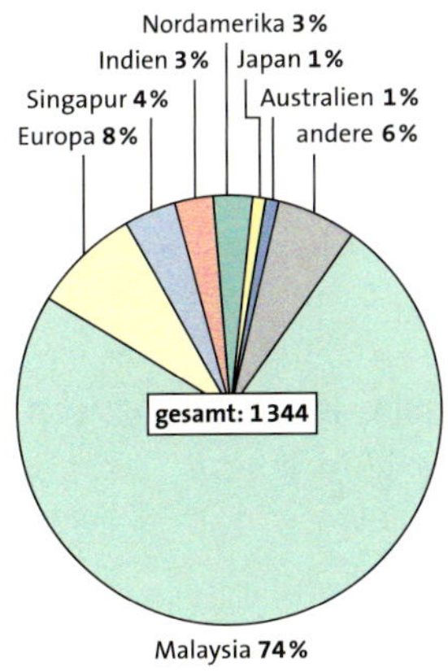

5 ***Anteile der Firmen im MSC nach Herkunftsländern (2005)***

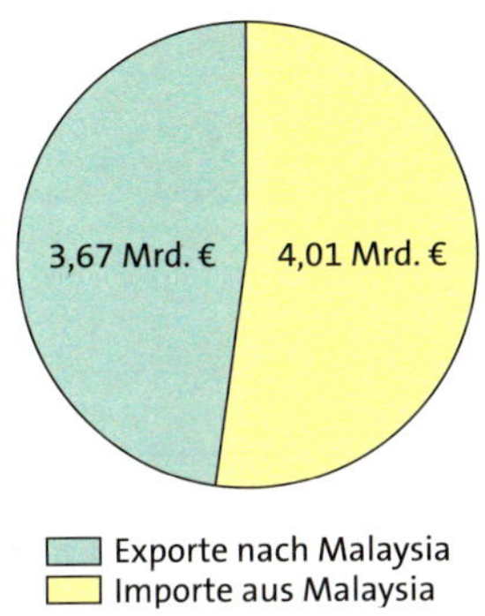

6 ***Außenhandel Deutschlands mit Malaysia (2006)***

Der Multimedia Super Corridor (MSC)

Der MSC erstreckt sich vom Zentrum Kuala Lumpurs auf 15 Kilometer Breite über 50 Kilometer nach Süden bis zum größten Flughafen Asiens, dem Kuala Lumpur Airport. Dieses Gebiet soll als Industriepark insbesondere für IT-Unternehmen aus dem In- und Ausland dienen. Putrajaya und Cyberjaya sind neu gegründete, nach den Anforderungen der Wirtschaft „konstruierte“ Städte. Cyberjaya zum Beispiel bietet Platz für zwei Universitäten, mehrere Hundert Unternehmen, etwa 8000 Einwohner sowie zahlreiche Freizeiteinrichtungen. Das Gebiet der 1999 gegründeten Stadt bestand bis vor kurzem vor allem aus Palmölplantagen. Heute wächst die Stadt durch die Ansiedlung von Hightechunternehmen ständig. Ein wichtiges Kernstück in der Stadtentwicklung ist die neu gegründete Multimedia-Universität Kuala Lumpur mit dem ihr angegliederten Gründerzentrum.

Das „jaya“ im Stadtnamen bedeutet Erfolg oder Perfektion. Dennoch geht die Ansiedlung von Unternehmen nur in kleinen Schritten voran, da zunehmend die mit Malaysia konkurrierenden Nachbarländer viele ausländische Unternehmen mit ähnlich guten Versprechungen anlocken.

Die negative Seite des Erfolgs

Die wirtschaftliche Entwicklung findet in erster Linie in den städtischen Zentren statt. Die Zuwanderung dorthin, vor allem in die Hauptstadt, hält daher unvermindert an. Für Kuala Lumpur wird bis 2020 ein Zuwachs von 1,2 Millionen auf rund 5 Millionen Einwohner prognostiziert. Das würde zu deutlichen Wohnraumproblemen führen. Sehr hohe Mieten und eine dadurch steigende Zahl von Obdachlosen wären die Folge. Bereits in der Gegenwart vollzieht sich eine Verdichtung der innerstädtischen Bereiche. Noch bestehende Freiflächen werden mit riesigen Hochhäusern bebaut. Doch preiswerter Wohnraum entsteht dadurch nicht.

1 *Erläutern Sie wesentliche Schritte der wirtschaftlichen Entwicklung Malaysias bis zur Jahrtausendwende.*

2 *Werten Sie das Kreisdiagramm 5 zu den Firmenanteilen am MSC aus.*

3 *Vergleichen Sie den MSC mit dem indischen Hightechstandort Bangalore und der chinesischen Sonderwirtschaftszone Shenzhen. Arbeiten Sie Gemeinsamkeiten und Unterschiede heraus.*

4 *Stellen Sie positive und negative Folgen des raschen Wirtschaftswachstums Malaysias gegenüber.*

1 **Reisanbau im Norden Thailands**

3 **Buddhistische Mönche**

Thailand – ein Land im Aufschwung

2 ***Strukturdaten Thailand (2006)***

Bevölkerung	
1986	*56 Mio.*
2003	*62 Mio.*
2006	*65 Mio.*
Anteil der Bevölkerung	
unter 15 Jahre	*23 %*
über 65 Jahre	*7 %*
Lebenserwartung	*71 Jahre*
Bevölkerung mit Zugang zu Trinkwasser	*87 %*
Alphabetisierungsrate	
männlich	*97 %*
weiblich	*94 %*
Städtische Bevölkerung	*33 %*
Religion	
Buddhisten	*95 %*
Muslime	*5 %*
BIP in Kaufkraftparität pro Kopf	*7 930 US-$*

Die Thais betrachten den Umriss ihres Staates als den Kopf eines Elefanten: Im Nordosten umschließt der Mekong – als Rand des „Ohres“ – das Koratplateau, auf dem die Bauern während der Regenzeit eine Reisernte einbringen. Im Norden bilden die südöstlichen Ausläufer des Himalaya das „Haupt des Elefanten“, wo die Bevölkerung der dortigen Bergstämme relativ abgeschieden noch in einfachen Hütten lebt. Aus Schlafmohn stellen sie Roh-Opium her, weshalb das unzugängliche Grenzgebiet zu Myanmar und Laos auch als „Goldenes Dreieck“ bezeichnet wird. Im Westen reicht das Staatsgebiet weit nach Süden auf die Halbinsel Malakka und bildet den 1 200 Kilometer langen „Rüssel“ des Elefanten.

Das agrarwirtschaftliche Zentrum des Staates, die Kornkammer Thailands, bildet das fruchtbare Schwemmland des Nan-Flusses. In dessen Mündungsbereich liegt Krung Thep, die Hauptstadt des Königreiches, besser bekannt als Bangkok.

Der Gegensatz zwischen den ländlichen Regionen Thailands und seiner pulsierenden, dynamischen Hauptstadt ist immens. In der Sechs-Millionen-Metropole zeigt sich der Aufschwung, den Thailands Wirtschaft genommen hat, am deutlichsten.

Zwar lebt die Hälfte der Bevölkerung Thailands noch von der Landwirtschaft, doch die Industrialisierung und die Entwicklung des Dienstleistungssektors sind in den Städten bereits weit vorangeschritten.

Seit 1984 zielt die staatliche Wirtschaftspolitik besonders darauf ab, den Export von Industrieprodukten zu fördern. Textilien und Nahrungsmittel, aber auch Computer, Computerteile, Schmuck- und Edelsteinwaren führen die Exportliste an. Die hohen Zuwachsraten der Exportwirtschaft brachten Thailand in den Kreis der Schwellenländer, die sich in Südostasien neben den so genannten **Tigerstaaten** durch ein gegenwärtig starkes Wachstum auszeichnen.

Dem Reiz seiner tropischen Landschaften mit den bekannten Traumstränden, der Freundlichkeit seiner Menschen, der politischen Stabilität des Landes sowie der Bereitschaft ausländischer Unternehmen, in Thailand zu investieren, verdankt der Tourismus seinen Aufschwung. Die jährlich über zehn Millionen Auslandsgäste bringen Thailand Deviseneinnahmen in Höhe von 10 % seines Exporterlöses.

Bangkok – eine pulsierende Metropole

Tigerstaaten
Gruppe ost- und südostasiatischer Schwellenländer (Südkorea, Taiwan, Singapur sowie das seit 1997 zu China gehörende Hongkong) mit hohem Wirtschaftswachstum und dynamischem Industrialisierungsprozess, die auf dem „Sprung" vom Entwicklungs- zum Industrieland sind.

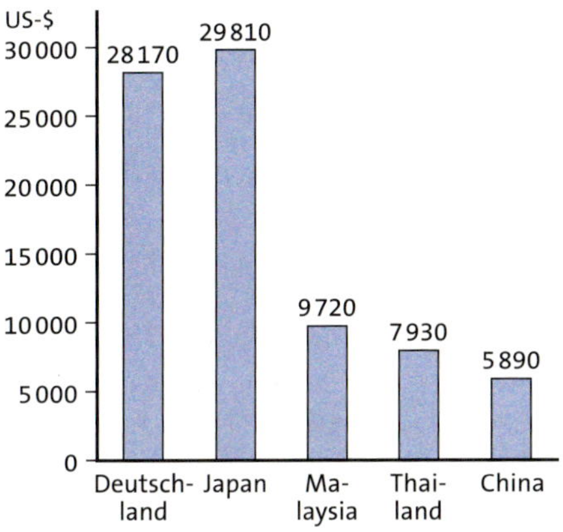

5 BIP nach Kaufkraftparität pro Einwohner (in US-$)

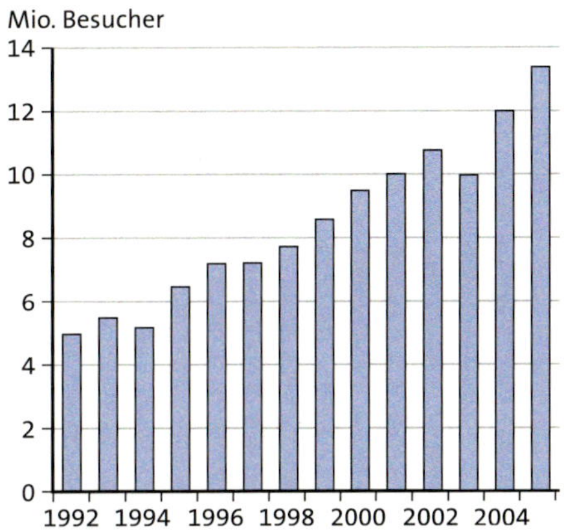

7 Entwicklung der ausländischen Besucherankünfte in Thailand

8 Thailands wirtschaftliche Entwicklung (in Mrd. US-$)

Jahr	*Export*	*Import*
1983	*6*	*9*
1987	*12*	*13*
1991	*28*	*39*
1995	*54*	*69*
1999	*68*	*62*
2003	*96*	*94*
2006	*110*	*118*

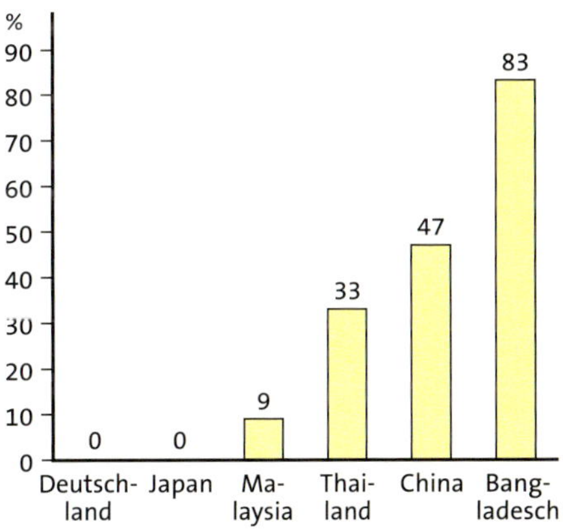

6 Bevölkerungsanteil, der weniger als 2 US-$ pro Tag zur Verfügung hat

1 *Beschreiben Sie anhand der Strukturdaten und der Diagramme typische Merkmale eines Schwellenlandes.*

2 *a) Stellen Sie die Werte der Tabelle 8 graphisch dar.*
b) Gliedern Sie sodann einzelne Phasen der wirtschaftlichen Entwicklung Thailands aus und erläutern Sie deren Hintergründe.

3 *Beurteilen Sie die Bedeutung des Tourismus für die wirtschaftliche Entwicklung Thailands.*

4 *Recherchieren Sie die Bedeutung der beiden Symbolfiguren „Elefant" und „Tiger" für Thailand.*

Haupt-Importgüter Thailands:
Investitionsgüter, Halbfertigwaren, Energie- und mineralische Rohstoffe

Haupt-Exportgüter Thailands:
Textilwaren, Schuhe, Elektro- und Elektronikartikel, Fischereiprodukte, Reis

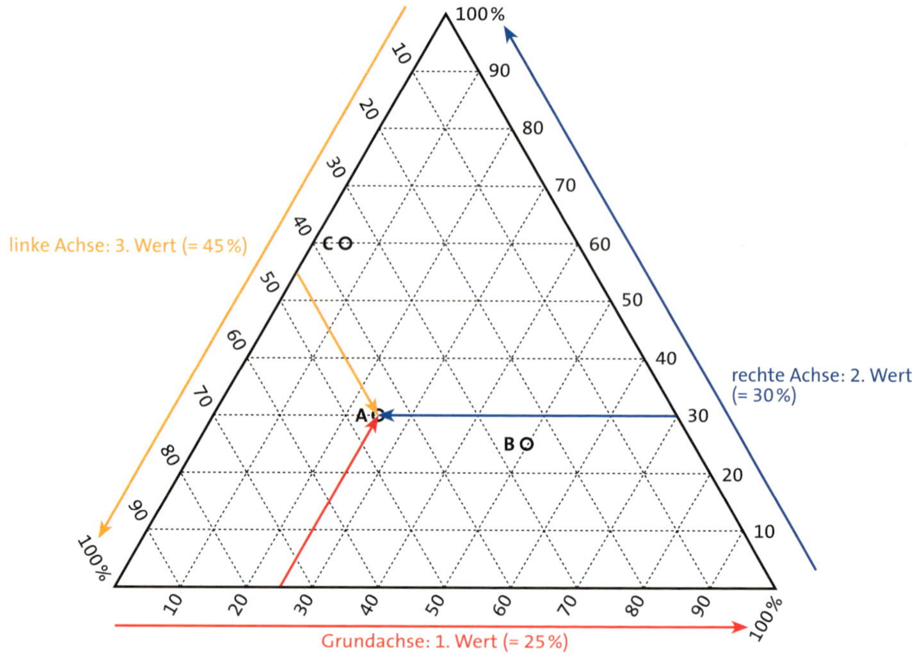

Aufbau eines Dreiecksdiagramms

Diagramme sind graphische Darstellungen von Zahlenwerten. Als „gezeichnete Statistiken" liefern sie im Vergleich zu Tabellen die Möglichkeiten:

- eine höhere Anschaulichkeit zu erreichen,
- komplexe Zusammenhänge zu vereinfachen,
- gleichzeitig mehrere Sachverhalte überschaubar darzustellen,
- Entwicklungen schnell abzulesen.

Mit Dreiecksdiagrammen arbeiten

Dreiecksdiagramme (sie werden auch Strukturdreiecke genannt) sind Spezialdiagramme, die dann verwendet werden, wenn drei zusammengehörende Anteile (Prozentwerte) in ihrer Gesamtmenge 100 % ergeben.
Somit ist das Dreiecksdiagramm die ideale Darstellungsform für die Erwerbsstruktur, das heißt für die Anteile der Erwerbstätigen in den drei Wirtschaftssektoren oder den Anteil der drei Sektoren am Bruttoinlandsprodukt eines Landes.
Ein Vorteil dieser Darstellungsweise ist es, dass man die zeitliche Entwicklung von strukturellen Veränderungen sehr übersichtlich darstellen kann.
Außerdem können in das Diagramm eine Vielzahl von Ländern oder Regionen eingezeichnet werden. Ergeben sich dabei Punktehäufungen, so kann eine Typisierung vorgenommen werden, z.B. die Einteilung in unterentwickelte Länder, Schwellenländer und Industriestaaten.

Mit Dreiecksdiagrammen arbeiten

1. Schritt: Orientieren

Stellen Sie fest, welches Thema und welcher Zeitraum im Diagramm dargestellt werden.

2. Schritt: Werte ablesen

Um die Werte eines bestimmten Punktes im Diagramm ablesen zu können, gehen Sie folgendermaßen vor:

- *Bestimmen Sie zunächst den Wert auf der Grundachse. Legen Sie dazu eine Linie durch den gesuchten Punkt parallel zu der Linie, die durch die Null der Grundachse verläuft.*
- *Bestimmen Sie nun den Wert auf der rechten Achse. Legen Sie dazu eine Linie durch den gesuchten Punkt parallel zur Linie, die durch die Null der rechten Achse verläuft.*
- *Bestimmen Sie nun den Wert auf der linken Achse. Legen Sie dazu eine Linie durch den gesuchten Punkt parallel zu der Linie, die durch die Null der linken Achse verläuft. Die Summe der drei Werte ergibt 100 %.*

3. Schritt: Werte einordnen

Erkennen Sie, was die Lage im Dreieck über die Struktur des Wertes aussagt, z. B. hoher erster Wert bei Punkt B, sehr niedriger erster und recht hoher zweiter Wert bei C.

4. Schritt: Werte interpretieren

- *Stellen Sie fest, ob aus der Anordnung der Punkte eine Tendenz abzulesen ist und in welche Richtung die Veränderungen gehen. Überlegen Sie, was die Abstände zwischen den Punkten über die Dynamik in den einzelnen Zeitabschnitten aussagen.*
- *Ergeben sich an bestimmten Stellen im Diagramm Punktehäufungen, so kann eine Typisierung vorgenommen werden. Fassen Sie die Häufungen zusammen und ordnen Sie sie einem Typ zu (z. B. Entwicklungsländer, Schwellenländer, Industrieländer, postindustrielle Dienstleistungsgesellschaften).*

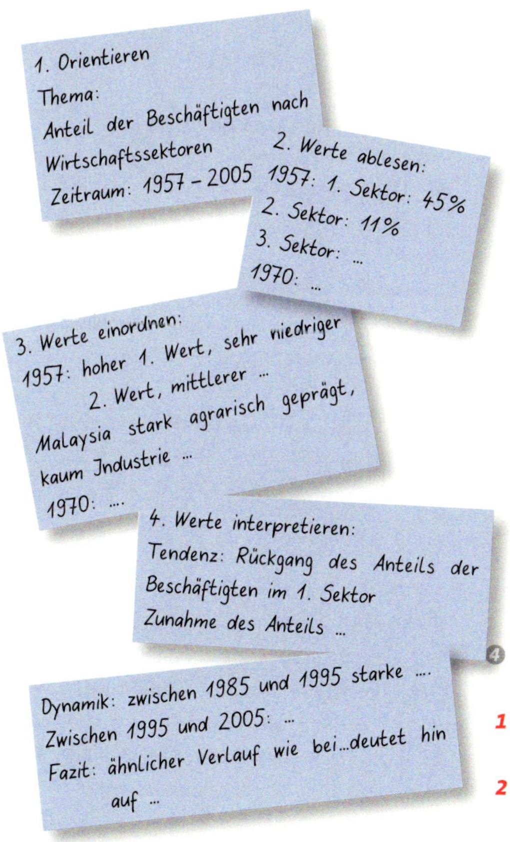

2 Stichwortzettel zur Auswertung von Diagramm 3

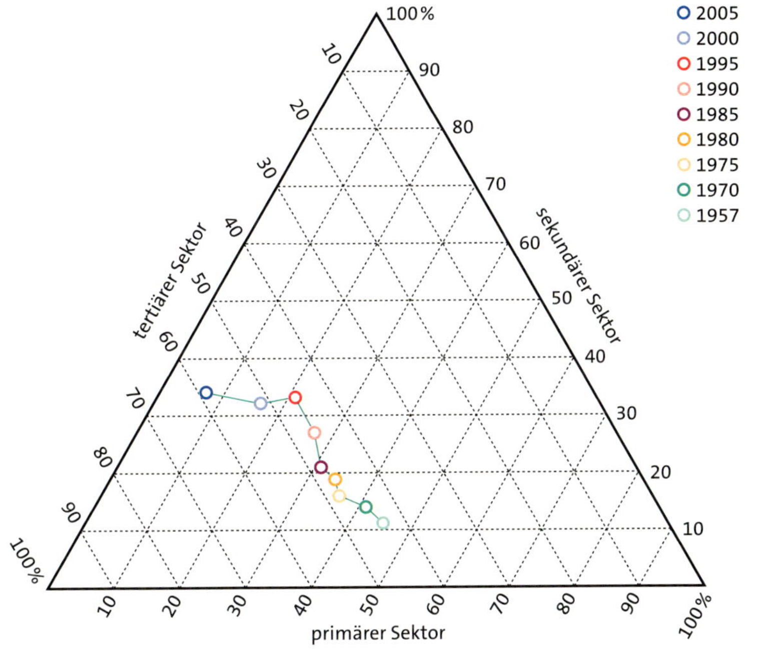

3 Malaysia: Anteil der Beschäftigten in den Wirtschaftssektoren

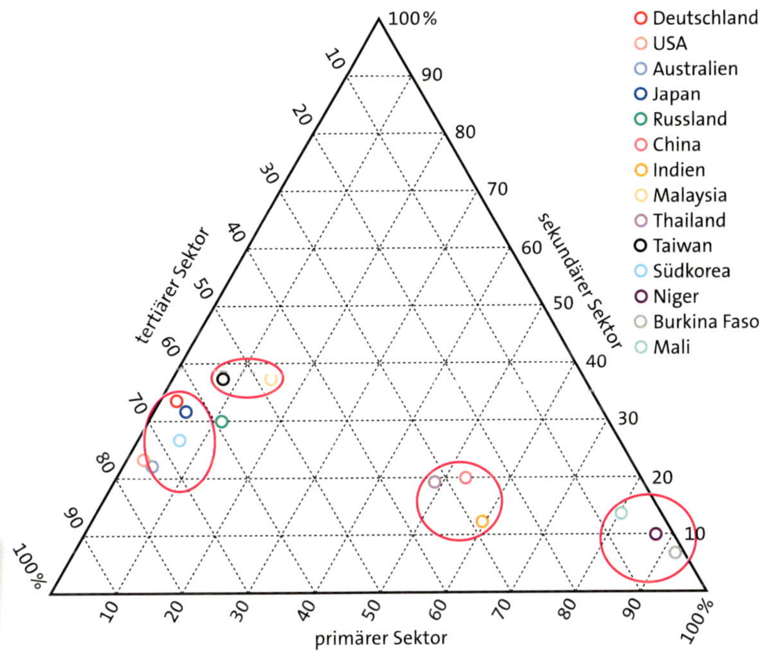

4 Erwerbstätigenstruktur ausgewählter Staaten

1 *Bestimmen Sie die Werte B und C des Diagramms 1.*

2 *Übertragen Sie die Stichwortzettel 2 in ihr Heft und vervollständigen Sie diese.*

3 *Interpretieren Sie das Diagramm 4.*

Die Boomregion Asien-Pazifik – neues Zentrum der Weltwirtschaft?

Kaum zu glauben
Die kurze deutsch-taiwanesische BenQ-Mobile-Story:
7. Juni 2005: *Der taiwanesische Konzern BenQ übernimmt von Siemens das Mobiltelefon-Geschäft mit weltweit 10 000 Beschäftigten.*
11. Juli 2006: *BenQ will mehr als 500 Arbeitsplätze in Deutschland streichen.*
28. September 2006: *Die Handyproduktion von BenQ steht vor dem Aus. Der Mutterkonzern BenQ stellt seine Zahlungen ein.*
19. Oktober 2006: *Der Insolvenzverwalter kündigt an, dass in Deutschland 1900 der über 3 000 BenQ-Mitarbeiter ihren Arbeitsplatz verlieren.*
2. Januar 2007: *Das Insolvenzverfahren wird eröffnet, ein Investor ist nicht gefunden. Die Handyfertigung wird eingestellt.*

Bereits zu Beginn des 20. Jahrhunderts stellte der damalige amerikanische Außenminister eine für manche gewagte Prognose auf: Das Mittelmeer sei der „Ozean der Vergangenheit", der Atlantik der „Ozean der Gegenwart" und der Pazifik der „Ozean der Zukunft". Heute zeichnet sich ab, dass die Prognose Wirklichkeit werden wird.
Solche Veränderungsprozesse bringen für die „Verlierer" immer weit reichende, oft negative Auswirkungen mit sich. Kein Wunder also, dass sich die westlichen Industriestaaten von der seit Jahren anhaltenden wirtschaftlichen Dynamik der Boomregion Asien-Pazifik bedroht und besonders herausgefordert fühlen.

Wie kam es zu diesem Aufschwung?
Wirtschaftlich waren die erfolgreichen Länder zunächst auf Importsubstitution ausgerichtet. In den 1980er-Jahren setzten die vier Tigerstaaten, etwas später weitere Staaten wie Thailand oder Malaysia, auf eine exportorientierte Produktionsweise der Bereiche Grundstoff-, Investitions- und Konsumgüterindustrie, Eisen und Stahl, Chemie, Schiffbau, Fahrzeugbau oder Elektrotechnik. Begünstigt wurde dieser Wandel durch umfangreiche Auslagerungen von Teilproduktionsschritten aus japanischen Werken an kostengünstigere Standorte im südostasiatischen Raum. Den jüngsten Schub erhielt die Exportorientierung durch den rasanten Aufbau der Industrie in China mit ihrem gewaltigen Zulieferbedarf.

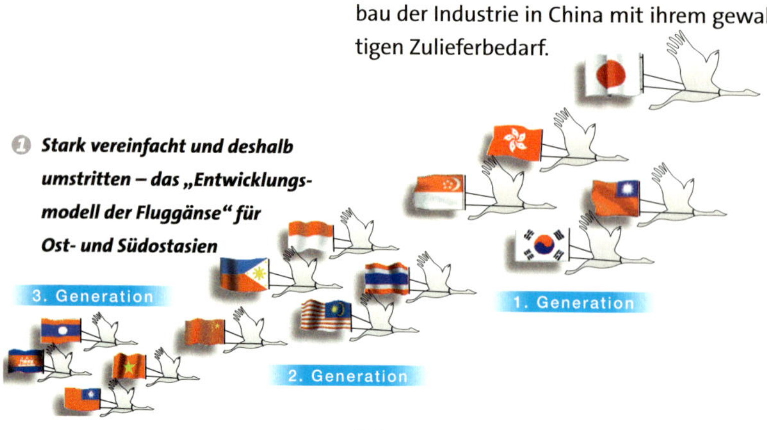

❶ ***Stark vereinfacht und deshalb umstritten – das „Entwicklungsmodell der Fluggänse" für Ost- und Südostasien***

❷ **Triebkräfte der Modernisierung**
Warum konnte Japan sich in nur 100 Jahren von einem feudalen Agrarstaat zur zweitstärksten Industriemacht der Welt entwickeln, während ein anderer Feudalstaat wie Nepal mit an der Spitze der Armutsliste steht? Warum ist das rohstoffreiche Indonesien arm, das rohstoffarme Singapur aber reich? (...) Warum konnte das jahrzehntelang kolonisierte Korea zu einer der dynamischsten Industrienationen werden, während das ebenfalls kolonisierte Birma (...) noch immer auf den wirtschaftlichen und technischen Durchbruch wartet? Warum haben die beiden Stadtstaaten Singapur und Hongkong ein unvergleichliches Wirtschaftswachstum erlebt, obwohl hier ein Liberalismus ohnegleichen, dort aber ein autoritäres Regime herrscht? Offensichtlich kann der Hinweis auf Feudalismus, Rohstoffarmut, Kolonisierung oder auf die bestimmte Regierungsform keine befriedigende Antwort liefern.
Aber auch die stattliche Zahl von Entwicklungstheorien erteilt allenfalls partielle Antworten. All diese Ansätze leiden daran, dass sie zu sehr mit westlichen Prämissen arbeiten, statt die betreffende Gesellschaft aus ihrem eigenen Wertesystem heraus zu verstehen. Es gibt nun einmal in einigen asiatischen Gesellschaften „wirtschaftsfreundlichere" Überlieferungen, die man bei anderen vergeblich sucht. Man denke etwa an die Chinesen, Japaner, Koreaner, Parsen oder Jainas einerseits und die Angehörigen theravadabuddhistischer Gesellschaften andererseits, in denen Gewinnstreben als Erweckung von „Leid" verpönt ist. Zwischen Modernisierungsfähigkeit und Wertesystem besteht also nicht nur ein enger, sondern in aller Regel ein für die Wirtschaftsentwicklung ausschlaggebender Zusammenhang.
Oskar Weggel: Die Asiaten, Beck, 1989, S. 155–156.

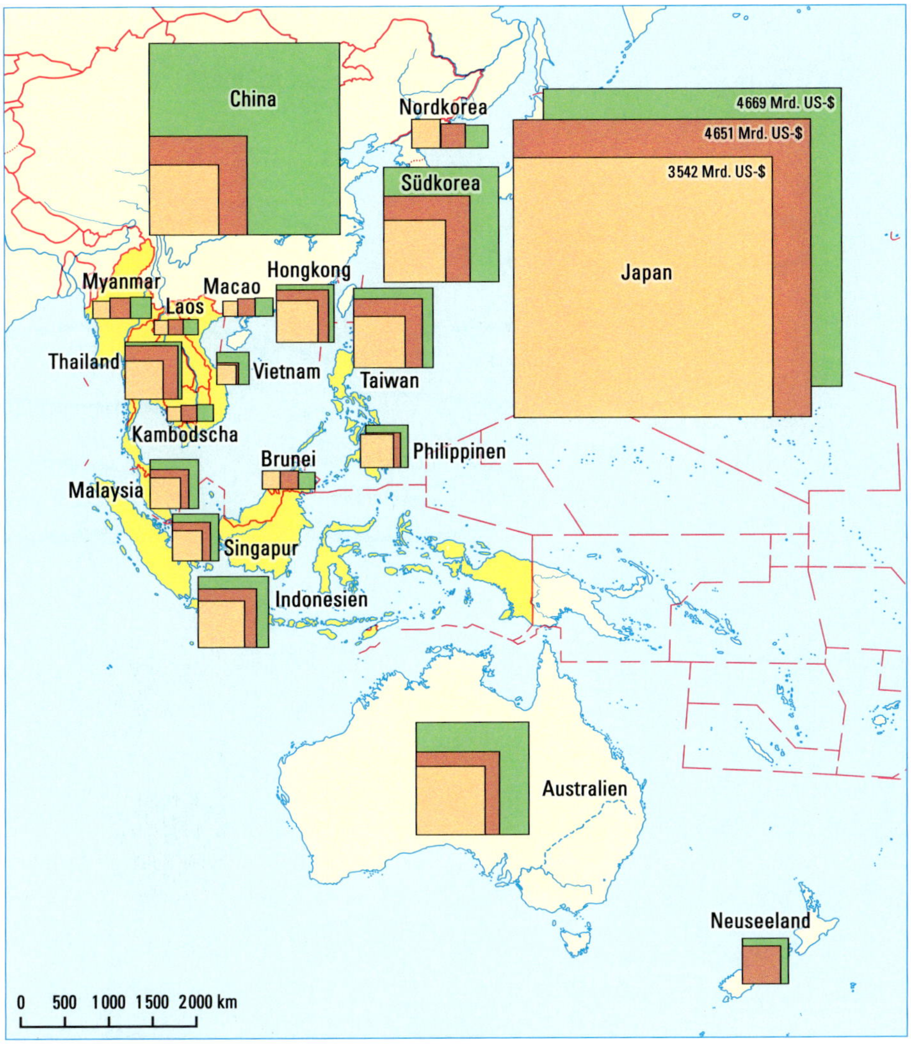

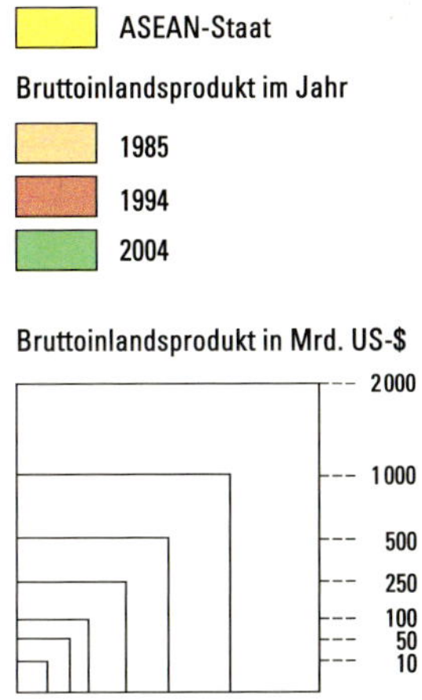

3 Entwicklung des BIP ausgewählter Staaten des asiatisch-pazifischen Raumes

1 *Das atlantische Dreieck (USA, Europa, Lateinamerika) muss um ein pazifisches Viereck – (Lateinamerika, Asien, USA und Ozeanien) ergänzt werden. Erläutern Sie diese Aussage.*

2 *Arbeiten Sie mit dem Quellentext.*
   a) Klären Sie Ihnen unbekannte Begriffe.
   b) Vergleichen Sie den 1989 publizierten Text mit der heutigen Situation im asiatisch-pazifischen Raum.
   c) Diskutieren Sie, ob neben dem Wertesystem der betreffenden Gesellschaften auch andere Faktoren das Wirtschaftswachstum beeinflussen können.

3 *Erklären Sie das Modell der Fluggänse und erörtern Sie, inwiefern es Vorbildcharakter für die ärmeren Staaten der Region hat.*

4 *Beurteilen Sie, wie sich die Gründung der Asia-Pacific Economic Cooperation (APEC 1989) auf das Wachstum der Region ausgewirkt hat und wie sich die Freihandelszone ASEAN Free Trade Area (AFTA 2003) auswirken könnte.*

5 *Erstellen Sie eine Wandzeitung zu den Rückwirkungen des Wachstums des asiatisch-pazifischen Raums auf den Wirtschaftsstandort Deutschland.*

*Die **ASEAN** wurde 1967 von Thailand, Indonesien, Malaysia, den Philippinen und Singapur gegründet. Ziele der Zusammenarbeit waren wirtschaftlicher Aufschwung, sozialer Fortschritt und politische Stabilität. Später traten bei: das Sultanat Brunei, Vietnam, Myanmar, Laos und Kambodscha. Beobachterstatus haben Papua-Neuguinea und Osttimor.*

*Zur **ASEAN Plus Three** gehören neben den 10 ASEAN-Mitgliedern Japan, Südkorea und die Volksrepublik China.*

*Die **APEC** (Asia-Pacific Economic Cooperation) ist ein Zusammenschluss von 21 Pazifikanrainern, deren Ziel eine Freihandelszone im pazifischen Raum ist. Mitglieder sind Australien, Brunei, Chile, die Volksrepublik China, Hongkong, Indonesien, Japan, Kanada, Südkorea, Malaysia, Mexiko, Neuseeland, Papua-Neuguinea, Peru, die Philippinen, Russland, Singapur, Taiwan, Thailand, die USA und Vietnam.*

Wirtschaftlic

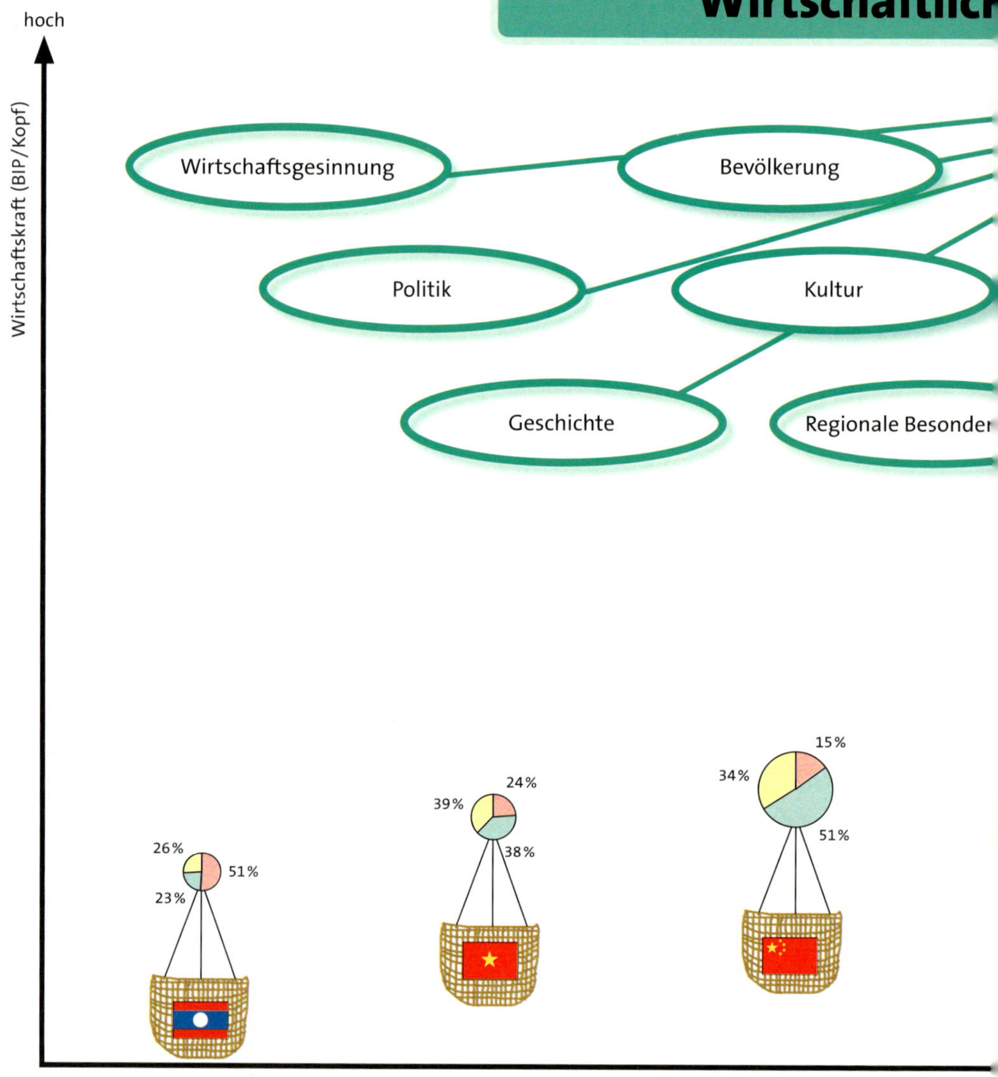

Wichtige Begriffe

Exportorientierung
Global Player
Importsubstitution
just-in-time
Rohstoffe
Schwellenland
Tigerstaaten
Zukunftstechnologien

Entwicklungsland
Land, dessen Wirtschaftsstruktur einseitig durch die Landwirtschaft dominiert wird. Industrie und Dienstleistungsbereich befinden sich in einem unterentwickelten Zustand. Der Großteil der Bevölkerung arbeitet in der Landwirtschaft.

Schwellenland
Staat, der traditionell noch zu Entwicklungsländern gezählt aber nicht mehr deren typische M male aufweist. Deshalb wird ein ches Land begrifflich von den Ent lungsländern getrennt.

Sichern Sie Ihr Grundwissen
Erklären Sie den Entwicklungsstand der angegebenen Staaten aus den jeweiligen Einflussfaktoren unter Berücksichtigung der am Rande angegebenen, passenden Grundbegriffe. Diskutieren Sie in Kleingruppen die Schwierigkeiten bei der Zuordnung der Staaten zu den einzelnen Entwicklungsstadien.

fbruch: Ein Ziel – viele Wege

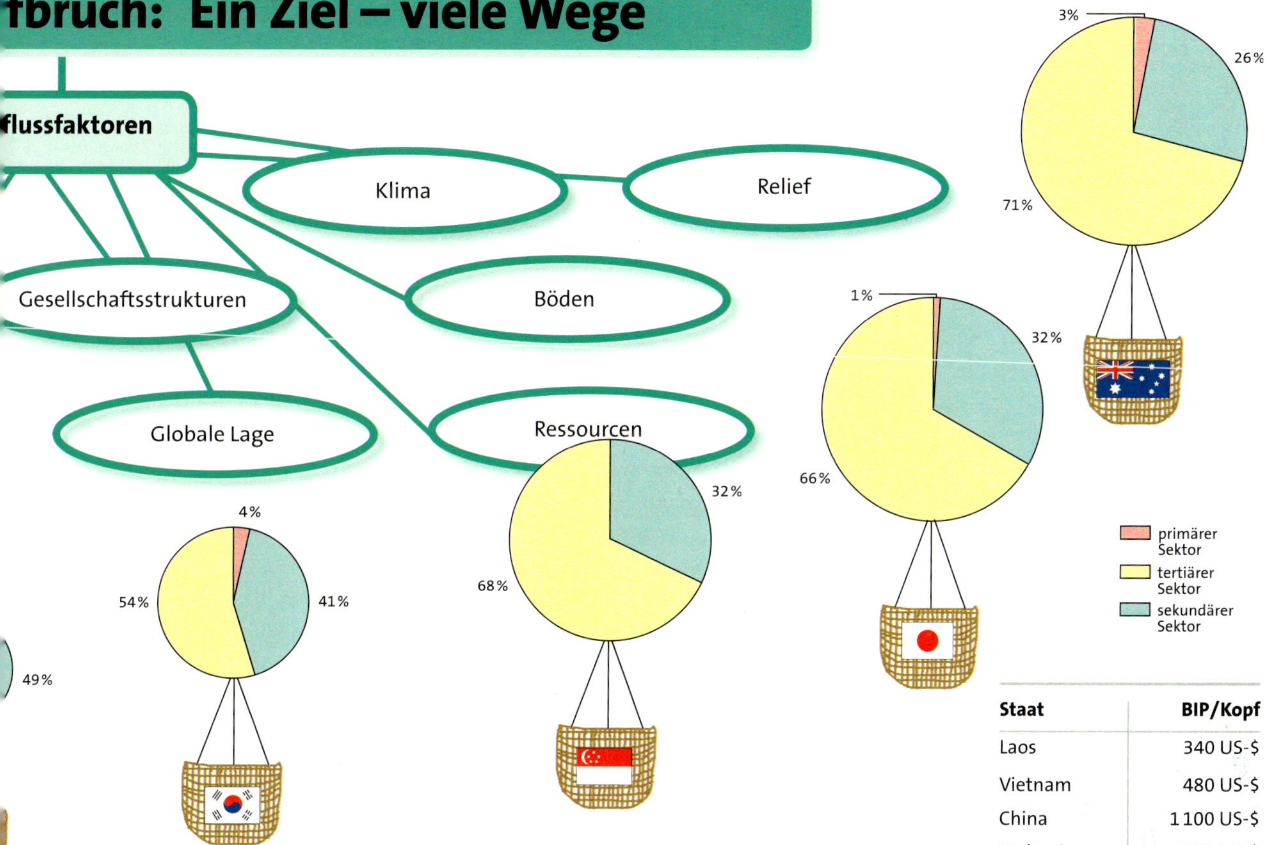

Staat	BIP/Kopf
Laos	340 US-$
Vietnam	480 US-$
China	1100 US-$
Malaysia	5718 US-$
Südkorea	12030 US-$
Singapur	21200 US-$
Japan	35680 US-$
Australien	36550 US-$

Stadien wirtschaftlicher Entwicklung

Industrieland
Entwickelter Staat mit einer hohen ökonomischen Wertschöpfung. Begriff zur Abgrenzung gegenüber den Schwellenländern und den Entwicklungsländern.

Postindustrielle-Dienstleistungsgesellschaft
Hochentwickeltes Land, in dem das Know-how eine zentrale Stellung einnimmt und der Dienstleistungssektor zunehmend Übergewicht über das produzierende Gewerbe gewinnt.

1

1 *Asien und Europa – Wer schluckt wen?*

Erörtern Sie, wie sich das dynamische Wachstum der asiatisch-pazifischen Länder auf die Industriestaaten Europas auswirkt. Beschreiben und interpretieren Sie die Karikatur und werten Sie den Text 2 aus.

2

Als Nummer 1 der autoproduzierenden Länder löste Japan die USA ab. (...)
In China sind im vergangenen Jahr mehr Autos und Lkw produziert worden als in der Bundesrepublik. (...) Die Hälfte der Top-20-Produzenten [sind] so genannte Schwellenländer – darunter auch Mexiko und Indien. „Der Schwerpunkt der Industrie verlagert sich wie erwartet in die Schwellenländer", [erklärt] Max Warburton von der Investment-Bank UBS. Überraschend sei aber, wie schnell sich diese Entwicklung vor allem in China vollziehe. China, Indien und Brasilien lägen zusammen nur noch gut 13 000 Fahrzeuge hinter Deutschland, Frankreich und Spanien.

China verdrängt Deutschland vom Auto-Siegertreppchen, in: HANDELSBLATT vom 24.06.07, unter: www.handelsblatt.com

3

Billiglohnländer (1)	Weltwirtschaftsmacht (a)
Dritte Stelle hinter USA und EU (2)	Westliche Produkte (b)
Kleinbetriebe (3)	Zwei Standbeine japanischer Wirtschaft (c)
High-tech Orientierung (4)	Ungunstfaktoren (d)
Nachahmen (5)	Übernahme durch westliche Industrieländer (e)
Produktion und Export (6)	Erfolgsmodell (f)
Rohstoffarmut und Raumenge (7)	Lohnintensive Arbeiten (g)
Verbesserung von Produktionsabläufen (8)	Förderung (h)

2 *Japan durcheinander geraten*

Immer zwei Wörter bzw. Wortgruppen aus Tabelle 3 passen zusammen. Verbinden Sie diese in Ihrem Heft zu einem aussagekräftigen Satz.

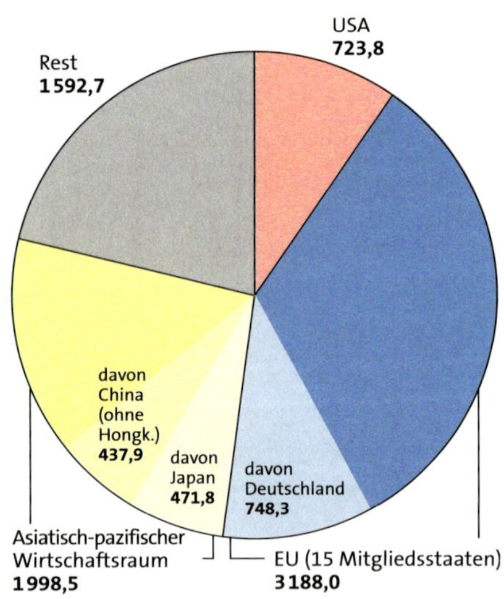

4 ***Anteil von Staaten und Regionen am Weltexportvolumen 2003 in Mrd. US-$ (Gesamt: 7 503 Mrd. US-$)***

3 *Kreisdiagramm auswerten*

Werten Sie das Kreisdiagramm 4 aus und beschreiben Sie die Stellung des asiatisch-pazifischen Wirtschaftsraumes im Welthandel.

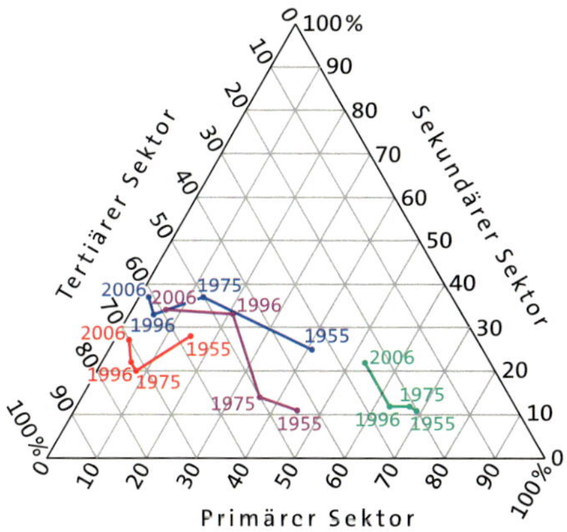

⑤ **Entwicklung der Beschäftigungsstruktur ausgewählter Staaten des asiatisch-pazifischen Raumes**

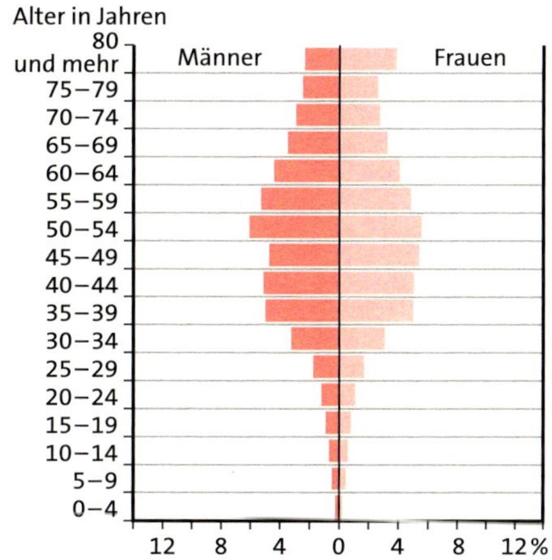

⑥ **Altersstruktur der australischen Einwanderer, die in Großbritannien geboren wurden**

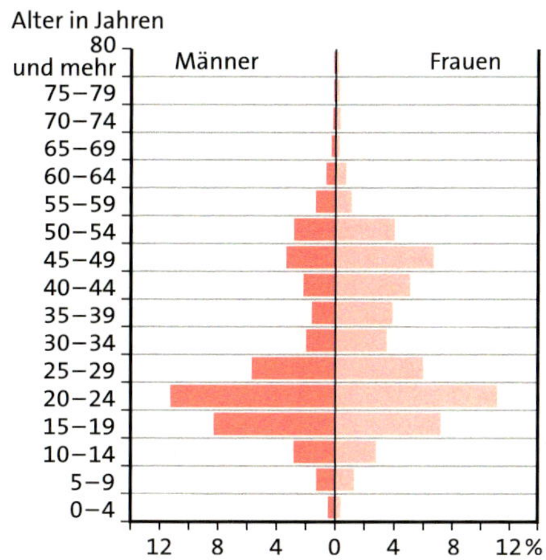

⑦ **Altersstruktur der australischen Einwanderer, die in Taiwan geboren wurden**

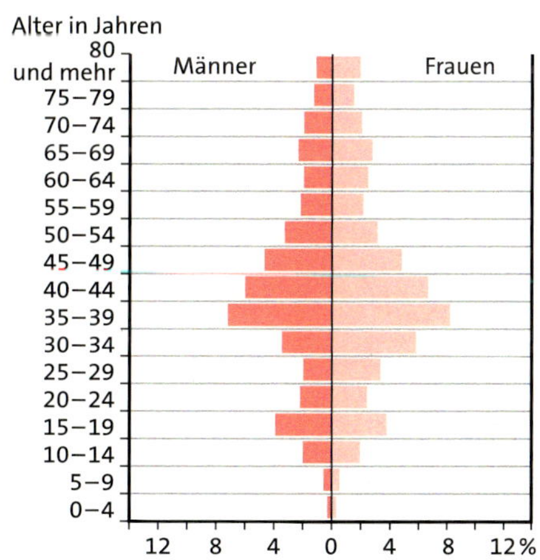

⑧ **Altersstruktur der australischen Einwanderer, die in Vietnam geboren wurden**

4 Wirtschaftliche Entwicklung

a) Erstellen Sie eine Rangfolge der Länder des asiatisch-pazifischen Raums hinsichtlich des BIP (siehe Karte S. 71).

b) Vergleichen Sie die Rangfolge mit dem Modell der Fluggänse auf Seite 70.

c) Ordnen Sie den Linien im Dreiecksdiagramm 5 die Staaten Australien, Japan, Malaysia und Myanmar zu. Begründen Sie Ihre Zuordnung.

d) Beschreiben Sie die unterschiedliche Dynamik sowie das zeitliche Einsetzen der Entwicklung in den vier Staaten.

5 Einwanderungsland Australien

a) Vergleichen Sie die Altersstruktur der australischen Einwanderer, die in Großbritannien, Taiwan und Vietnam geboren wurden.

b) Stellen Sie Vermutungen an, wann und aus welchen Gründen die jeweiligen Staatsbürger aus ihrer Heimat nach Australien ausgewandert sind.

c) Ziehen Sie Schlüsse aus der unterschiedlichen Verteilung der männlichen und weiblichen Anteile.

d) Verdeutlichen Sie anhand der Bevölkerungspyramiden die These, dass Australiens Vergangenheit in Europa liegt, seine Zukunft aber in Asien.

ONLINE-Link
Aufgabenlösungen
27960X-0303

Geodynamische Vo
im pazifischen Rau

Der pazifische Raum ist geodynamisch besonders aktiv. Dies äußert sich unter anderem in einer großen Zahl an zerstörerischen Ereignissen wie Erdbeben, Tsunamis oder Vulkanausbrüchen. Daneben wirken aber auch endogene Vorgänge, die für den Menschen kaum wahrnehmbar ablaufen, wie z. B. die Bewegung der Kontinente oder die Hebung von Gebirgen. Doch welche Ursachen sind für diese Prozesse verantwortlich und wie geht die Bevölkerung in diesem Raum mit den damit verbundenen Gefahren um?

Anden: Aconcagua

Japan: Erdbeben in Kobe am 17. 01. 1995

gänge
n

Philippinen: Eruption des Pinatubo am 09. 06. 1991

Japan: Affen im Thermalbad in der Präfektur Nagano

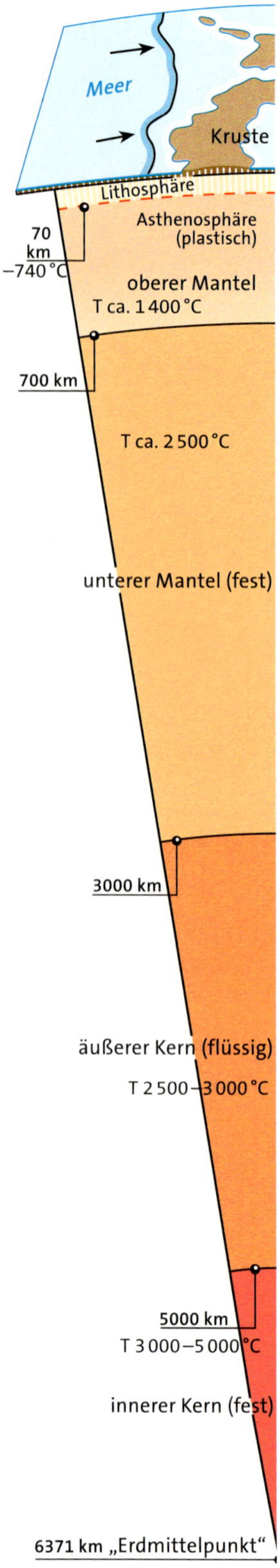

1 *Schalenbau der Erde*

2

„Die erste Idee der Kontinentalverschiebung kam mir bereits im Jahre 1910 bei der Betrachtung der Weltkarte unter dem unmittelbaren Eindruck von der Kongruenz der atlantischen Küsten (...). Im Herbst 1911 wurde ich mit den mir bis dahin unbekannten paläontologischen Ergebnissen über die frühere Landverbindung zwischen Brasilien und Afrika durch ein Sammelreferat bekannt, das mir durch Zufall in die Hände fiel. Dies veranlasste mich, eine zunächst flüchtige Durchmusterung der für die Frage in Betracht kommenden Forschungsergebnisse auf geologischem und paläontologischem Gebiet vorzunehmen, wobei sich sogleich so wichtige Bestätigungen ergaben, dass die Überzeugung von der grundsätzlichen Richtigkeit bei mir Wurzel schlug."

A. Wegener: Die Entstehung der Kontinente und Ozeane, in: Die Wissenschaft Bd. 66 1929, S. 1

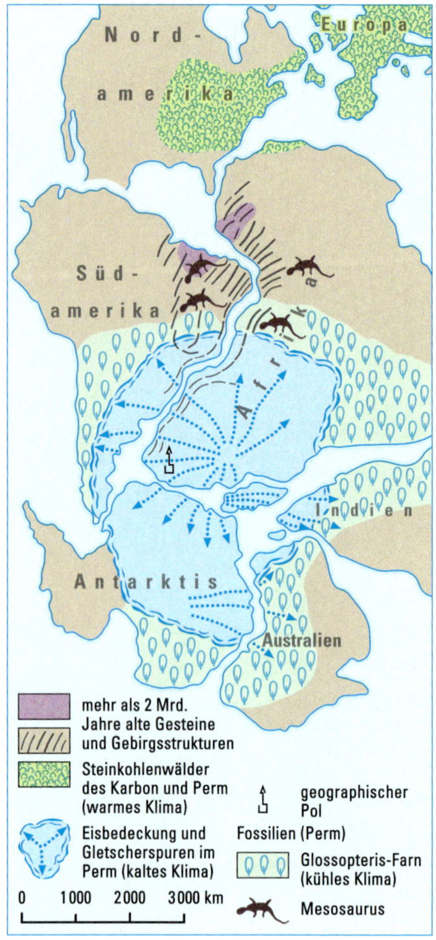

3 *Wegeners Untersuchungsergebnisse*

Die Erde – ein Riesenpuzzle?

Von der Kontinentalverschiebungstheorie Alfred Wegeners ...

Der deutsche Geowissenschaftler Alfred Wegener sammelte schon zu Beginn des 20. Jahrhunderts Beweise, dass die gesamte Landmasse der Erde einstmals in einem einzigen Urkontinent zusammenhing. Wegener nannte diesen Pangäa (griech. Allerde). Weiterhin ging er davon aus, dass sich Kontinente – auch der Urkontinent – ähnlich wie Eisberge verhalten, die zerbrechen und in verschiedene Richtungen auseinander treiben können. So sei Pangäa vor etwa 200 Millionen Jahren zunächst in zwei Teile, dann in einzelne Kontinente zerbrochen, die sich im Verlauf der Jahrmillionen voneinander entfernten, bis das heutige Bild der Erdoberfläche entstand.

Wegener war nicht der einzige, der solche Vermutungen äußerte, aber er war der einzige, der Beweise für seine Theorie suchte und fand. Allerdings gelang es ihm nicht, Antriebskräfte für die gewaltigen horizontalen Bewegungen der Kontinentalschollen nachzuweisen. Daher wurde Wegeners Theorie bis in die 1960er-Jahre von den meisten seiner Kollegen abgelehnt.

... zur Theorie der Plattentektonik

Erst die großflächige Vermessung und Erkundung der Ozeanböden in den 1960er-Jahren lieferte die notwendigen Daten zur Weiter-

entwicklung von Wegeners Theorie der Kontinentalverschiebung zur heute anerkannten Theorie der **Plattentektonik** durch den kanadischen Forscher John T. Wilson.
Sie besagt, dass sich die Lithosphäre aus einem Mosaik von Platten zusammensetzt, die sich mit unterschiedlicher Geschwindigkeit und in unterschiedliche Richtungen auf einer plastischen Zone des oberen Erdmantels, der Asthenosphäre, bewegen. Dabei entsprechen die Platten nicht den Kontinenten oder Ozeanen, sondern bestehen zumeist sowohl aus kontinentaler als auch aus ozeanischer Kruste.
Rückschlüsse über den Aufbau des Erdinneren erhielt man aus der **Seismologie**, der Erdbebenforschung. Seismologen werteten die Aufzeichnungen natürlicher und (z.B. durch unterirdische Atombombenexplosionen) künstlich erzeugter Erdbeben aus und stellten dabei fest, dass die Erdbebenwellen auf ihrem Weg durch das Erdinnere an bestimmten Stellen ihre Geschwindigkeit und ihre Richtung änderten. Dieses Verhalten weisen alle Wellen auf, sobald sie auf eine Grenzfläche zwischen zwei unterschiedlichen Materialien treffen. So erhielten die Wissenschaftler Kenntnisse darüber, welche Bereiche des Erdinneren flüssig oder fest bzw. dicht oder weniger dicht sind.

Der Wilson-Zyklus

Dieses 1970 von John T. Wilson entwickelte Modell beschreibt eine bestimmte Abfolge von plattentektonischen Vorgängen, die zum zyklischen Ausbreiten und Verengen von Ozeanen führt. Der Wilson-Zyklus ermöglicht es, viele Erscheinungen auf der Erde zu deuten. Er ist jedoch als Idealschema aufzufassen, von dem es Abweichungen geben kann. Man nimmt an, dass derartige Zyklen ablaufen, seitdem die Erde eine feste Kruste hat und sich ein Zyklus über ca. 270 Millionen Jahre erstreckt.

1 *Beschreiben Sie mithilfe von Grafik 1 den Schalenbau der Erde.*

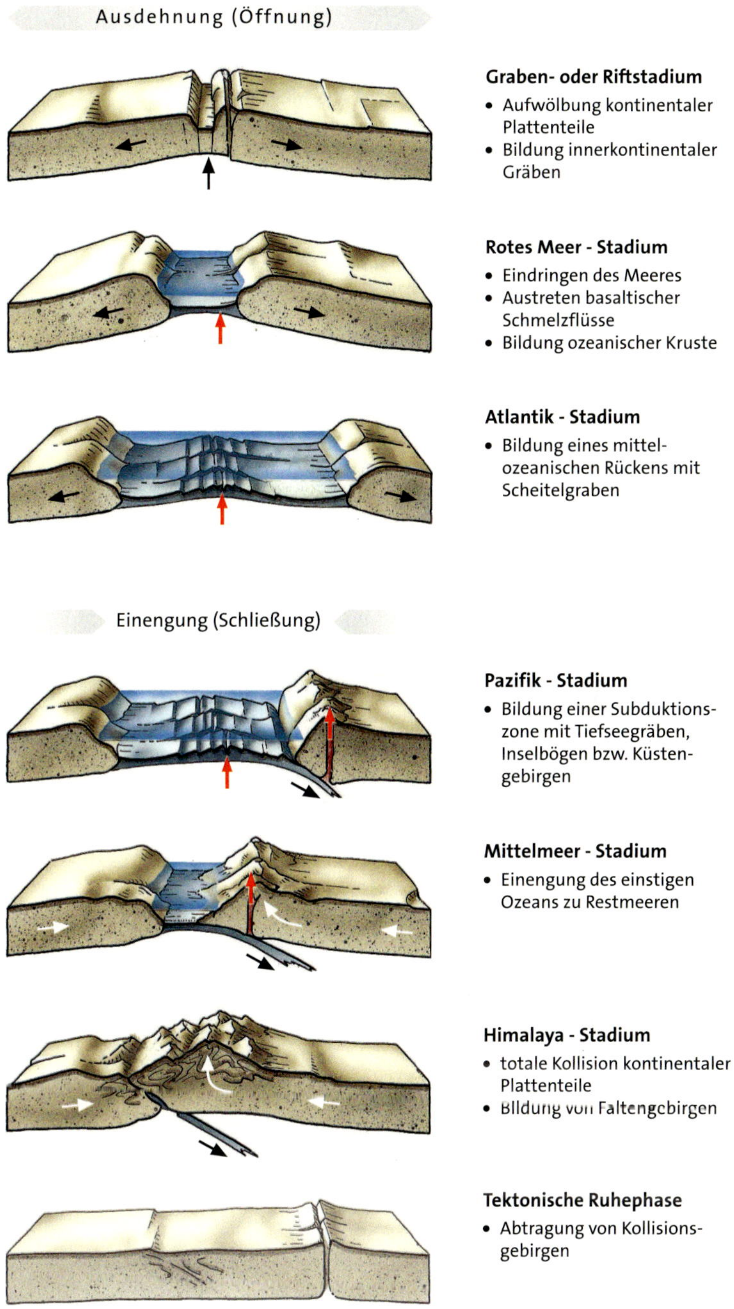

4 ***Plattentektonischer Zyklus nach Wilson***

2 *Fassen Sie die Theorie der Kontinentalverschiebung von Alfred Wegener mit eigenen Worten zusammen. Beziehen Sie dazu auch die Karte 3 mit ein.*

3 *Stellen Sie dar, inwiefern das Wilsonsche Modell die Theorie Alfred Wegeners weiterentwickelt hat.*

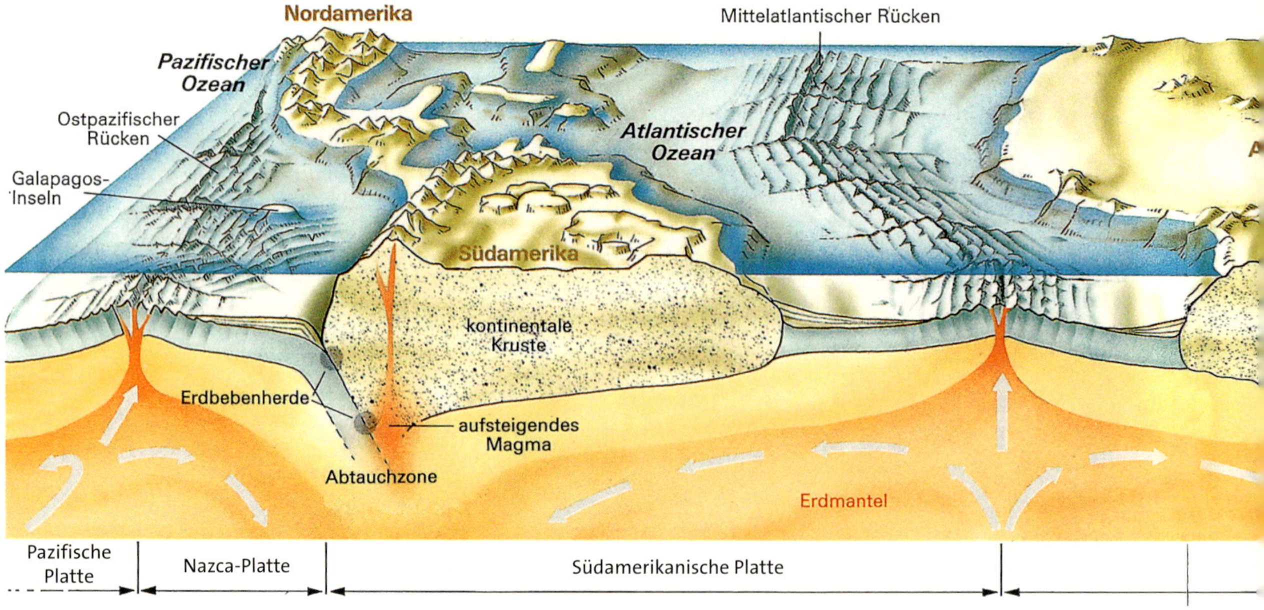

Kontinente in Bewegung

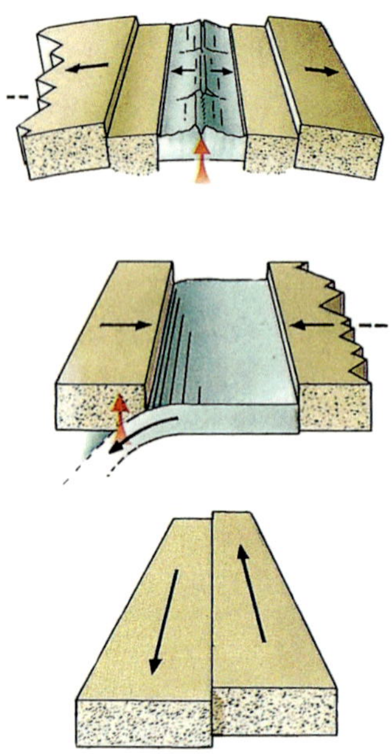

Drei Grundvorgänge der Plattentektonik

Worin besteht nun aber der Bewegungsmechanismus, an dem Alfred Wegener mit seiner Theorie scheiterte?

Der wichtigste Motor der Plattentektonik ist laut heute gängiger Theorie die **Mantelkonvektion**. Man nimmt an, dass der Erdmantel bestrebt ist, die Temperaturdifferenz zwischen Erdkern und Erdoberfläche durch Konvektion auszugleichen. Daher steigt im Bereich der Asthenosphäre an einigen Stellen (z.B. unter den Mittelozeanischen Rücken) heißes, geschmolzenes Mantelgestein auf, um im Bereich der **Subduktionszonen** wieder abzusinken. Die auf der Asthenosphäre schwimmenden Platten werden durch diese Konvektionsströme bewegt. Dabei lassen sich drei grundlegende Prozesse unterscheiden, die zu unterschiedlichen Arten von Plattengrenzen führen:

- **Divergenz** (Platten bewegen sich voneinander weg),
- **Konvergenz** (Platten driften aufeinander zu),
- **Scherung** (Platten schrammen aneinander vorbei).

Divergente Plattengrenzen

Überall, wo aufwärts gerichtete Konvektionsströme in der Asthenosphäre von unten her einen starken Druck auf die Erdkruste ausüben, kommt es zur Dehnung und schließlich zum Zerbrechen der Kruste und zum Auseinanderdriften der Platten. Dabei erstarrt das in der Bruchzone aufsteigende Magma und bildet ein neues Stück Erdkruste.

Diese Art Plattengrenze findet man an den Mittelozeanischen Rücken und im Bereich kontinentaler Grabenbrüche. Man nennt das Auseinanderdriften zweier Platten im Bereich der Ozeane **seafloor spreading**, innerhalb von Kontinenten heißt es **rifting**. Diese Prozesse werden von Vulkanismus und Erdbeben begleitet.

Konvergente Plattengrenzen

Da trotz der Dehnungsvorgänge und Bildung neuer Kruste die Erdoberfläche nicht größer wird, muss an anderen Stellen Lithosphärenfläche verringert werden. Dies geschieht an Subduktionszonen, wo ozeanische und kontinentale Kruste aufeinander treffen.

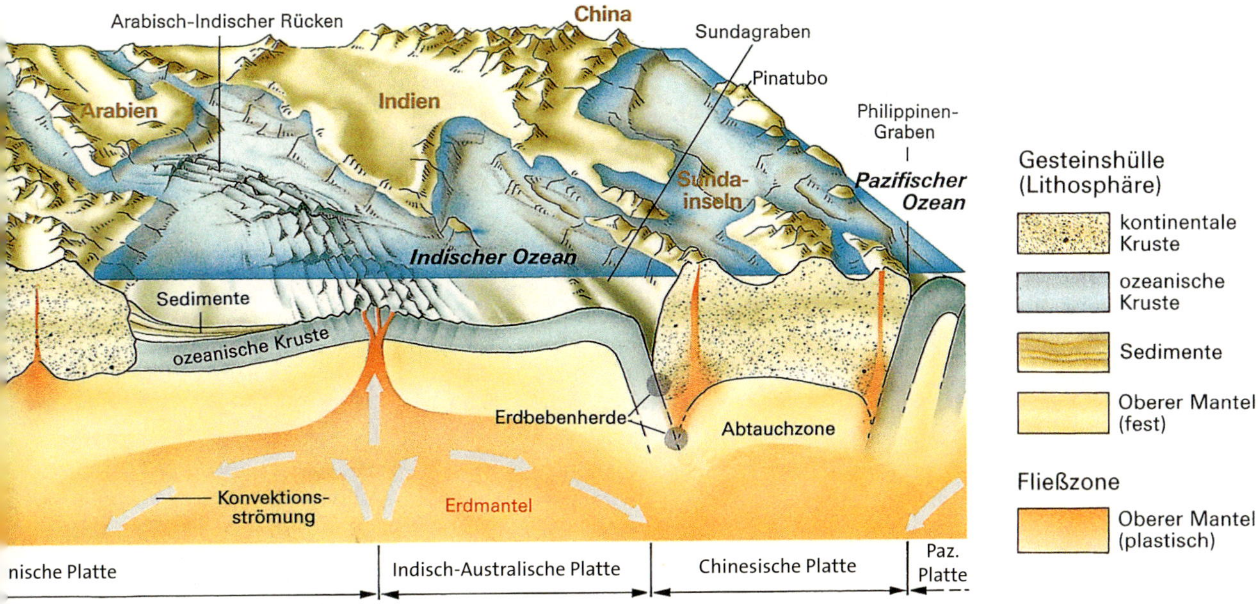

Die ozeanische Kruste hat eine größere physikalische Dichte und ein höheres spezifisches Gewicht als die kontinentale Kruste. Deshalb sinkt die ozeanische Kruste ab und schiebt sich unter die kontinentale Kruste. Einige Geologen gehen davon aus, dass das Gewicht des absinkenden Krustenteils einen Sog auf die gesamte Platte ausübt und so wesentlich zum Antriebsmechanismus der Plattentektonik beiträgt. Die ozeanische Kruste wird in der Asthenosphäre aufgeschmolzen, wobei gleichzeitig Magma an die Oberfläche dringen kann. Dies führt zu Vulkanismus. Die Subduktionszonen sind durch **Tiefseegräben** gekennzeichnet, während auf der gestauchten kontinentalen Kruste ein Randgebirge entsteht. Ein besonders eindrucksvolles Beispiel hierfür ist der **zirkumpazifische Faltengebirgsgürtel.**

Wird dagegen ozeanische unter ozeanische Kruste subduziert, so entsteht anstelle des Randgebirges ein Inselbogen, ein so genannter Archipel.

Durch die hohen Druck- und Zugkräfte beim Abtauchen verklemmen und verhaken sich die Platten und es entstehen Erdbeben. Liegt der Erdbebenherd unter dem Meeresboden, spricht man von Seebeben, die Tsunamis auslösen können.

Treffen im Zuge der Plattenkonvergenz zwei Blöcke kontinentaler – also nicht subduzierbarer – Kruste aufeinander, so schieben sich Teile beider Platten in- und übereinander (**Kollision**), sodass hohe Gebirge entstehen.

Transformstörungen

Bewegen sich Platten aneinander vorbei (Scherung), so kommt es zu Reibung und Verhakungen. So bauen sich über lange Zeiträume große Spannungen auf, die von Zeit zu Zeit durch mitunter verheerende Erdbeben ruckartig gelöst werden.

1 *a) Beschreiben Sie mithilfe des Textes und der Abbildungen die Prozesse, die zur Entstehung der verschiedenen Plattengrenzen führen.*
b) Ordnen Sie die Prozesse den Stadien des Wilson-Zyklus (siehe Seite 79) zu.

2 *Arbeiten Sie mit dem Atlas: Nennen Sie für die verschiedenen Arten von Plattengrenzen je ein Beispiel aus dem pazifischen Raum.*

3 *Erläutern Sie die Zusammenhänge zwischen Vulkanismus, Erdbeben und Plattentektonik.*

Kaum zu glauben

Die Bewegungsgeschwindigkeit der Erdplatten pro Jahr reicht von wenigen Millimetern (zwischen der Afrikanischen und der Antarktischen Platte) bis zu ca. 20 Zentimetern (zwischen der Nazca-Platte und der Pazifischen Platte). Das bedeutet Verschiebungen von bis zu 200 Kilometern in einer Million Jahren.

ONLINE-Link

Surftipp
27960X-0401

Mit Modellen arbeiten

Geographische Modelle sind in der Regel Abbilder der Realität. So stellt der Globus maßstäblich verkleinert die Erdkugel dar.
Oft liefern Modelle auch bei der Bildung wissenschaftlicher Theorien wichtige Erkenntnisse, da sie Strukturen erläutern, etwa bei Stadtmodellen, oder zeitliche Abläufe beschreiben wie beim Plattentektonischen Zyklus.
Modelle sind teilweise generalisiert, unterschiedlich stark abstrakt und vernachlässigen manchmal bewusst bestimmte Merkmale, um die für den Darstellungszweck wesentlichen Eigenschaften oder Strukturen hervorzuheben. Sie dienen zur Beantwortung geographischer Fragestellungen, veranschaulichen komplexe Zusammenhänge und lassen teilweise sogar zukünftige Entwicklungen ablesen.

Geographische Modelle kennen Sie bereits in vielen Variationen und unterschiedlich starker Abstraktion: Globen, Bilder und Karten sind vereinfachte Abbildungen der Wirklichkeit oft mit Namen und Texten zur Erläuterung. Auch Zusammenhänge, Abläufe oder Theorien werden durch Modelle anschaulicher.

Mit Modellen arbeiten

1. Schritt: Orientieren

- *Ermitteln Sie, was im Modell dargestellt ist.*
- *Beschreiben Sie die Lage des im Modell dargestellten Sachverhalts.*
- *Ermitteln Sie, welcher Zeitpunkt dargestellt bzw. welcher Zeitraum abgebildet wird.*

2. Schritt: Modell beschreiben

- *Stellen Sie fest, ob es sich um ein statisches oder dynamisches Modell handelt.*
- *Beschreiben Sie den Ist-Zustand des Modells.*
- *Suchen Sie auffällige Strukturen und beschreiben Sie diese.*

3. Schritt: Modell analysieren

- *Finden Sie Regelhaftigkeiten und Prozessabläufe.*
- *Stellen Sie Zusammenhänge und/oder Gesetzmäßigkeiten fest und erklären Sie diese.*

1 **Modell zum Alter der ozeanischen Kruste**

- *Erstellen Sie bei dynamischen Modellen Prognosen über die zukünftige Entwicklung.*

4. Schritt: Modell kritisch bewerten

- *Untersuchen Sie, ob das Modell hinsichtlich seiner Aussagekraft ganz oder teilweise auf die Realität übertragbar ist.*
- *Bewerten Sie, inwiefern das Modell zur Veranschaulichung der wissenschaftlichen Theorie beiträgt.*

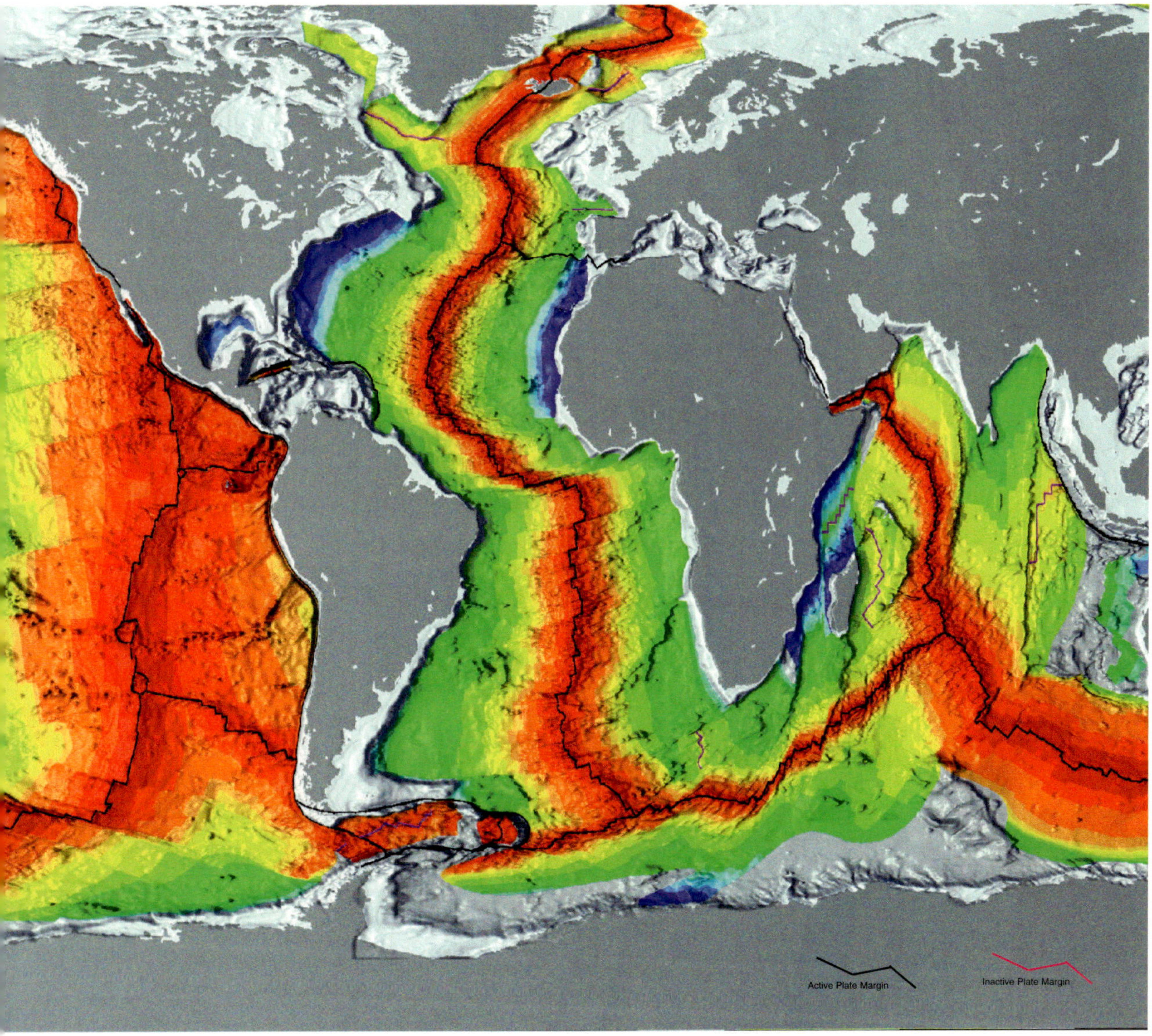

1 *Werten Sie das Modell des Alters der Ozeanböden aus.*

2 *Suchen Sie Plattengrenzen im pazifischen Raum. Bestimmen und begründen Sie anhand des Alters der Ozeanböden, um welche Arten von Plattengrenzen es sich handelt.*

3 *Ordnen Sie den Stadien des Wilson-Zyklus je ein Raumbeispiel zu.*

② Um die Vorgänge der Plattentektonik und des seafloor spreadings zu verdeutlichen, wurde aus topographischen und bathymetrischen Daten, also aus dem Relief und den Tiefenzahlen und -linien, ein plastisches Modell der Ozeanböden erstellt. Das Alter der Kruste wurde durch Bohrungen und andere Methoden ermittelt und in einer Art thematischer Karte auf das Relief übertragen.

Tipp

Zur besseren Präsentation Ihrer Auswertung können Sie eine Folie auf das Modell legen, die Plattengrenzen einzeichnen, mithilfe geeigneter Atlaskarten die Folie beschriften und Gebiete mit erhöhter Erdbebenhäufigkeit und Vulkanismus übertragen.

1

Kaum zu glauben

Einer japanischen Legende zufolge lebt der räuberische Wels Namazu im Schlamm unter der Erde. Immer wenn sich der Fisch bewegt, erzittert und bebt der Boden. Nur der Gott Kashima kann den Fisch mit einem mächtigen Felsblock ruhig stellen. Aber sobald Kashima einmal nicht aufpasst, bringt der Wels wieder Unheil über Japan.

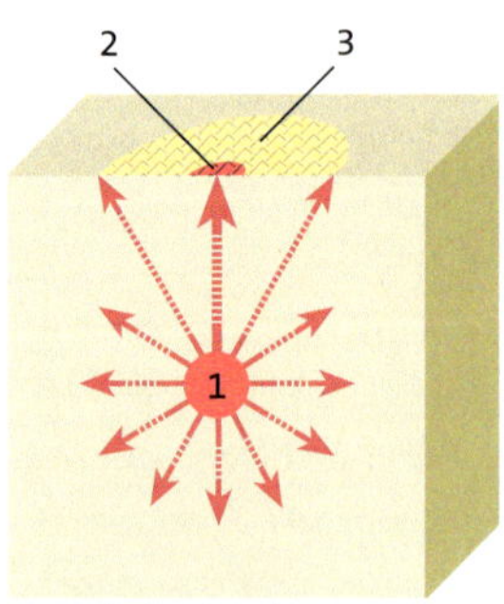

2

1 Erdbebenherd (Hypozentrum)
2 Bebenzentrum (Epizentrum)
3 Schüttergebiet (Zone, in der das Beben wahrnehmbar ist)

3 ***Erdbeben-Simulator in Tokyo:*** *Bei Erschütterungen findet man Schutz z. B. unter einem Tisch*

Leben auf schwankendem Boden

Welch verheerende Folgen ein starkes Erdbeben für eine Millionenstadt wie Tokyo haben kann, wurde am 1. September 1923 genau zwei Minuten vor 12 Uhr deutlich.

Das große Kanto-Beben war zwar mit der Stärke 7,9 auf der Richter-Skala nicht das schwerste in der Geschichte Japans, aber niemals hat ein Beben in Japan mehr Menschenleben gefordert (150 000 Tote und Vermisste) oder einen größeren Sachschaden verursacht.

Dabei forderten nicht die Erdstöße selbst die meisten Opfer, sondern die Feuer, die sich nach dem Beben mit rasender Geschwindigkeit in den meist aus Holzhäusern bestehenden Stadtvierteln ausbreiteten.

Der Jahrestag dieses Erdbebens wird alljährlich als nationaler Katastrophenverhütungstag begangen, mit Evakuierungsübungen, Unterweisungen im Löschen und Verbinden sowie im Erproben des Ernstfalles im Erdbebensimulator.

Über 100 000 Beben erschüttern pro Tag die Erde, einige spürbar und viele nur schwach messbar. Fast alle dieser Beben sind tektonische Beben, bei denen es sich um ruckartigen Spannungsabbau zwischen den Erdplatten handelt.

Die dabei freigesetzte Energie breitet sich in Form von seismischen Wellen vom Ursprungsort, dem Erdbebenherd (**Hypozentrum**), durch das Erdinnere aus und verursacht an der Erdoberfläche mehr oder weniger heftige Schwankungen. Gebiete, die direkt über dem Erdbebenherd liegen, sind am stärksten betroffen. Sie heißen **Epizentren**.

An der seismologischen Messstation treffen zuerst die Druckwellen ein, die sich durch Kompression am schnellsten fortpflanzen. Man bezeichnet sie deshalb als Primärwellen. Sie verursachen ein Zusammenschieben und Strecken des Gesteins. Es folgen die senkrecht zur Ausbreitungsrichtung schwingenden Scherwellen, auch Sekundärwellen genannt. Beide genannten Wellenarten sind Raumwellen, die sich durch das Erdinnere fortbewegen. Besonders zerstörerisch – vor allem im Epizentrum – wirken jedoch die zuletzt eintreffenden Oberflächenwellen. Sie breiten sich ausschließlich entlang der Erdoberfläche aus.

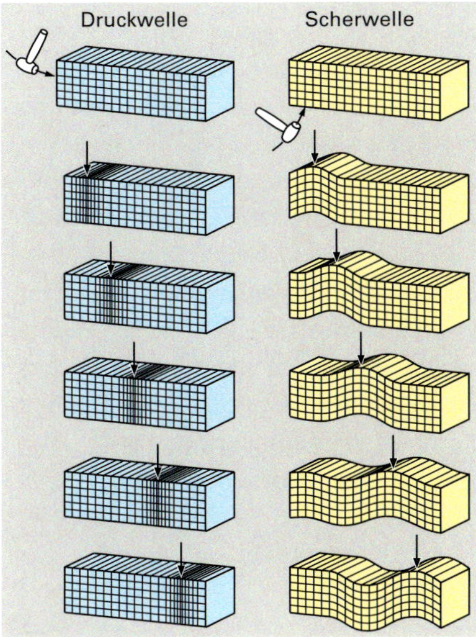

4 **Erdbebenwellen**

5 ***660 Tonnen schweres Pendel,*** *das in Taipeh 101 zwischen dem 87. und 92. Stockwerk hängt und das Gebäude bei Erschütterungen stabilisieren soll*

6 ***Taipeh 101, mit 508 m eines der höchsten Gebäude der Welt***

Leben in erdbebengefährdeten Gebieten

Obwohl mit viel Aufwand geforscht wird, ist es bisher unmöglich, Erdbeben zuverlässig vorherzusagen. Das Eintreffen der wenig zerstörerisch wirkenden Primärwellen sorgt wenigstens für eine minimale Vorwarnzeit, in der man jedoch kaum reagieren kann. Lediglich computergesteuerte Frühwarnsysteme können Hochgeschwindigkeitszüge stoppen, Gasleitungen unterbrechen und Garagentore für Notfalldienste öffnen.

Die Vorbereitung auf Beben ist für die in den betroffenen Gebieten lebenden Menschen überlebenswichtig. So gehören Übungen zum Schutz vor herabstürzenden Gebäudeteilen sowie Evakuierungsplanungen in japanischen Schulen und Betrieben zum Alltag.

Gerade in Japan, wo wegen der extremen Raumnot viel auf neu gewonnenem Land gebaut wird, ist die Analyse des Untergrundes von Baugrundstücken von Bedeutung. Lockerer Baugrund bietet bei einem Beben nur eine geringe Standfestigkeit, weil Erschütterungen zu Verschiebungen führen. Auch Erdrutsche, insbesondere an den von vulkanischem Lockermaterial bedeckten Hängen der Vulkane, sind nach Erdbeben keine Seltenheit.

Die Entwicklung erdbebensicherer Bauweisen (z. B. bewegliche Fundamente oder elastische Gebäudeskelette) ist ebenfalls Teil der Katastrophenvorsorge. Hierbei soll entweder das Schwanken verhindert oder ein schadloses Schwanken ermöglicht werden. Zu den neuesten Entwicklungen gehört das Installieren von Pendeln oder Wasserbecken, die Schwankungen durch Gegenbewegung eindämmen sollen. Da diese Bautechniken hohe Kosten verursachen, ist die Bevölkerung in weniger entwickelten Staaten stärker gefährdet.

1 *Arbeiten Sie mit dem Atlas: Begründen Sie die besondere Erdbebengefährdung Japans.*

2 *a) Erläutern Sie Möglichkeiten und Grenzen der Frühwarnung vor Erdbeben.*
b) Diskutieren Sie Möglichkeiten der Vorbeugung von Erdbebenschäden.
c) Erstellen Sie eine Liste der wirtschaftlichen Auswirkungen, die Erdbeben auf betroffene Gebiete haben können.

3 *Informieren Sie sich mithilfe des Internets über erdbebensichere Bautechniken und berichten Sie darüber in einem Kurzreferat.*

4 *Erklären Sie, warum das Pendel in Taipeh 101 im oberen Gebäudeteil angebracht wurde.*

7 ***Die chinesische Erdbebenvase*** *ist ein Instrument zum Nachweis von Erdbeben aus dem Jahre 132. Acht Drachenköpfe blicken in die Haupthimmelsrichtungen. Bebt die Erde, fällt eine Kugel aus dem Maul des Drachens, der zum Erdbebenherd ausgerichtet ist.*

ONLINE-Link
Surftipp
27960X-0402

1 ***Tsunami auf den Salomonen***

2 **Tsunami im Pazifik**
Ein Tsunami hat am Montag auf den Salomonen-Inseln mehr als ein Dutzend Menschen in den Tod gerissen und verheerende Schäden angerichtet. Die bis zu zehn Meter hohe Flutwelle kam am Morgen gegen acht Uhr Ortszeit (22 Uhr MEZ) und verwüstete vor allem den westlichen Teil der Inselgruppe. Bewohner von Gizo, der Hauptstadt der Westsalomonen, berichteten von einer riesigen Wasserwand, die durch die Straßen gedrückt wurde. (...) Die Menschen seien von der Flutwelle völlig überrascht worden. Das Meer sei „ganz plötzlich" angeschwollen. Es habe keine Warnung gegeben. (...)
Die Flutwelle war durch ein Erdbeben der Stärke 8,1 ausgelöst worden (...). Das Epizentrum lag 40 Kilometer südöstlich von Gizo, [das Hypozentrum] rund zehn Kilometer unter dem Meeresboden. Durch das nach der Tsunami-Katastrophe vom 26. Dezember 2004 verbesserte Warnsystem wurden umliegende Länder wie Papua-Neuguinea, Neukaledonien [und] die Marshall-Inseln (...) rechtzeitig alarmiert. Schadensmeldungen gab es von dort nicht.

Urs Wälterlin, in: taz Nr. 8242 vom 3.4.2007, S. 2

Tsunami – die Monsterwelle

Tsunami
(japanisch: aus „tsu" = Hafen, und „nami" = Welle)

Kaum zu glauben
Die 10-jährige Tilly aus Großbritannien hat am Strand von Phuket (Thailand) rund hundert Menschen das Leben gerettet. Sie kannte die Vorzeichen eines Tsunamis aus dem Geographieunterricht. „Das Wasser blubberte, das Meer fing an sich zurückzuziehen." Sie warnte ihre Mutter, der Strand vor ihrem Hotel wurde geräumt und alle überlebten.

Seit der Katastrophe im Indischen Ozean im Dezember 2004, bei der etwa 300 000 Menschen starben, kennt alle Welt den Begriff **„Tsunami"**. Dieser wurde jedoch schon vor langer Zeit durch japanische Fischer geprägt, die in den Hafen zurückgekehrt dort alles verwüstet vorfanden, obwohl sie auf offener See keine Welle wahrgenommen hatten.
Die besonders starke tektonische Aktivität an den Rändern der Pazifischen und der Indisch-Australischen Erdplatte führt dazu, dass fast alle Küstenregionen des Pazifischen Raumes durch Tsunamis extrem bedroht sind. Japan wird zum Beispiel jährlich mindestens einmal von einem Tsunami getroffen.

Entstehung eines Tsunamis
Ein Tsunami unterscheidet sich ganz wesentlich von einer gewöhnlichen Wasserwelle. Letztere ist eine Oberflächenwelle und wird vom Wind verursacht, wohingegen sich beim Tsunami das gesamte Wasservolumen bis zum Meeresgrund bewegt. Ausgelöst werden Tsunamis in den meisten Fällen durch Seebeben, wobei drei Voraussetzungen erfüllt sein müssen: Das Beben muss ausreichend stark sein, sein Herd muss nahe der Erdoberfläche liegen und es muss eine vertikale Verschiebung des Meeresbodens erfolgen, die den darüber liegenden Wasserkörper in Bewegung versetzt.

Bei großer Meerestiefe entstehen so sehr großräumige, flache Wellen. Die Wellenberge sind weniger als einen Meter hoch und die Abstände zwischen den Wellenkämmen können bis zu 100 Kilometer betragen. Jedoch bewegen sich die Wellen sehr schnell, mitunter mit mehr als 1 000 km/h.
Treffen Tsunamis auf flachere Stellen, z. B. in Küstennähe, so werden sie abgebremst. Das Wasser wird aufgestaut und bildet Wellenberge, die mehr als 30 Meter hoch sein können. Diese richten an Land verheerende Zerstörungen an.

Tsunami-Warnsystem im Pazifik
Japan verfügt wegen der Häufigkeit von Tsunamis schon lange über ein effektives Warnsystem. Viele japanische Dörfer und Städte schützen sich durch riesige Deiche, während Trainingsprogramme für die Bevölkerung sicherstellen sollen, dass diese im Ernstfall weiß, was zu tun ist. Andere Staaten in den Gefahrengebieten sind jedoch bei weitem nicht so gut ausgerüstet, wie man 2004 schmerzlich erfahren musste.
Für den Pazifik existiert seit den 1960er-Jahren ein Warnsystem, das vom Pacific Tsunami Warning Center (PTWC) in Honolulu auf Hawaii betreut wird. Ursprünglich zum Schutz der US-Bevölkerung eingerichtet, beteiligen sich mittlerweile 26 Mitgliedsstaaten daran.

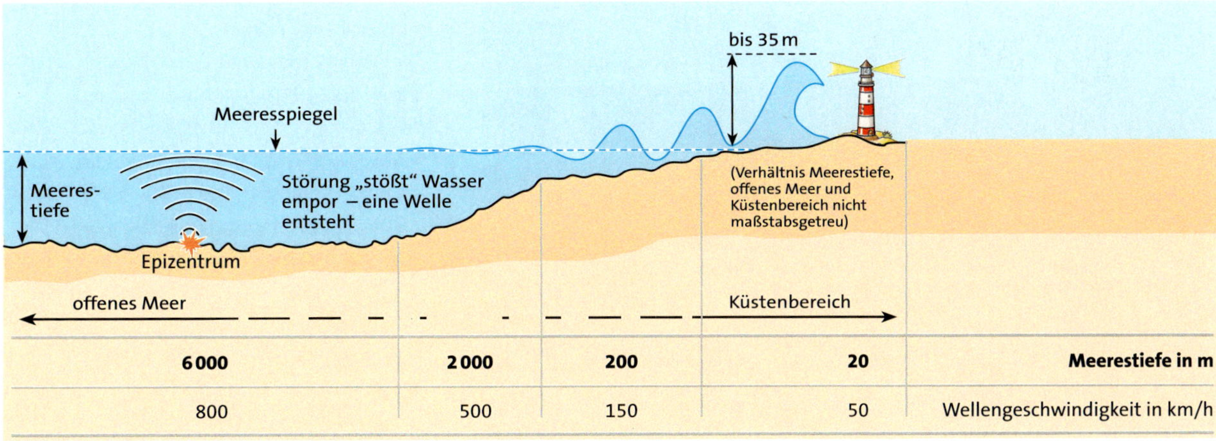

3 ***Entwicklung eines Tsunamis in Abhängigkeit von der Wassertiefe***

4 ***Tsunami-Warnsystem im Pazifischen Ozean***

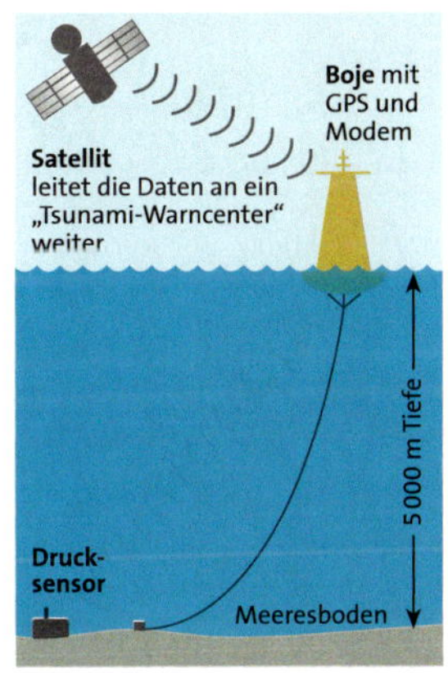

5 ***Tsunami-Warnsystem***

Ein Warnsystem für den Indischen Ozean befindet sich seit 2005 im Aufbau.

1 *Stellen Sie mithilfe der Informationen dieser Seite sowie Ihres Vorwissens die tektonischen Ursachen eines Tsunamis und die besondere Gefährdung des pazifischen Raumes dar.*

2 *Erläutern Sie den Prozess der Ausbreitung eines Tsunamis und grenzen Sie letzteren von einer gewöhnlichen Welle ab.*

3 *Arbeiten Sie in Gruppen: Recherchieren Sie die Auswirkungen des Tsunamis von 2004 auf die Wirtschaft und erläutern Sie, mit welchen wirtschaftlichen Folgen ein von einem Tsunami betroffenes Land fertig werden muss. Beziehen Sie auch indirekte Folgewirkungen in Ihre Überlegungen mit ein.*

4 *Diskutieren Sie die Wirksamkeit eines Tsunami-Warnsystems im Hinblick auf den Entwicklungsstand eines Staates.*

5 *Der Aufbau des Tsunami-Warnsystems im Indischen Ozean wird vom GeoForschungsZentrum Potsdam betreut. Referieren Sie über den aktuellen Stand des Projektes.*

ONLINE-Link
Surftipp
27960X-0403

1 **Zerstörte Kokosplantage nach einem Ausbruch des Mayon**

4 **Ein Leben auf Abruf**

Der Vulkan Mayon auf den Philippinen ist nach 5 Jahren wieder ausgebrochen. 30 000 Menschen mussten bereits ihre Häuser und Hütten verlassen und aus der Gefahrenregion fliehen. Das Dorf Santa Misericordia liegt am Fuße des Mayon. Die Region gehört zur absoluten Gefahrenzone. Immer wenn die Aktivität des Vulkans einen bestimmten Level erreicht, werden die 550 Familien des Dorfes evakuiert. Seit Juli ist es nun wieder soweit. (...)

Hilde Herzog, Deutsche Welthungerhilfe e. V., unter: www.welthungerhilfe.de 2006

Nutzung vulkanischer Böden

2 ***Ausbruchsgeschichte des Mayon***

- *1616 erste dokumentierte Eruption*
- *seither 48 Eruptionen*
- *1814 stärkste Eruption mit ca. 1 200 Toten und globaler Abkühlung*
- *1993 letzte heftige Eruption mit 86 Opfern trotz Evakuierung von 60 000 Einwohnern*
- *seitdem drei weniger heftige Eruptionen*

Seit Jahrtausenden nutzen Menschen die fruchtbaren Böden im Umfeld von Vulkanen. Durch die Ablagerungen von Vulkanausbrüchen, insbesondere Aschen, ist dort sehr gut Landwirtschaft möglich – auch in Gebieten, die ansonsten eher benachteiligt sind. Im südostasiatischen Raum herrschen z. B. tiefgründig verwitterte und nährstoffarme Tropenböden vor. Wird die natürliche Vegetation, der Regenwald, abgeholzt, so laugen die Böden in kürzester Zeit aus und sind kaum mehr bebaubar. Neben den Schwemmlandböden in den Flussniederungen und Küstentiefländern sind im südostasiatischen Raum nur die vulkanischen Böden langfristig landwirtschaftlich nutzbar. Dabei sind diese nicht auf die unmittelbare Umgebung der Vulkane beschränkt, da die nährstoffreiche Asche durch Wasser und Wind auch in weit entfernte Gebiete getragen wird. So verdanken große Teile Javas, Sumatras und der Philippinen ihre fruchtbaren Böden der Düngung durch nährstoffreichen Aschefall.

Drei Eigenschaften der vulkanischen Ablagerungen sorgen dafür, dass diese das ideale Ausgangsmaterial für fruchtbare Böden sind. Zum einen sind Aschepartikel porös und können daher Feuchtigkeit lange speichern und sie nach und nach an die Pflanzen abgeben. Weiterhin enthalten sie eine hohe Konzentration an Spurenelementen, die das Pflanzenwachstum fördern. Die dritte Eigenschaft hängt damit zusammen, dass die vulkanischen Aschepartikel, die sehr schnell abkühlen, wenn sie aus dem Vulkanschlot herausgeschleudert werden, eine glasige Struktur aufweisen. Diese führt in Verbindung mit Wasser und Wärme zur Bildung von Tonmineralen, den Hauptmineralen von Böden.

Tonminerale

Tonminerale entstehen bei der Verwitterung von Gesteinen. Sie haben die Fähigkeit, Pflanzennährstoffe in austauschbarer Form zu speichern und den Pflanzen rasch verfügbar zu machen. Daher sind sie für das Pflanzenwachstum sehr wichtig.

Unterschieden werden: Zweischichttonminerale (z. B. Kaolinit), Dreischichttonminerale (z. B. Illit und Montmorillonit) und Vier-

3 **Der Ausbruch des Mayon am 24. 02. 2000**

⑤ ***Reisterrassen auf vulkanischen Böden***

⑥ **Andosol**

Boden auf vulkanischer Asche:
- gut entwickelte Humusschicht
- hohe Wasserspeicherkapazität bei gleichzeitig hoher Wasserdurchlässigkeit
- hohe Nährstoffverfügbarkeit
- reichlich Reserven an Restmineralen aus dem Ausgangsgestein

→hohes landwirtschaftliches Nutzungspotenzial

⑧ ***Andosol***

schichttonminerale (z. B. Chlorit). Mit der Anzahl an Schichten nimmt ihre Quellfähigkeit und damit die Nährstoffverfügbarkeit im Boden zu.

Nassreisanbau

Der Nassreisanbau hat in Südostasien Tradition. Er ist hinsichtlich seiner Produktivität jeder anderen Anbaumethode zur Erzeugung von Grundnahrungsmitteln in den immer- und wechselfeuchten Tropen überlegen und darüber hinaus bodenschonend. Die Felder werden terrassenartig an Vulkanhängen angelegt, was aufgrund der erosionsstabilen Böden problemlos möglich ist. Seit der Grünen Revolution Ende der 1960er-Jahre werden hauptsächlich Hochertragssorten verwendet, so dass kleine Anbauflächen ausreichen, um große Familien zu ernähren. Dennoch ist der Bevölkerungsdruck groß und führte z. B. in Indonesien zu Agrarkolonisationsversuchen. Da die neuen Siedlungsgebiete jedoch keine vulkanischen Böden aufwiesen und die Bodenqualität nach der Rodung der Regenwälder rasch abnahm, waren die landwirtschaftlichen Erträge äußerst gering.

⑦ **Ferralsol**

vorherrschender Bodentyp der immerfeuchten Tropen:
- dünne Humusauflage
- sehr tiefgründig verwittert
- Hauptbestandteile: Eisen und Aluminium, da leichter lösliche Minerale durch die intensive chemische Verwitterung weitgehend abgebaut sind
- geringer Gehalt an verwitterbaren Restmineralen
- geringe Nährstoffverfügbarkeit

→laugt nach Abholzung des Regenwaldes sehr schnell aus

⑨ ***Ferralsol***

1 *a) Begründen Sie, weshalb sich trotz der Gefahren so viele Menschen in Vulkangebieten ansiedeln.*

b) Belegen Sie dies für den südostasiatischen Raum anhand geeigneter Atlaskarten.

2 *Erläutern Sie die Qualität von vulkanischen Ausgangsgesteinen im Hinblick auf die Bodenfruchtbarkeit.*

Geodynamische Vorgänge im pazifischen Raum

Gebirgsbildung

Erdbeben

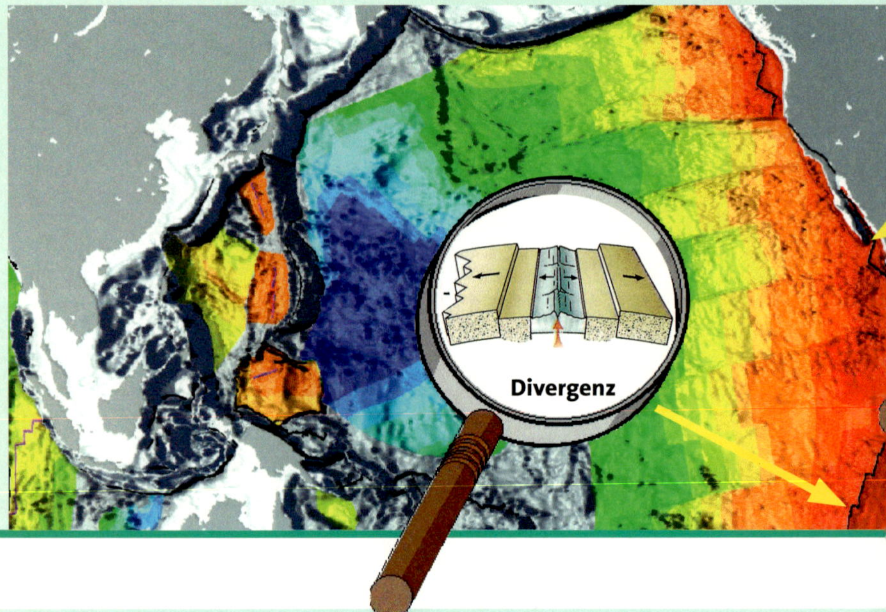

Ursache
Konvektions

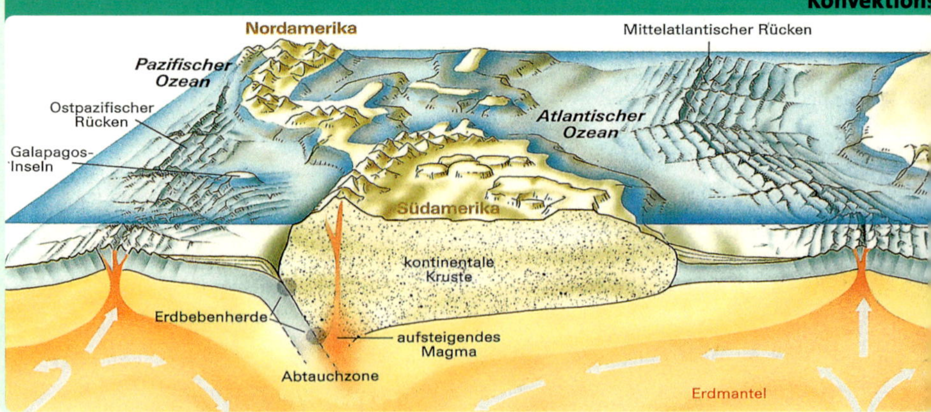

Wichtige Begriffe
Divergenz
Konvergenz
Plattentektonik
Scherung
seafloor spreading
Subduktionszone
Tiefseegraben
zirkumpazifischer Faltengebirgsgürtel

Sichern Sie Ihr Grundwissen

Erklären Sie das Schema und finden Sie Zusammenhänge zwischen Ursachen, Prozessen und Folgen der Plattentektonik.

Tsunami

Vulkanismus

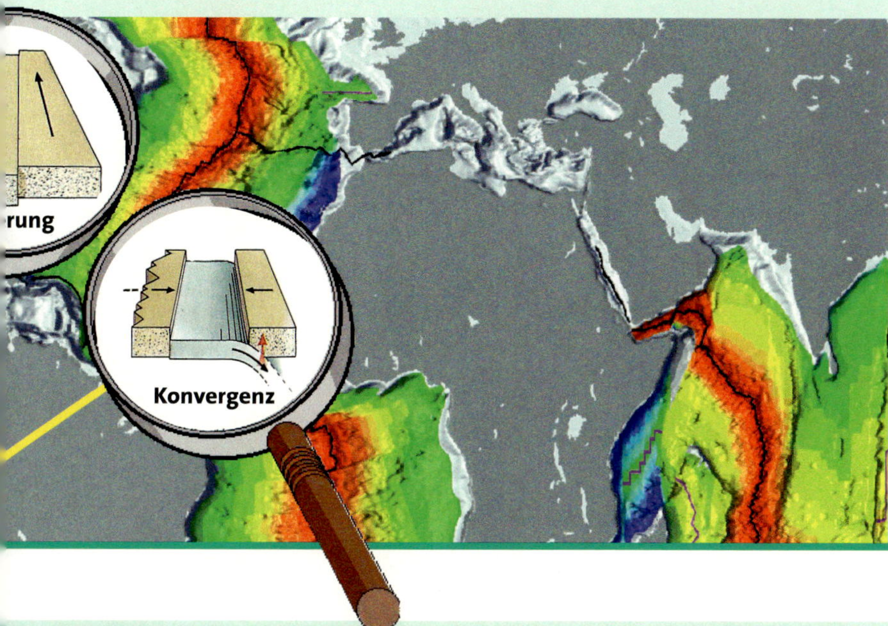

tektonik:
en Erdmantel

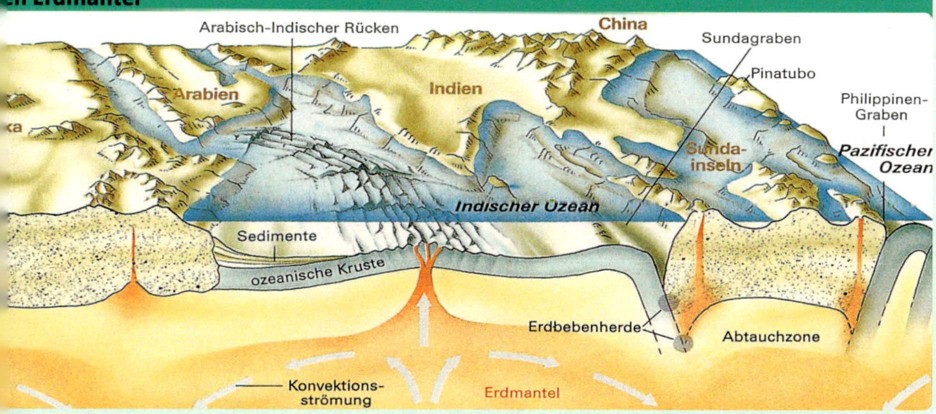

Grundwissen

TERRATraining

Geodynamische Vorgänge im pazifischen Raum

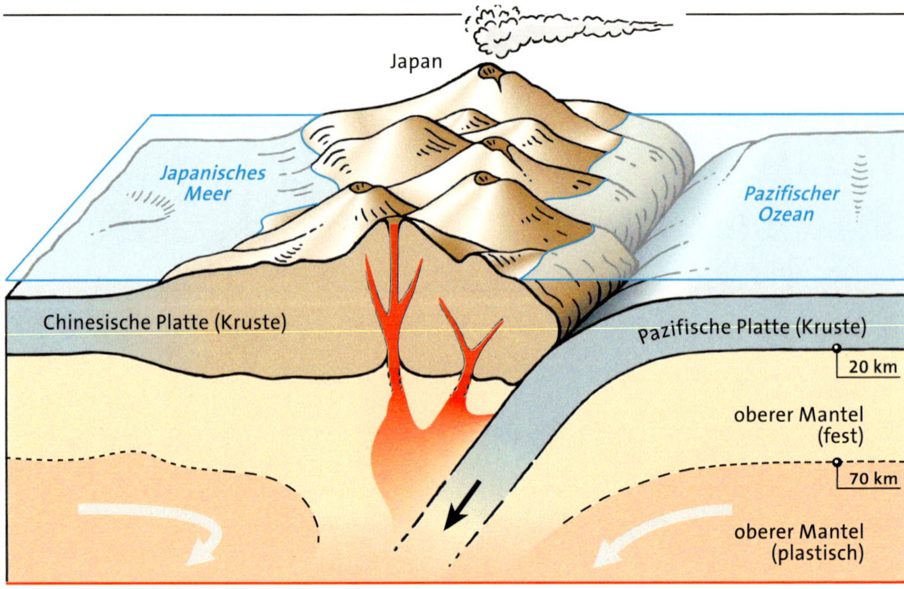

1 Schnitt durch Erdkruste und oberen Erdmantel bei Japan

1 *Japan in Bewegung*

a) Beschreiben Sie die erkennbaren Plattenbewegungen in Grafik 1.

b) Erläutern Sie die Folgen für die Bevölkerung Japans.

2 *Schalenbau der Erde*

Die Grafik 2 zeigt einen vereinfachten Querschnitt der Erde. Ordnen Sie den Ziffern die richtigen Begriffe zu.

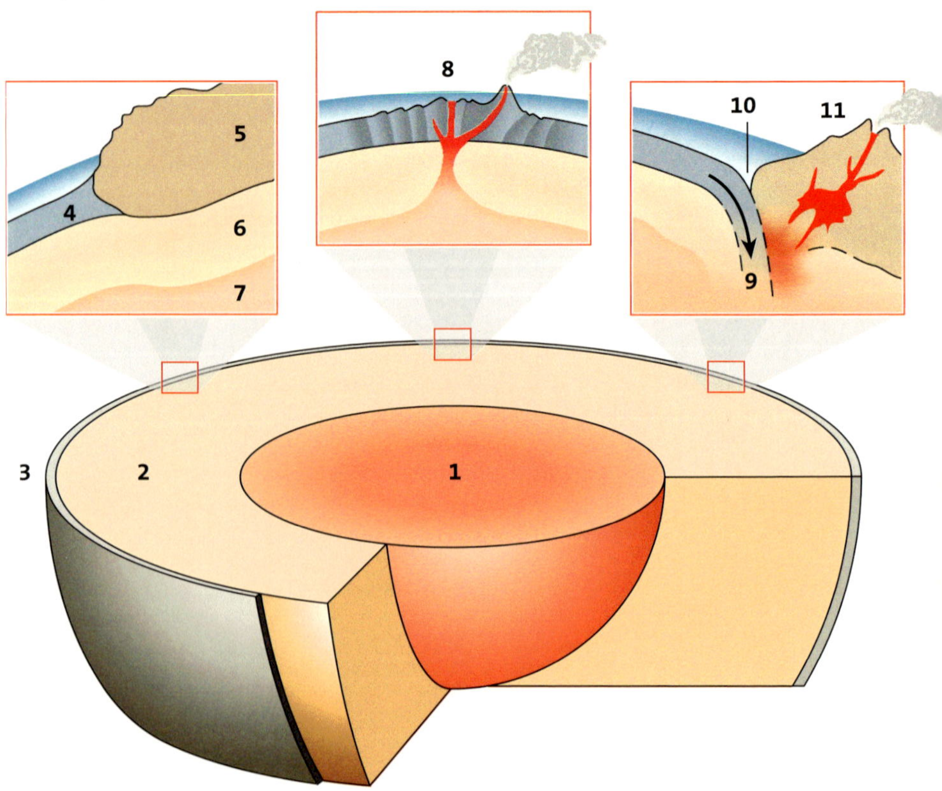

2 Querschnitt durch die Erde

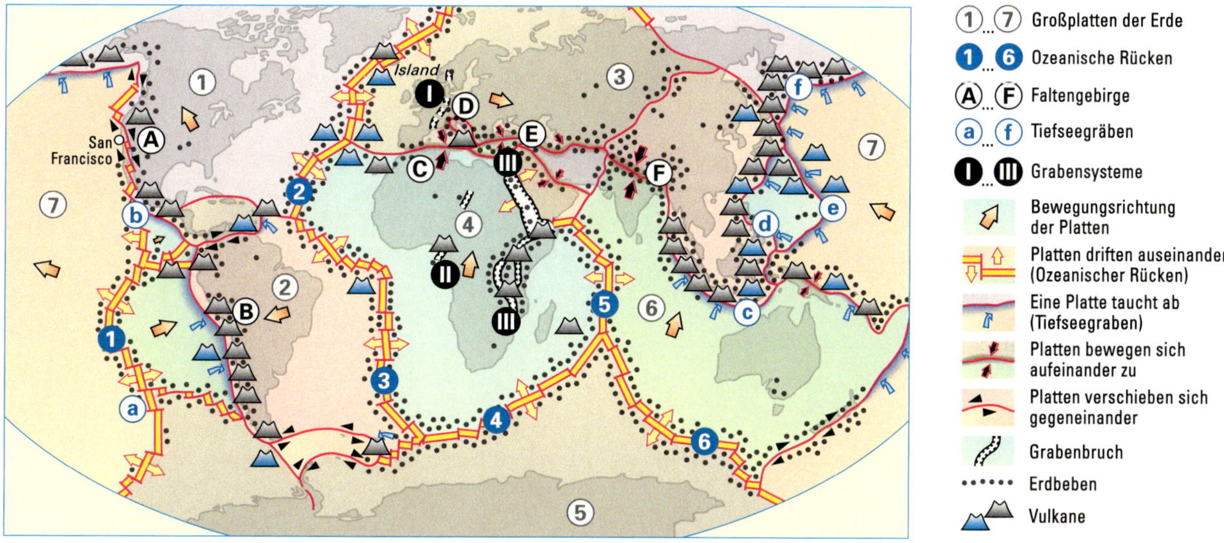

3 Die Erde – ein Riesenpuzzle

Arbeiten Sie mit Karte 3 und dem Atlas.

a) Benennen Sie die sieben Großplatten der Erde.
Welche dieser Platten besteht nur aus ozeanischer Kruste?

b) Benennen Sie die mit 1 bis 6 bezeichneten Ozeanischen Rücken.

c) Benennen Sie die Faltengebirge A–F und die Tiefseegräben a–f.

d) Benennen Sie die kontinentalen Grabensysteme I bis III.

e) Beschreiben Sie die Hauptverbreitungsgebiete von Erdbeben und Vulkanen. Erklären Sie ihre Lage.

4 Die Erde im Wandel

a) Beschreiben Sie anhand der Karten 4, wie sich die Lage der Kontinente in den letzten 150 Millionen Jahren verändert hat.

b) Skizzieren Sie die mögliche Lage der Kontinente in 50 Millionen Jahren.

c) In der Antarktis findet man Fossilien tropischer Flora und Fauna. Erklären Sie dieses Phänomen.

5 Tsunamiwellen

Erklären Sie, wieso Tsunamiwellen, die auf dem offenen Ozean kaum wahrnehmbar sind, an den Küsten jedoch starke Verwüstungen verursachen können.

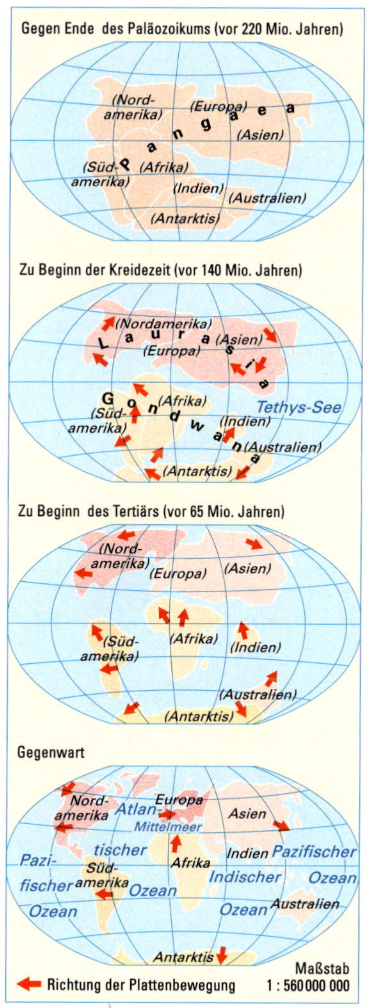

4 Das Bild der Erde im Wandel

ONLINE-Link

Aufgabenlösungen

27960X-0404

Training

Weltwirtschaftsm

Die Vereinigten Staaten von Amerika – Land der unbegrenzten Möglichkeiten?
Innerhalb von wenig mehr als 200 Jahren stiegen die USA von einer britischen Kolonie zur Weltmacht und führenden Industrienation auf. Auch in kultureller und politischer Hinsicht sind die USA weltweit tonangebend. Die Vielfalt des riesigen Raumes zwischen Atlantik und Pazifik, seine Bevölkerung und seine wirtschaftliche Leistungsfähigkeit stehen im Zentrum des folgenden Kapitels.

cht USA

Weltwirtschaftsmacht USA

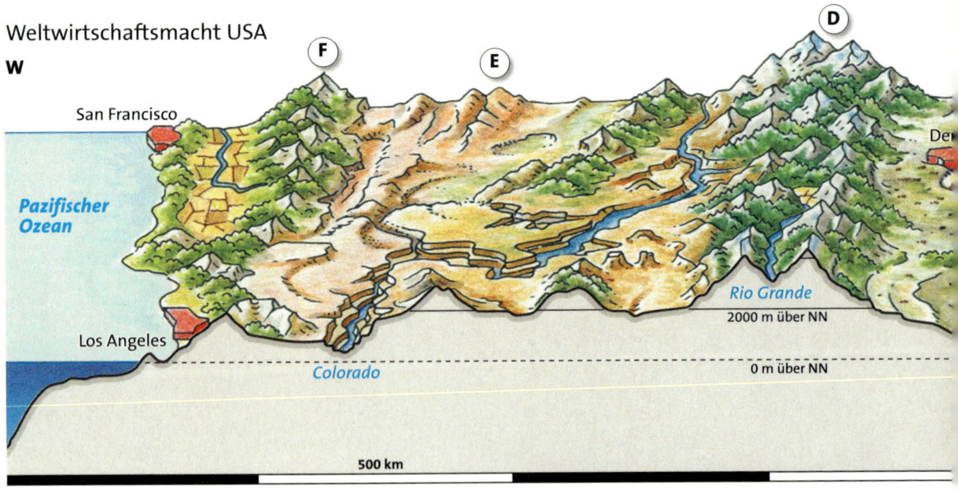

1

Orientierung in den USA

__USA__ (engl. United States of America):
- *Staatsfläche: 9,8 Mio. km²*
- *Ost-West-Erstreckung: etwa 4500 km*
- *Nord-Süd-Erstreckung: etwa 2700 km*
- *etwa 40 % der Fläche Nordamerikas*
- *höchster Berg: Mount McKinley (6193 m)*
- *niedrigster Punkt: Death Valley (-86 m)*
- *50 Bundesstaaten sowie District of Columbia mit Hauptstadt Washington*
- *rund 300 Mio. Einwohner*

Die Vereinigten Staaten von Amerika sind das drittgrößte Land der Erde. Deutschland würde über 25-mal in sie hineinpassen. Das Land erstreckt sich quer über den nordamerikanischen Kontinent vom Atlantik zum Pazifik.

Vom Osten her erfolgte auch die Besiedlung des Landes durch die europäischen Einwanderer, die hier 1620 die erste Kolonie gründeten. Mitte des 18. Jahrhunderts hatten sich entlang der Atlantikküste dreizehn Kolonien herausgebildet, deren westliche Grenze die Appalachen waren. Mit ihrer Unabhängigkeitserklärung 1776 begründeten sie die Vereinigten Staaten.

Doch bald schon richteten sich die Blicke der Neusiedler auf das Gebiet jenseits der Appalachen und die Frontier, das Grenzland zwischen europäischer Zivilisation und unbekannter Wildnis, wurde weiter westwärts verschoben. Nachdem die Appalachen in der zweiten Hälfte des 18. Jahrhunderts überwunden waren, stellte lange Zeit der Mississippi die Westgrenze des erschlossenen Gebietes dar. Doch die Pioniere durchquerten auch die weiten, trockenen Prärien der Inneren Ebenen, drängten die Indianer zurück und stießen auf ein letztes großes Hindernis vor dem Pazifik: die Kordilleren. Mitte des 19. Jahrhunderts schließlich erreichten die ersten Siedler die Pazifikküste.

2 ***Monument Valley in Arizona***

3 ***Neuengland***

4 ***Yosemite Nationalpark in Kalifornien***

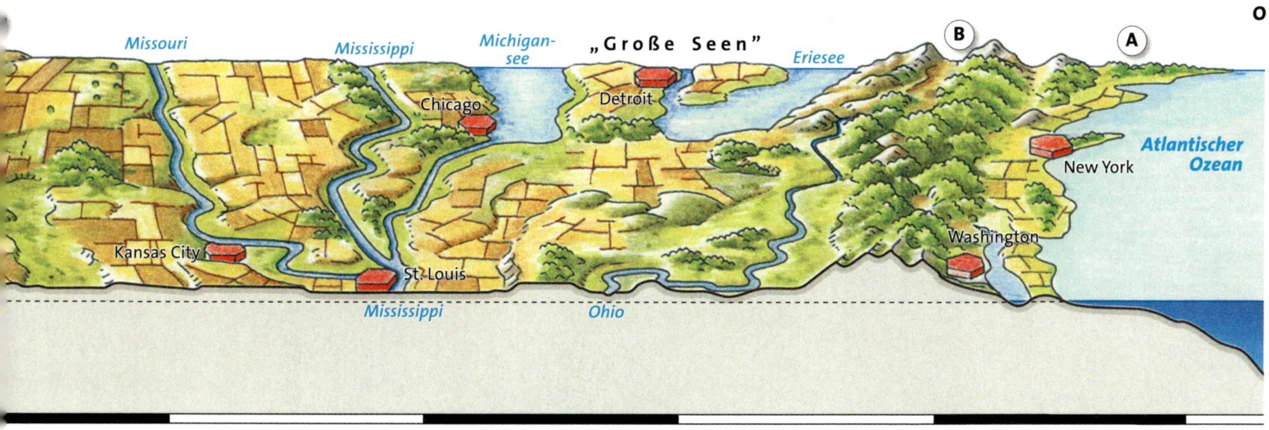

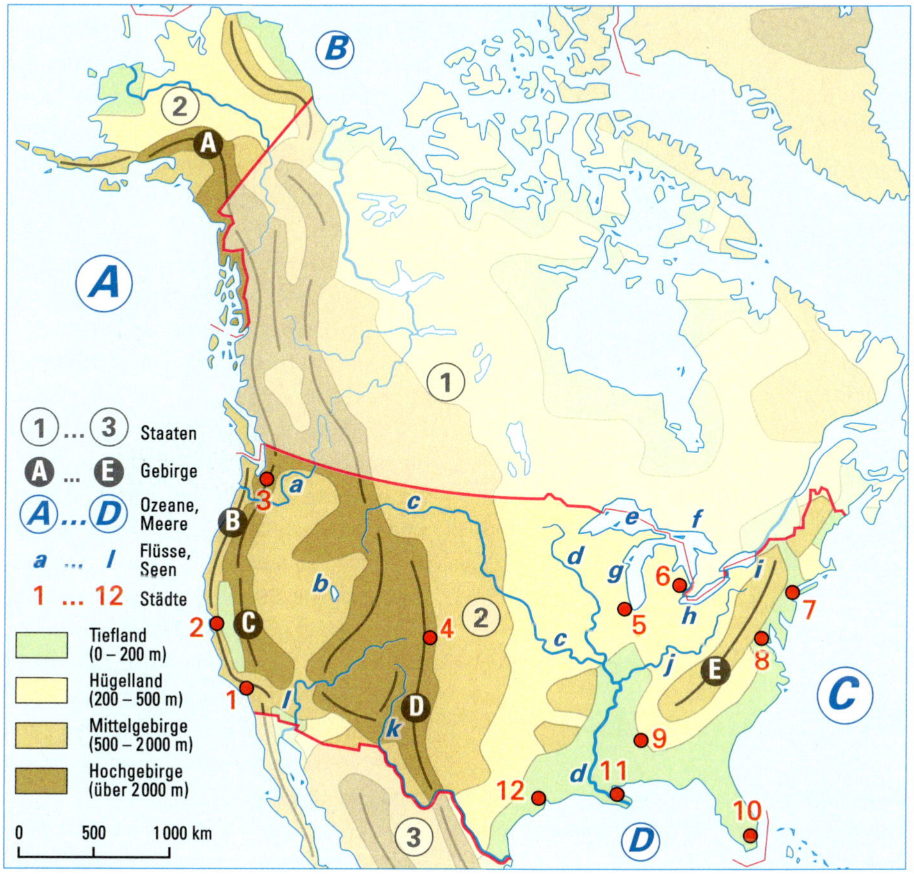

5 **Lernkarte USA**

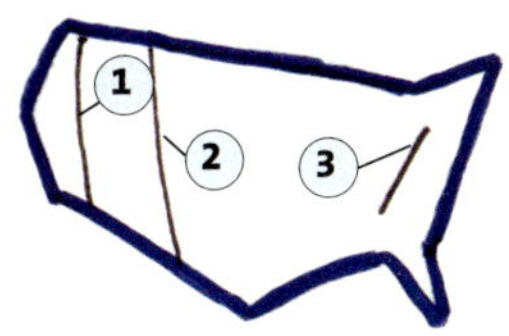

6

1 Arbeiten Sie mit dem Profil 1, der Lernkarte 5 und dem Atlas.

a) Benennen Sie die mit Buchstaben und Zahlen gekennzeichneten topographischen Objekte.

b) Bestimmen Sie die Lage des Profils im Gradnetz und benennen Sie die Landschaftseinheiten, die im Profil abgebildet sind.

2 Ordnen Sie die auf den Fotos abgebildeten Landschaften von Ost nach West.

3 Übertragen Sie die Faustskizze 6 in Ihr Heft. Benennen Sie die einzelnen Gebirge.

4 Erläutern Sie die Bedeutung der Frontier für die Erschließung des nordamerikanischen Kontinents.

1 **Die Großlandschaften Nordamerikas**

2 ***In den Appalachen***

meridional
den Längenkreisen folgend, d. h. in Nord-Süd-Richtung verlaufend

zonal
den Klimazonen folgend, d. h. in Ost-West-Richtung verlaufend

Schild
Bezeichnung für Festlandskerne aus sehr alten Gesteinen, die seit ihrer Entstehung nahezu unverändert lagern.

Großlandschaften Nordamerikas

Die Appalachen

Dieses Gebirge im Osten hebt sich klar von den umgebenden Tieflandsbereichen ab. Es verläuft **meridional** in mehreren Gebirgsketten. Dazwischen liegen Plateaus, ausgedehnte Hochflächen mit geringen Höhenunterschieden. Sie sind durch die tief eingeschnittenen Flusstäler stark gegliedert. Die Appalachen lassen sich daher als ein typisches Mittelgebirge einordnen. Die Gesteine im Untergrund sind zum Teil 300 Millionen Jahre alt. Aus dieser Zeit stammt auch die Steinkohle, die dort abgebaut wird. Laubmischwälder mit Buchen, Birken und Fichten prägen das Landschaftsbild. Auf den Höhen der Gebirgszüge wachsen ausgedehnte Nadelwälder.

Die Appalachen bilden eine natürliche Wasserscheide: die Flüsse entwässern nach Westen in den Ohio oder Tennessee beziehungsweise in Richtung Osten zur atlantischen Küstenebene.

Die Nordamerikanischen Kordilleren

Der gesamte Westteil wird durch die Nordamerikanischen Kordilleren geprägt, die sich in den Anden Südamerikas fortsetzen. Unterschiedliche Gesteine und die Gewässer haben vielfältige, eindrucksvolle Landschaften gebildet. Hier befinden sich daher auch die meisten Nationalparks der USA, wie Yellowstone, Bryce Canyon, Grand Canyon und das 86 Meter unter dem Meeresspiegel liegende Death Valley.

Das wie die Appalachen meridional verlaufende Gebirgssystem ist in drei parallele Gebirgszüge gegliedert: die Küstengebirge, die Sierra Nevada und die Rocky Mountains. Im Norden treten bis zur Waldgrenze Nadelwälder mit Zedern, Weißfichten, Blautannen und Lärchen auf.

Zwischen den Gebirgen liegen weiträumige Becken und Plateaus. Dort haben sich Steppen, Wüsten und Halbwüsten ausgebreitet. Oft wachsen hier nur noch Kakteen und salztolerante Pflanzen.

3 ***Kanadischer Schild: Ellesmere Island***

4 ***Grand Canyon National Park***

5

Kanadischer Schild

Dieser geologisch älteste Teil Nordamerikas wurde während der Kaltzeiten vom Inlandeis überformt. Im flachwelligen Relief finden sich zahlreiche Hügelketten und ausgeschürfte Rinnen, die sich nach dem Abtauen des Eises mit Schmelzwasser füllten. Daher prägen viele Seen, Flüsse und Sümpfe diese 300 bis 600 Meter hoch gelegene Landschaft.

Die Großen Seen sind natürliche Stauseen. Den Höhenunterschied zwischen Erie- und Ontariosee überwindet der Fluss Niagara in Form der gewaltigen Niagarafälle. Die Verbindung zum Atlantik bildet der St.-Lorenz-Strom. Zahlreiche Flüsse folgen dem Reliefgefälle zur Hudsonbucht oder fließen wie der Mackenzie am Rande des Kanadischen Schildes zum Nordpolarmeer. Im Norden ist der Raum von Tundrenvegetation und im südlichen Teil von Nadelwäldern bedeckt.

Die Inneren Ebenen

Die weiträumige Landschaft zwischen den großen Gebirgszügen gliedert sich in die Great Plains im westlichen Teil und in das durch das Mississippi-Missouri-Flusssystem geprägte Zentrale Tiefland im Osten.

Die ursprüngliche Vegetationsform in den Great Plains sind die Steppen als unendlich erscheinende Grasfluren. Sie erstrecken sich von etwa 95° w. L. bis an den Ostrand der Rocky Mountains. Das flachwellige Relief steigt in Richtung Westen von rund 500 Meter bis auf 1 500 Meter allmählich an.

Der gesamte Bereich des Zentralen Tieflands wird durch den Mississippi (in der Sprache der Chippewa-Indianer: „Großer Fluss") mit seinen zahlreichen Nebenflüssen entwässert. Sein Einzugsgebiet umfasst mit 3,3 Mio. km² etwa das Elffache der Fläche Deutschlands. In weiten Schlingen durchzieht er die von ihm geschaffene Aufschüttungsebene.

Heute werden die Inneren Ebenen landwirtschaftlich intensiv genutzt.

Küstenebenen

Die geologisch jüngste Großlandschaft Nordamerikas sind die Küstenebenen. Ausgehend von der Mündung des Hudson River in New York verbreitert sich die atlantische Küstenebene nach Süden bis zur Halbinsel Florida auf rund 400 Kilometer. Unmerklich geht sie im Nordwesten Floridas in die Küstenebene am Golf von Mexiko über. Hier mündet der Mississippi in einem weit verzweigten Delta ins Meer.

Große Teile dieser Golfküstenebene sind von mächtigen Flussaufschüttungen bedeckt. Der Wasserspiegel dieser Flüsse liegt oft höher als das umgebende Land, so dass Deiche vor Überschwemmungen Schutz bieten müssen.

1 *Arbeiten Sie mit dem Profil auf Seite 96/97. Ordnen Sie den Buchstaben A–F die richtigen Landschaftsbezeichnungen zu.*

2 *Benennen Sie die Gründe, die dazu führten, dass sich die Atlantische Küstenebene zu einem großen Verdichtungsraum entwickelte.*

3 *Erstellen Sie ein Kausalprofil durch die USA von San Francisco nach New York unter Zuhilfenahme einer geeigneten Atlaskarte.*

→ *Ein Kausalprofil erstellen, siehe Seite 134/135*

Nationalparks

Bereits im Jahr 1872 wurde der Yellowstone Nationalpark als erster Nationalpark der Welt eröffnet. Ursprünglich stand nicht der Naturschutz im Vordergrund, sondern die Idee, naturbelassene Parks zur Erholung und zum Vergnügen der Bevölkerung zu schaffen. Heute gibt es 58 offizielle Nationalparks, die sich großer Beliebtheit bei Touristen erfreuen.

ONLINE-Link

Surftipp
27960X-0501

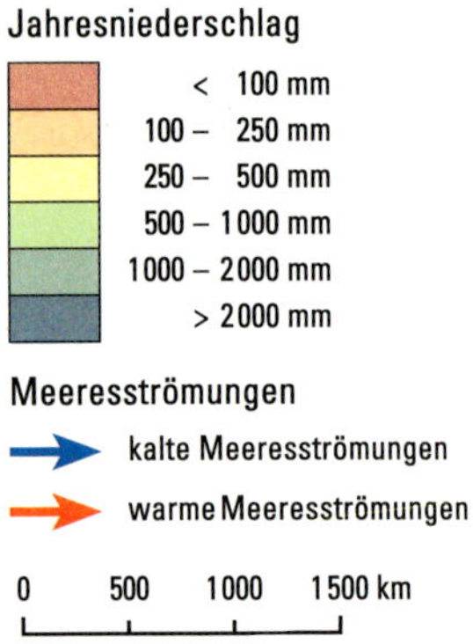

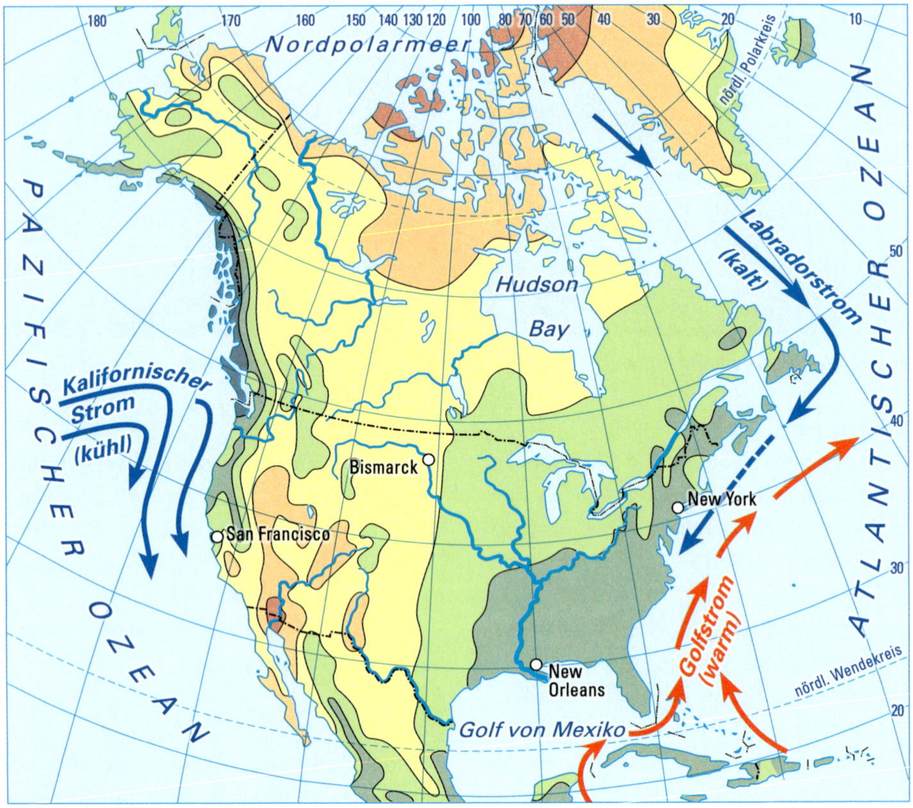

❶ ***Niederschlagskarte Nordamerikas***

Das Klima Nordamerikas

Trockengrenze
Die agronomische Trockengrenze trennt die humiden Ackerbaugebiete von den ariden, also nur durch Bewässerung für den Ackerbau nutzbaren Gebieten.

Nordamerika hat Anteil an fast allen Klimazonen der Erde. Es reicht von der Kalten Zone im Norden bis an den Rand der Tropen in Florida. Die Größen- und Reliefverhältnisse sowie der Einfluss angrenzender Meeresströmungen führen jedoch zu zahlreichen Abweichungen in der zonalen Anordnung der Klimate.

Weite Teile der Vereinigten Staaten liegen in der Westwindzone. Die meridional verlaufenden Kordilleren im Westen erschweren das Vordringen der feuchtgemäßigten Westwinde ins Landesinnere. Die Folge sind reichliche Steigungsregen auf der Luvseite der pazifischen Küstengebirge. Dagegen erhalten die jeweils im Regenschatten (Leeseite) liegenden Hochländer zwischen Sierra Nevada und Rocky Mountains sowie den westlichen Inneren Ebenen äußerst geringe Niederschläge. Der 98. Längengrad wird daher auch als **Trockengrenze** bezeichnet.

Die Ostküste und der Küstenbereich am Golf von Mexiko weisen insbesondere im Sommer deutlich höhere Niederschläge auf. Milde und feuchte atlantische Luftmassen aus Südosten prägen das gemäßigte und das subtropische Ostseitenklima.

Der kalte Labradorstrom an der Atlantikküste beeinflusst das Klima an der nördlichen Ostküste. So gelangen im Winter mitunter grönländisches Treibeis oder sogar Eisberge bis vor Boston.

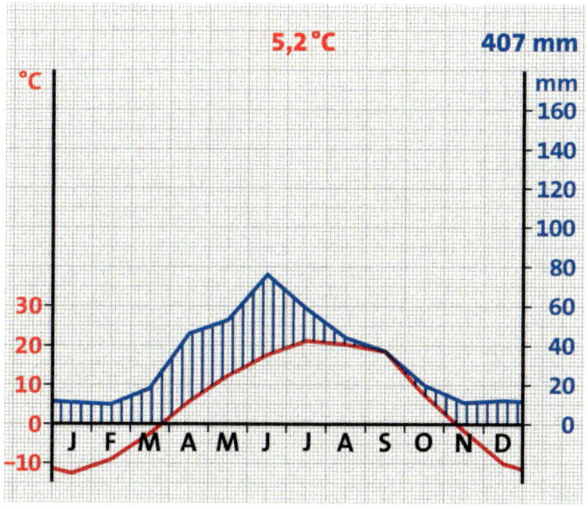

2

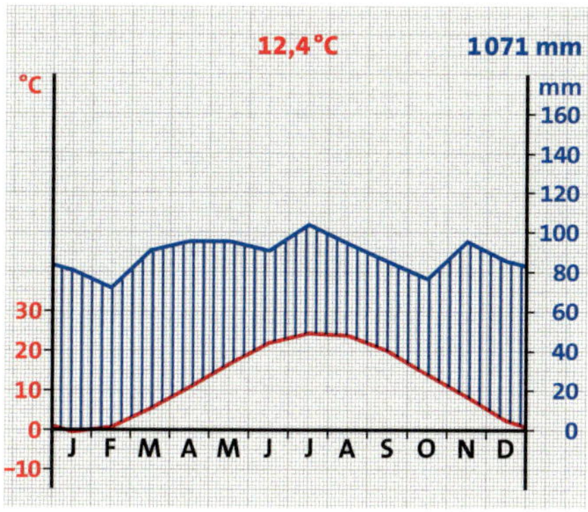

3

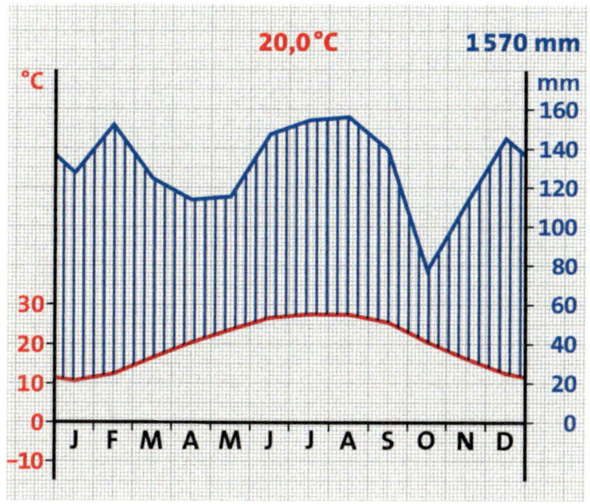

4

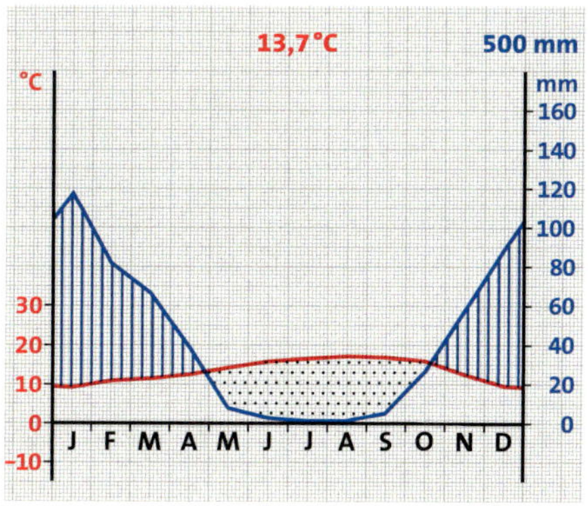

5

6 ***Eisschicht über Blüten nach einem Kälteeinbruch in Florida***

An der südlichen Pazifikküste in Kalifornien herrscht hingegen winterfeuchtes Westseitenklima, das dem Mittelmeerklima ähnelt. Während es dort von Oktober bis April zum Teil heftige Regenfälle gibt, ist der Rest des Jahres extrem sonnig und trocken.

Infolge der meridionalen Ausrichtung der Nordamerikanischen Kordilleren sowie der Appalachen und des Fehlens von west-östlichen Gebirgszügen kommt es innerhalb der weit ausgedehnten Inneren Ebenen zum Austausch von kalten polaren und heißen tropischen Luftmassen. Insbesondere im Winter dringt polare Luft (Northers) weit nach Süden, oft bis zum Golf von Mexiko vor. Im Sommer dagegen stoßen häufig feuchtheiße Luftmassen (Southers) aus dem Golf von Mexiko bis weit in den Norden vor. Auf ihrem Weg werden sie immer trockener. Die Menschen an der Ostküste und in Kanada stöhnen dann oft über die wochenlang anhaltende tropische Hitze.

1 *Ordnen Sie die Klimadiagramme 2–5 den Orten New Orleans, San Francisco, New York und Bismarck zu. Begründen Sie Ihre Entscheidung.*

2 *Beschreiben Sie mithilfe von Karte 1 und geeigneten Atlaskarten die Auswirkungen des Reliefs auf die Niederschlagsverteilung in Nordamerika.*

3 *Erklären Sie, warum es in weiten Teilen der USA immer wieder wechselweise zu unerträglichen Hitzewellen oder großen Kälteeinbrüchen kommt.*

4 *Im Anhang des Buches finden Sie Klimadaten. Zeichnen Sie zur Station Phoenix (Arizona) ein Klimadiagramm und erklären Sie den Niederschlags- sowie den Temperaturverlauf.*

5 *Vergleichen Sie die klimatischen Verhältnisse der auf dem gleichen Breitengrad liegenden Städte New York und Rom. Erklären Sie die Unterschiede.*

Kaum zu glauben

Die Stadt Yuma in Arizona gilt als der sonnigste Ort der Welt. Von 4456 möglichen Stunden Sonnenschein pro Jahr erhält sie durchschnittlich 4050 Stunden, also mehr als 90 %. Mit gerade mal 81 mm Niederschlag ist es auch einer der trockensten Orte der USA.

→ *Klimastationen, siehe Seite 184/185*

1 **Hurrikan Katrina am 28.08.2005**

3 **New Orleans: Überflutungen nach dem Hurrikan Katrina**

2 **Tornadorüssel**

***Tropische Wirbelstürme** werden regional unterschiedlich bezeichnet:*

- *in den USA als Hurrikan*
- *in Südostasien als Taifun*
- *in Indien als Zyklon*
- *in Australien als Willy-Willy*

Naturgefahren in Nordamerika

Im August 2005 wütete der bisher folgenschwerste Sturm in der Geschichte der USA an der Golfküste, der **Hurrikan** „Katrina". Er zog von den Bahamas über Florida in den Golf von Mexiko, wo er Rotationsgeschwindigkeiten bis zu 280 km/h erreichte. „Katrina" verwüstete durch Wind und Sturmfluten Teile von Mississippi, Alabama und Louisiana. Am schlimmsten betroffen war die Millionenmetropole New Orleans, wo trotz einer Zwangsevakuierung über 1000 Menschen starben. Etwa 80 % der Stadtfläche wurden überflutet, als durch die Flutwelle des Hurrikans die Dämme brachen.

Hurrikans entstehen vorwiegend zwischen August und Oktober über tropischen Meeresflächen. Das über 27 °C warme Wasser heizt die darüber liegenden Luftmassen auf. Wenn sie aufsteigen und sich abkühlen, werden große Energiemengen frei, die für die Bewegung des Wirbelsturmes verantwortlich sind. Ein Hurrikan kann mehrere hundert Kilometer breit werden und über Tage hinweg wüten.

Vorwiegend zwischen März und September kann es über Nordamerika zur Ausbildung von **Tornados** kommen. Mit einer Rotationsgeschwindigkeit von bis zu 450 km/h ziehen sie über den Süden und den Mittleren Westen hinweg und hinterlassen, trotz einer Lebensdauer von oft nur wenigen Minuten, eine Schneise der Verwüstung. Sie können immer dann entstehen, wenn große Luftmassen unterschiedlicher Temperatur und Luftfeuchtigkeit aufeinander treffen.

An der nördlichen und mittleren Ostküste legen Schneestürme, so genannte **Blizzards**, immer wieder das öffentliche Leben lahm. Sie bringen bei Windgeschwindigkeiten von mehr als 50 km/h gewaltige Schneemassen mit. Die Temperaturen können dann schnell auf unter minus 10 °C absinken und zu großen Schäden in der Landwirtschaft führen.

Am 18. Februar 2003 meldeten Nachrichtenagenturen, dass binnen weniger Stunden in Washington ein halber Meter Schnee fiel. Hier und in den Staaten Maryland, Pennsylvania und Virginia musste der Notstand

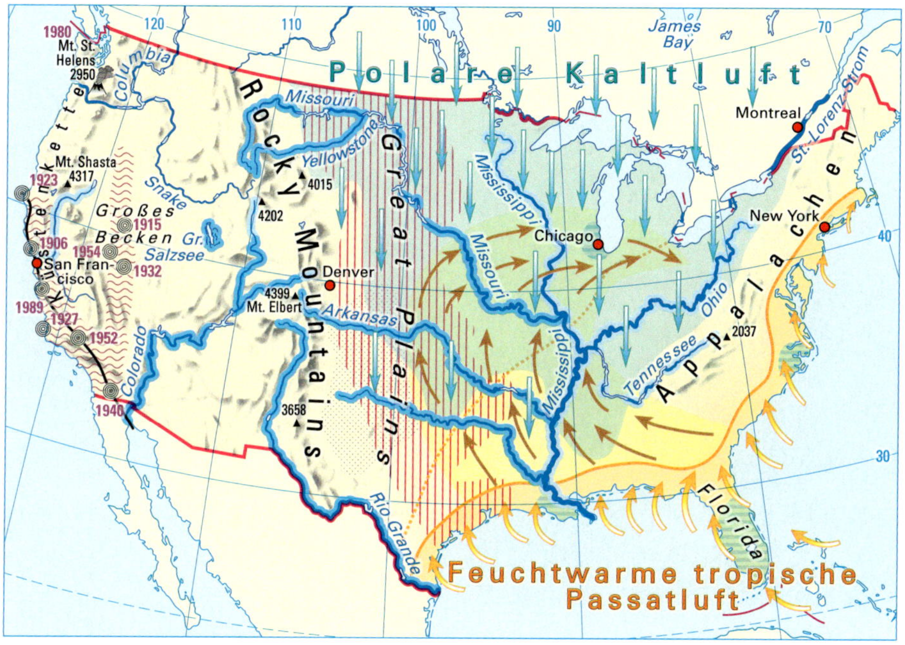

④ ***Naturgefahren in den USA***

ausgerufen werden. Bei diesem schwersten Schneesturm seit über 150 Jahren kamen mindestens zwölf Menschen bei Verkehrsunfällen ums Leben, Tausende saßen ohne Stromversorgung in ihren Häusern fest, mehrere Flughäfen und Eisenbahnlinien mussten gesperrt werden.

An der Westküste der USA kommt es aufgrund des Aufeinandertreffens der pazifischen und der nordamerikanischen Platte zu tektonischer Aktivität: diese Plattengrenze ist stellenweise konvergent, während sie im südlichen Teil als Transformstörung auftritt. Letztere führt entlang der San-Andreas-Verwerfung in Kalifornien immer wieder zu heftigen Erdbeben. Im Jahr 1989 bewirkte ein Erdbeben in San Francisco den Einsturz von Hochstraßen und Straßenbrücken und kostete zahlreichen Menschen das Leben.

Der Nordwesten wurde wiederholt von Vulkanausbrüchen heimgesucht, wie jener am Mount St. Helens am 18. Mai 1980. Dabei rutschte der gesamte nördliche Berggipfel von 2 950 Meter auf 2 549 Meter Höhe ab. Das Gebiet um den Vulkan wurde vollkommen verwüstet und 57 Menschen starben. Asche und Gaswolken wurden bis zu 18 Kilometer hoch in die Stratosphäre geschleudert. Der Aschenauswurf dauerte neun Stunden und umrundete die Erde in zwei Wochen.

1 *Erstellen Sie eine Liste aller Naturrisiken in den USA und gliedern Sie diese logisch. Ergänzen Sie jeweils, wo und zu welcher Jahreszeit diese am häufigsten auftreten.*

2 *Beschreiben Sie die Auswirkungen von Naturrisiken auf die Wirtschaft der USA.*

3 *Stellen Sie die Ursachen und Merkmale von Blizzards, Tornados und Hurrikans in einer Tabelle gegenüber.*

4 *Führen Sie Gründe an, warum sich Menschen entscheiden, in von Naturrisiken betroffenen Gebieten zu leben.*

⑤ ***Versetzte Flussbetten an der San-Andreas-Verwerfung***

ONLINE-Link
Surftipp
27960X-0502

→ *Plattentektonik, siehe Seite 80/81*

1 **Familienfarm im Mittleren Westen**

3 **Entwicklung der Landwirtschaft in den USA**

	1930	2002
landwirtschaftliche Betriebe	6,5 Mio.	2,1 Mio.
Erwerbstätige in der Landwirtschaft	11 Mio.	2,9 Mio.
Ackerfläche	140 Mio. ha	176 Mio. ha
durchschnittliche Betriebsgröße	57 ha	179 ha
Mechanisierung Beispiel: Anzahl Traktoren	1,1 Mio.	4,8 Mio.
Verbrauch an Mineraldünger	15 kg/ha	110 kg/ha
landw. Produktion Beispiel: Getreide	140 Mio. t	300 Mio. t
Hektarerträge Beispiel: Mais	15,7 dt/ha	82 dt/ha

2 ***Betriebsdaten der Farm der Secrists***

- *Ackerbaubetrieb mit Fleischerzeugung*
- *Arbeitskräfte: Mr. und Mrs. Secrist mit den Söhnen Kenny und Jason, 3 zusätzliche Arbeiter*
- *Fläche: 650 ha, davon 250 ha Maisanbau (bewässert), 180 ha Hirseanbau, 130 ha Weizenanbau (bewässert), 90 ha Brache, stillgelegte Flächen, Grasland*
- *Maschinen: 7 Kreisberegnungsanlagen, 2 Futterautomaten, 7 Traktoren*
- *Jährliche Ausgaben:*
  41 000 $ für Düngemittel,
  9 000 $ für Saatgut,
  12 000 $ Energiekosten (besonders für die Wasserpumpen und Beregnungsanlagen),
  7 000 $ für den Zukauf von Futtermitteln

Get big or get out!

Etwas Eintönigeres als die Region um Oklahoma City im Herzen der USA kann man sich kaum vorstellen: Das Land ist fast tischeben, Straßen und Wege teilen es seit der Landvermessung von 1785 in riesige Quadrate. So weit das Auge reicht, dehnen sich Mais- und Sojafelder aus. Dazwischen liegen dunkelgrüne Weiden. Unterbrochen wird diese regelhafte Anordnung nur durch Gehöfte mit Scheunen, Silos aus Aluminium, in denen sich die Sonne spiegelt, große Hallen und Ställe. Selbst die Straßen folgen den rechteckigen Grundrissen der Landvermesser. Ab und zu trifft man auf eine Kleinstadt mit schachbrettförmigem Grundriss. Hier, südlich von Oklahoma City im Mittleren Westen der USA, bewirtschaftet Robert Secrist mit seiner Familie eine große Farm.

Von der Familien- zur Großfarm

Die Farm der Secrists besteht seit 1913. Ursprünglich war sie mit etwa 127 Hektar Größe eine typische Familienfarm. Bis etwa 1980 konnten die Erträge für Mais und Soja die Familie gut ernähren. Doch dann verfielen die Preise für Getreide, weil zu viel produziert wurde. In der Landwirtschaft der USA entstand durch diese Überproduktion eine Krise, in deren Folge es zu einem gewaltigen **Farmensterben** kam.

Auch Robert hätte die Familie nicht ernähren können, wenn er die Farm in der ursprünglichen Größe beibehalten hätte. Um effektiver wirtschaften zu können, kaufte er einen benachbarten Betrieb dazu und ging damit ein großes Risiko ein. Die Rettung kam durch ein Unternehmen, das in der Nähe eine große Schlachterei baute und mit den Secrists einen Vertrag über die Lieferung schlachtreifer Tiere abschloss. „Die Ställe für die Schweine kosteten uns über 300 000 Dollar. Hinzu kamen die Kosten für das Land, das wir dazukaufen mussten. Das Schlachtunternehmen hat uns Geld geliehen, sonst hätten wir das gar nicht bezahlen können."

Die Secrists kaufen die Ferkel und mästen sie mit dem extra dafür angebauten Mais. Sie sind ein typischer **Veredelungsbetrieb** geworden. 3,2 Kilogramm Mais ergeben etwa 1 Kilogramm Schweinefleisch. Schon mit

4 **Feedlot**

sechs Monaten werden die dann schlachtreifen Tiere an das Unternehmen verkauft. Da die Kilopreise für Schweinefleisch sanken, müssen die Secrists immer mehr Tiere mästen, um das Einkommen zu sichern.
Wie die Secrists hatten viele Farmer in den USA nur eine Wahl: den Betrieb vergrößern oder aufgeben. So wurden aus früheren Familienfarmen mit der Zeit Großfarmen. Sie sind oft Zulieferbetriebe für Großabnehmer wie das Schlachtunternehmen, das den Secrists ihre Schweine abkauft. Groß ist dann aber auch der Verdienst. „Im Moment können wir von unserer Farm gut leben", sagt Robert Secrist und lacht. „Aber es war ein sehr harter Weg bis hierher. Und Schulden haben wir immer noch."

Agrobusiness

Heute dominieren agroindustrielle Unternehmen mit einem Umsatz von mehr als einer Million Dollar den Markt. 26 000 Unternehmen dieser Art oder 1,4 % aller landwirtschaftlichen Betriebe produzieren die Hälfte aller Agrarprodukte. Konzerne wie Boeing, Goodyear, Coca Cola oder Großbanken sind Eigentümer solcher Fabrikfarmen. Doch die industrielle Landwirtschaft fordert ihren Preis: durch den hohen Wasserverbrauch dieser Großbetriebe in den Trockengebieten kommt es zur Absenkung des Grundwasserspiegels. Aus dem gleichen Grund nimmt auch die Bodenerosion zu. Umweltschutzgruppen fordern deshalb nachhaltige Nutzungskonzepte und eine Aufgabe der Überschussproduktion.

1 *Erläutern Sie mithilfe der Tabelle 3 die strukturellen Veränderungen in der US-Landwirtschaft.*
2 *Erklären Sie den Ausdruck: „Get big or get out!"*
3 *Erläutern Sie die Gründe für das Sterben der Familienfarmen.*
4 *Stellen Sie Vor- und Nachteile der industriell betriebenen Landwirtschaft gegenüber.*

5 ***Betriebsdaten des Rindfleischproduzenten Montfort of Colorado***

- *Anzahl der Feedlots: 3*
- *Fläche pro Feedlot: je 1,3 km²*
- *Investitionsvolumen: 800 Mio. $*
- *Jährliche Mästung: 500 000 Rinder*
- *Gleichzeitige Mästung: 85 000 Rinder*
- *Mästungsdauer: 3 bis 4 Monate*
- *Gewicht der Jungrinder vor dem Feedlot: 300 kg*
- *Zunahme an Gewicht pro Tier im Feedlot: 180 kg*
- *Futter: Heu, Mais, Getreide, Sojabohnen, Zuckerrübenreste, Baumwollsamenmehl, Mineralien und Abfallprodukte der Lebensmittelindustrie*

Feedlot

Großer, hochtechnisierter Viehmastbetrieb mit Freistall

Thematische Karten auswerten

Wie ist die US-Landwirtschaft strukturiert? Wie verteilen sich die Betriebsgrößen? Wo herrscht welcher Betriebszweig vor? Ändern sich die Produktionsschwerpunkte im Zeitverlauf? Sicherlich alles interessante Fragestellungen, zu deren Lösung thematische Karten Auskunft geben können.

Thematische Karten auswerten

1. Schritt: Orientieren

- *Erfassen Sie das Thema der Karte.*
- *Ordnen Sie den dargestellten Raumausschnitt in eine größere Einheit ein.*
- *Lesen Sie die Legende und ermitteln Sie, was welche Farben oder Signaturen darstellen.*

2. Schritt: Beschreiben

- *Beschreiben Sie in Sätzen, was die Karte darstellt. Achten Sie auf die räumliche Verteilung und Häufigkeit der Signaturen oder darauf, ob Entwicklungsprozesse ablesbar sind. Wo befindet sich was? In welcher Verteilung oder Häufigkeit ist es dort?*
- *Prüfen Sie, inwieweit einzelne Erscheinungen in bestimmten Teilräumen konzentriert sind oder dort fehlen. Oft lässt sich der Kartenausschnitt dann in bestimmte Raumtypen gliedern. Beachten Sie, dass zuerst einzelne Raumausschnitte beschrieben werden können.*

3. Schritt: Erklären

Finden Sie Ursachen für die in der Karte dargestellten Erscheinungen und deren räumliche Verteilung. In der Regel müssen Sie dazu Ihr Vorwissen anwenden oder Informationen aus anderen Quellen entnehmen.

4. Schritt: Bewerten

Bewerten Sie Informationsgehalt und Aussagewert der Karte. Achten Sie auf angegebene Datenquellen, die Aktualität, die verwendeten Farben, Symbole und Signaturen.
Überprüfen Sie Ihr eigenes Vorgehen. War die Auswertung systematisch angelegt und die Beschreibung ausführlich?

Jede Karte stellt ein bestimmtes Thema raumbezogen dar. Manche Karten enthalten nur Informationen zu einem Thema, z. B. der Bodenfruchtbarkeit, andere dagegen stellen mehrere statistische Inhalte oder auch Entwicklungen in komplexer Form dar. Solche Karten lesen und erklären zu können, gehört zu den wichtigsten geographischen Fertigkeiten.

❶ ***Betriebsgröße der US-Landwirtschaftsbetriebe***

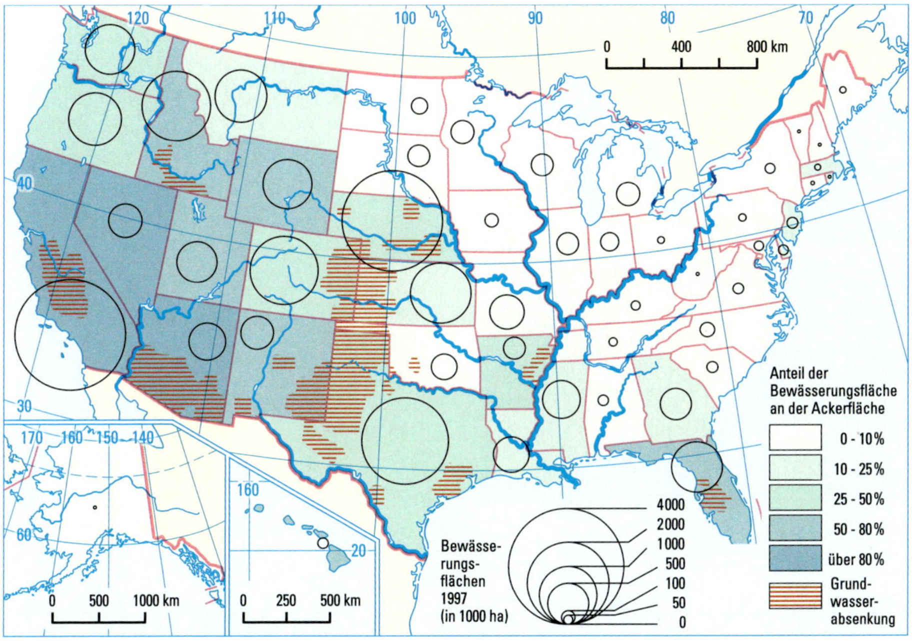

② **_Anteil der Bewässerungsflächen in der US-Landwirtschaft nach Bundesstaaten_**

1 *Arbeiten Sie mit Karte 1. Vergleichen Sie die landwirtschaftlichen Betriebsgrößen der Staaten Colorado und Pennsylvania. Begründen Sie die auftretenden Unterschiede.*

2 *Beschreiben und erklären Sie die Bewässerungsintensität laut Karte 2.*

3 *Arbeiten Sie mit Karte 3.*

a) Stellen Sie fest, welche landwirtschaftlichen Nutzungsformen in bestimmten Regionen vorherrschen.

b) Zeigen Sie den Wandel der Produktionsschwerpunkte der Landwirtschaft auf.

③ **_Agrarische Wirtschaftsräume in den USA_**

1 *Badlands in der US-Steppe*

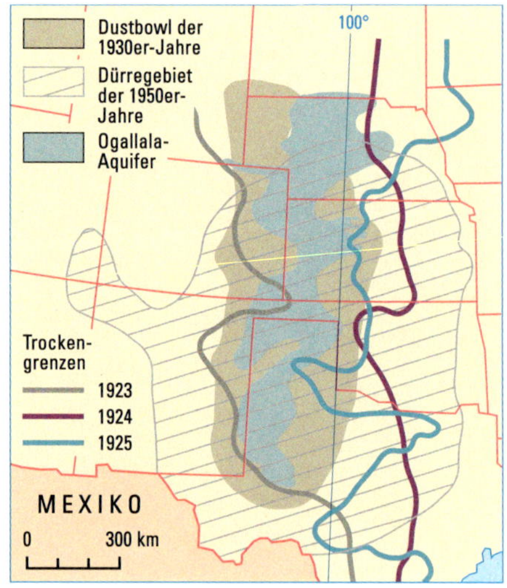

2 *Geoökologische Probleme in den Great Plains*

Ökologische Probleme in der Landwirtschaf

Im westlichen Teil der Great Plains, in der Prärie, findet man fruchtbare Steppenböden. Sie entstanden in der letzten Eiszeit, sind nährstoffreich und eignen sich bei schonender Behandlung gut für den Ackerbau. Allerdings ist in der Prärie in vielen Jahren die Verdunstung größer als der Niederschlag. Die Pflanzen leiden dann an Wassermangel und starke Winde können ungeschützten Boden leicht ausblasen, besonders dann, wenn Weizen, Mais oder andere Nutzpflanzen in Monokultur angebaut werden.

Dry farming im regenarmen Westen

Regenreiche Jahre bescherten den USA bis 1930 Rekordernten. Auch im trockenen Westen waren dank des **dry farmings** hohe Erträge möglich. Bei diesem Verfahren folgte jeweils einem Anbaujahr ein Brachejahr. So konnte der Boden die entzogenen Minerale nachbilden. Außerdem sorgte das Jäten von Unkräutern dafür, dass dem Boden weniger Feuchtigkeit entzogen wurde. Dem gleichen Ziel diente das Eggen der Felder nach der Ernte. Die Verdunstung ließ sich so deutlich verringern. Andererseits half tiefgründiges Pflügen, die Niederschläge und das Schmelzwasser besser versickern zu lassen.

Dustbowl

Doch an eines wurde nicht gedacht: In den Brachejahren lag der Ackerboden schutzlos da. Als in den 1930er-Jahren eine achtjährige Dürre folgte, konnten die starken Präriewinde vielerorts die fruchtbare oberste Schicht auswehen. Zurück blieben geschädigte Böden. Und wenn Regen fiel, kam er als Platzregen mit solcher Wucht vom Himmel, dass weiterer fruchtbarer Boden weggeschwemmt wurde. So kam es zur Bildung der Badlands durch **Bodenerosion**. Mehr als eine Million Hektar Ackerland wurden dadurch zerstört und rund 600 000 Farmer verloren ihre Existenzgrundlage.

Bodenschutzmaßnahmen

Aus dieser Krisensituation heraus entwickelte man Maßnahmen zum Schutz des Bodens. Statt die Felder ein Jahr lang brach liegen zu lassen, wurden Pflanzen mit tief reichenden Wurzeln angebaut, die Stickstoff aus der Luft im Boden anreichern und so die Fruchtbarkeit verbessern. Auch legten die Farmer Windschutzhecken an (wind breaks) und richteten ihre Felder – wo möglich – quer zur Hauptwindrichtung aus. Dies verringerte die Abtragung durch Wind ebenso wie

Dustbowl
Als „Staubschüssel" bezeichnet man die Teile der Great Plains, die in den 1930er-Jahren von einer jahrelang andauernden Dürreperiode mit verheerenden Staubstürmen heimgesucht wurden.

Kaum zu glauben
Auch in Deutschland gehen im Mittel pro Jahr von jedem Hektar Land 10 Tonnen Boden durch Erosion verloren – und nur 2 bis 3 Tonnen bilden sich nach.

3 *Maßnahmen gegen die Bodenerosion*

4 *Bewässerungsflächen in den Great Plains*

der Einsatz des neuartigen Flügelgrubbers. Das pflugähnliche Gerät durchschneidet mit waagerecht angeordneten Messern die Wurzeln in 10 bis 15 Zentimeter Tiefe. Auf abgeernteten Feldern bleiben die Stoppeln dann als „Windfang" stehen (stubble mulching).
Anstelle von Monokulturen baute man nun im Fruchtwechsel an (crop rotation); auf parallel verlaufenden schmalen Streifen pflanzte man Futtergräser und Weizen. Die Abfolge dicht und weniger dicht wachsender Pflanzenreihen (strip farming) mindert nicht nur die Abtragung, auch die Böden laugen nicht so schnell aus. Und für besonders gefährdete Hanglagen entwickelte man das Konturpflügen (contour ploughing), bei dem die Felder parallel zu den Höhenlinien gepflügt werden. Dadurch ist die Bodenabspülung weniger stark, da jede kleine Furche wie ein Mini-Damm wirkt. Zudem reduzierte man die Bodenbearbeitung auf ein Minimum, indem man drei Arbeitsgänge in einen verlagerte: Pflügen, Eggen und Säen wird beim minimum-tillage-Verfahren von einer einzigen Spezialmaschine bewältigt, die den Boden öffnet, Saatgut einstreut und sofort wieder schließt.
Beim no-tillage-Verfahren wird das Saatgut sogar direkt in die Erde geschossen.

Bewässerungsfeldbau

Durch die Nutzung fossilen Grundwassers kann in den Great Plains Bewässerungsfeldbau betrieben werden, der das Erosionsrisiko verringert. Dazu wird dem Ogallala-**Aquifer** Wasser entnommen und mittels fahrbarer Karusselle von rund 800 Meter Durchmesser auf einer kreisrunden Fläche verteilt (center pivot irrigation). Doch auch die enormen Grundwasservorräte des Ogallala-Aquifers aus der Eiszeit schrumpfen und der Wasserspiegel sinkt weiterhin ab. Viele Flächen der Great Plains werden daher wohl in Zukunft wieder aus der Nutzung herausgenommen und in Grasland übergeführt werden.

1 *Zeigen Sie, welche Folgen falsche Landnutzung in der Prärie haben kann.*
2 *Erstellen Sie eine Liste mit Maßnahmen zum Schutz des Bodens.*
3 *Erklären Sie, warum die Bodenerosion besonders das Gebiet entlang der Trockengrenze gefährdet.*
4 *Erläutern Sie die Folgen, die sich aus dem Pendeln der Trockengrenze (Karte 2) für die landwirtschaftliche Nutzung in den Great Plains ergeben. Berücksichtigen Sie dabei sowohl die wirtschaftlichen Risiken als auch die ökologischen Probleme.*

Aquifer
Gesteinskörper mit Hohlräumen, der zur Leitung von Grundwasser geeignet ist (Grundwasser leitende Schicht).

5 ***Wasserspiegel des Ogallala Aquifers bei Morton, Texas***
(Meter unter der Erdoberfläche)

01.01.1987	*−211 m*
01.01.1990	*−221 m*
01.01.1993	*−220 m*
01.01.1996	*−229 m*
01.01.1999	*−232 m*
01.01.2001	*−234 m*

Natural Resources Conservation Service
Amerikanische Bundesbehörde, die gegründet wurde, um die Bewahrung von Naturressourcen zu sichern.

ONLINE-Link
Surftipp
27960X-0503

Once upon a time in America ...

1 During a 43-year Hollywood career, which spanned the development of the motion picture medium as a modern American art, Walter Elias Disney established himself and his product as a genuine part of Americana. A British political cartoonist called Disney "the most significant figure in graphic arts since Leonardo DaVinci".

The creator of Mickey Mouse and founder of Disneyland and Walt Disney World was born in Chicago, Illinois, on December 5, 1901. After World War I, Walt went to Kansas City, where he began his career as an advertising cartoonist. Here, in 1920, he created and marketed his first original animated cartoons, and later perfected a new method for combining live-action and animation.

In August of 1923, Walt Disney left Kansas City for Hollywood with nothing but a few drawing materials, $40 in his pocket and a completed animated and live-action film. Walt's brother, Roy O. Disney, was already in California, with an immense amount of sympathy and encouragement, and $ 250. Together they borrowed an additional $ 500, and constructed a camera stand in their uncle's garage. Soon, the brothers began their production operation in the rear of a Hollywood real estate office.

Disneyland, launched in Anaheim, California, in 1955 as a fabulous $ 17 million Magic Kingdom, soon increased its investment tenfold. By its third decade, more than 250 million people were entertained, including presidents, kings and queens from all over the globe.

Walt Disney, who died on December 15, 1966, is a legend and a folk hero of the 20th century. His worldwide popularity was based upon the ideas which his name represents: imagination, optimism and self-made success in the American tradition.

Source: Gunnar Grodal: Walt Disney, in: http://fuv.hivolda.no/prosjekt/gunnargrodal/bio.htm (06/2007)

2 John Davison Rockefeller was born in 1839, in Richford, New York. After living in Oswego, New York, for several years, the family moved to Cleveland, Ohio, in 1853, when it was beginning to grow into a city. John graduated from high school there and excelled in mathematics.

After graduation Rockefeller attended a commercial college for three months, after which he found his first job (...) as a produce clerk. In 1859 he started his first company, Clark and Rockefeller, with a young Englishman. They grossed $450,000 in the first year of trading. From the start Rockefeller showed a genius for organization and method. With the Pennsylvania oil strike (1859) and the building of a railroad to Cleveland, they branched out into oil refining with Samuel Andrews, who had technical knowledge of the field. Soon the firm Rockefeller and Andrews became Cleveland's largest refinery.

The Standard Oil Company, started in Ohio in 1870 by Rockefeller and partners, had a worth of one million dollars and paid a profit of 40 percent a year later. Rockefeller bought out most of the Cleveland refineries as well as others in New York, Pittsburgh, and Philadelphia. He turned to new transportation methods, including the railroad tank car and the pipeline. By 1879 he was refining 90 percent of American oil, and Standard used its own tank car fleet, ships, docking facilities, barrel-making plants, depots, and warehouses. In 1901 Rockefeller's fortune passed the $200 million mark for the first time.

From his first employment as a clerk, Rockefeller sought to give away one-tenth of his earnings to charity. The total of his lifetime philanthropies has been estimated at about $550 million. Eventually the amounts involved became so huge (his fortune reached $900 million by 1913) that he developed a staff of specialists to help him. Out of this came the Rockefeller Foundation, chartered in 1913, "to promote the well-being of mankind throughout the world." He died on May 23, 1937, in Ormond, Florida.

Source: © 2007 Advameg, Inc. in: www.notablebiographies.com/Pu-Ro/Rockefeller-John-D.html

Levi Strauss, the inventor of the quintessential American garment – the blue jean – was born in Buttenheim, Bavaria, on February 26, 1829. After his father's death, Levi, his mother and two of his sisters emigrated to New York in 1847. When news of the California Gold Rush made its way east, Levi emigrated to the west coast to make his fortune, though he knew he wouldn't make it panning gold. He arrived in bustling, noisy
3 San Francisco in early March 1853, establishing a wholesale dry goods business. His new company imported clothing, underwear, umbrellas, handkerchiefs, bolts of fabric, and sold them to the small stores that were springing up all over California and the West. It was these stores that helped outfit the miners of the Gold Rush and, eventually, the new families that began to populate the Western regions. In 1872, Levi received a letter from Jacob Davis, a Reno, Nev., tailor. Davis told the prosperous merchant about the interesting way to make pants stronger for the laboring men, who were his customers, by placing metal rivets at the points of strain. Levi was enthusiastic about this idea – the blue jean was born. Levi knew that demand would be great for these riveted "waist overalls" (the old name for jeans). By the 1880s Levi had leased factory space and then opened his own factory. The famous 501® jean – known at the time simply as "XX" – was soon a best seller, as were the other riveted products. During the 1906 devastating earthquake in San Francisco the headquarters and the factory of Levi Strauss & Co. on Battery Street were destroyed by fire, but the company built by Levi Strauss was bedrock solid, due to his foresight, his business sense and his unswerving devotion to quality.

Source: © 2006 Levi Strauss & Co. in: www.levistrauss.com

In modern times Bill Gates for Microsoft has had enormous achievements on the American domestic market as well as the global market for computer soft- and hardware technology. But throughout the past few years a further gigantic economic factor has evolved: telecommunication. Today 44 % of all Americans use mobile phone technology, and the i-phone is just the next step in a series of high-tech developments. However, since 1998 every IT-company has been facing one problem: despite increasing sales the companies' profits have been going down; that is because of the steadily declining prices. Moreover, Microsoft has been facing some severe problems because of its monopolist-like position on the world market.

1 *Try to find some information on further entrepreneur celebrities in the USA, such as Henry Ford, Donald Trump or Steve Wynn. Then choose one celebrity and create a poster about him or her*

William (Bill) H. Gates is chairman of Microsoft Corporation, the worldwide leader in software, services and solutions that help people and businesses realize their full potential. Microsoft had revenues of US-$ 44.28 billion for the fiscal year ending June 2006, and employs more than 71,000 people in 103 countries and regions. Born on Oct. 28, 1955, Gates grew up in Seattle. He attended public elementary school and the private Lakeside School. There, he discovered his interest in software and began programming computers at the age of 13. In 1973, Gates entered Harvard University as a freshman, where he lived down the hall from Steve Ballmer, now Microsoft's chief executive officer. While at Harvard, Gates developed a version of the programming language BASIC for the first microcomputer – the MITS Altair. In his junior year, Gates left
4 Harvard to devote his energies to Microsoft, a company he had begun in 1975 with his childhood friend Paul Allen. Guided by a belief that the computer would be a valuable tool on every office desktop and in every home, they began developing software for personal computers. Gates' foresight and his vision for personal computing have been central to the success of Microsoft and the software industry in general. Under Gates' leadership, Microsoft's mission has been to continually advance and improve software technology, and to make it easier, more cost-effective and more enjoyable for people to use computers. Today 62 % of all US households own a personal computer, 38 % have internet access.

Source: © 2007 Microsoft Corporation, in: www.microsoft.com/presspass/exec/billg/bio.mspx

1 *Bethlehem Steel Company*

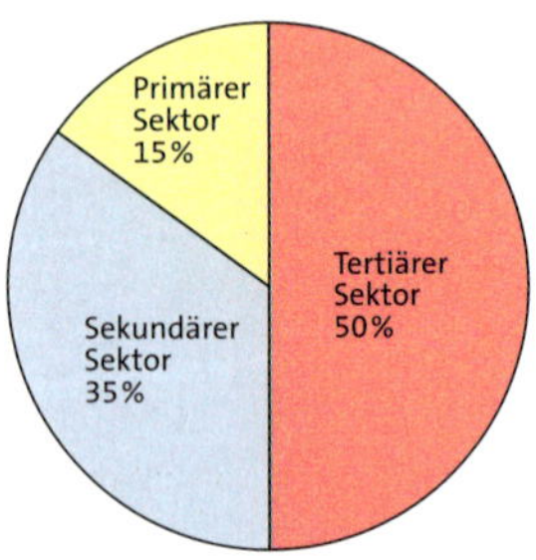

2 *Beschäftigte in den USA nach Wirtschaftssektoren 1950*

Strukturwandel im „Rustbelt"

Die Entwicklung der USA zur weltweit führenden Industriemacht begann schon vor 1860. In den Neuenglandstaaten entlang der Ostküste, vor allem Maine, Vermont, Massachusetts und New York, waren die Voraussetzungen günstig für die Entwicklung des Schiffbaus, der Kleineisen- und der Textilindustrie. Als man jedoch nach einigen Jahren in West-Pennsylvania große Mengen an – im Vergleich zur vorher verwendeten Holzkohle für den Verhüttungsprozess – weitaus energiereicheren Steinkohlevorkommen fand, begann der Aufstieg der Schwerindustrie, zu dessen führendem Zentrum sich Pittsburgh aufgrund seiner günstigen **Standortfaktoren** entwickelte. Bald siedelten sich weitere Industriezweige wie Automobilindustrie und Maschinenbau an, was durch die Erschließung großer Erzvorkommen wie in der Mesabi Range am Oberen See gefördert wurde.

Nach und nach entwickelte sich so zwischen Boston und Baltimore von der Atlantikküste ca. 1 000 Kilometer landeinwärts eine Industrieregion, die als **Manufacturing Belt** bekannt wurde. Bis zur Gegenwart hat sich hier jedoch vieles verändert, vor allem aufgrund der sich wandelnden Bedeutung der Schwerindustrie.

Der wirtschaftliche Niedergang und Bedeutungsverlust der Schwerindustrie vornehmlich in den 1970er-Jahren führte in der weit-

3 ***Manufacturing Belt***

gehend **monostrukturierten** Region zu einer tief greifenden **Strukturkrise** mit zahlreichen Arbeitsplatzverlusten auch in nachgelagerten Industriebranchen wie dem Automobil- oder Maschinenbau. Dies brachte Städten wie Detroit, Pittsburgh oder Cleveland samt Umgebung den Namen **„Rustbelt"** ein – ein Image, das man schnell wieder loswerden will. Bemühungen um die Ansiedlung neuer Industriezweige sind im Gange, wobei der Bundesstaat Massachusetts in Bezug auf die **Modernisierung** und **Diversifizierung** der Industriestruktur besonders erfolgreich ist: Entlang der Route 128, dem Umgehungsring um Boston, siedelten sich zahlreiche, vor allem mittelständische Unternehmen in Wachstumsbranchen wie der Elektronik-, Biotechnologie- und Softwaresparte an – begünstigt durch die Nähe zu Universitäten und Forschungsstätten sowie den hohen Ausbildungsstand des Fachkräftepersonals. Zusätzlich zu den industriellen Arbeitsplätzen entstanden als so genannte Sekundäreffekte noch zahlreiche Arbeitsplätze im Banken- und Versicherungswesen, in der Unternehmensberatung und im Handel.

1 *Nennen Sie Gründe für die Ausweitung des Manufacturing Belts nach Westen.*

2 *Erläutern Sie anhand der Karte 3 regionale Unterschiede der Standortfaktoren von Philadelphia und Chicago.*

3 *Werten Sie die beiden Kreisdiagramme im Hinblick auf wirtschaftliche und gesellschaftliche Veränderungen in den USA aus.*

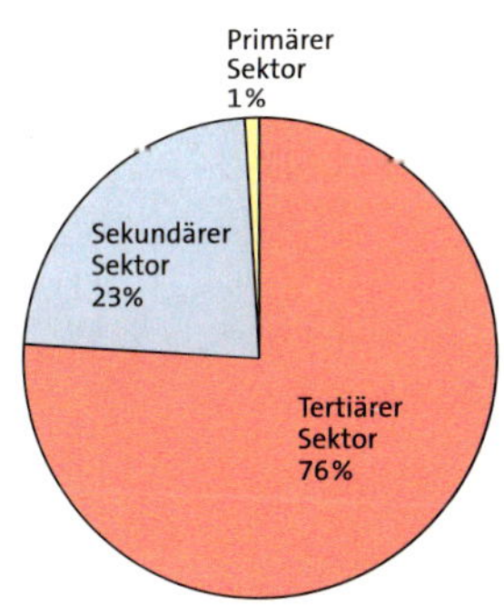

4 ***Beschäftigte in den USA nach Wirtschaftssektoren 2006***

Aufschwung im Süden

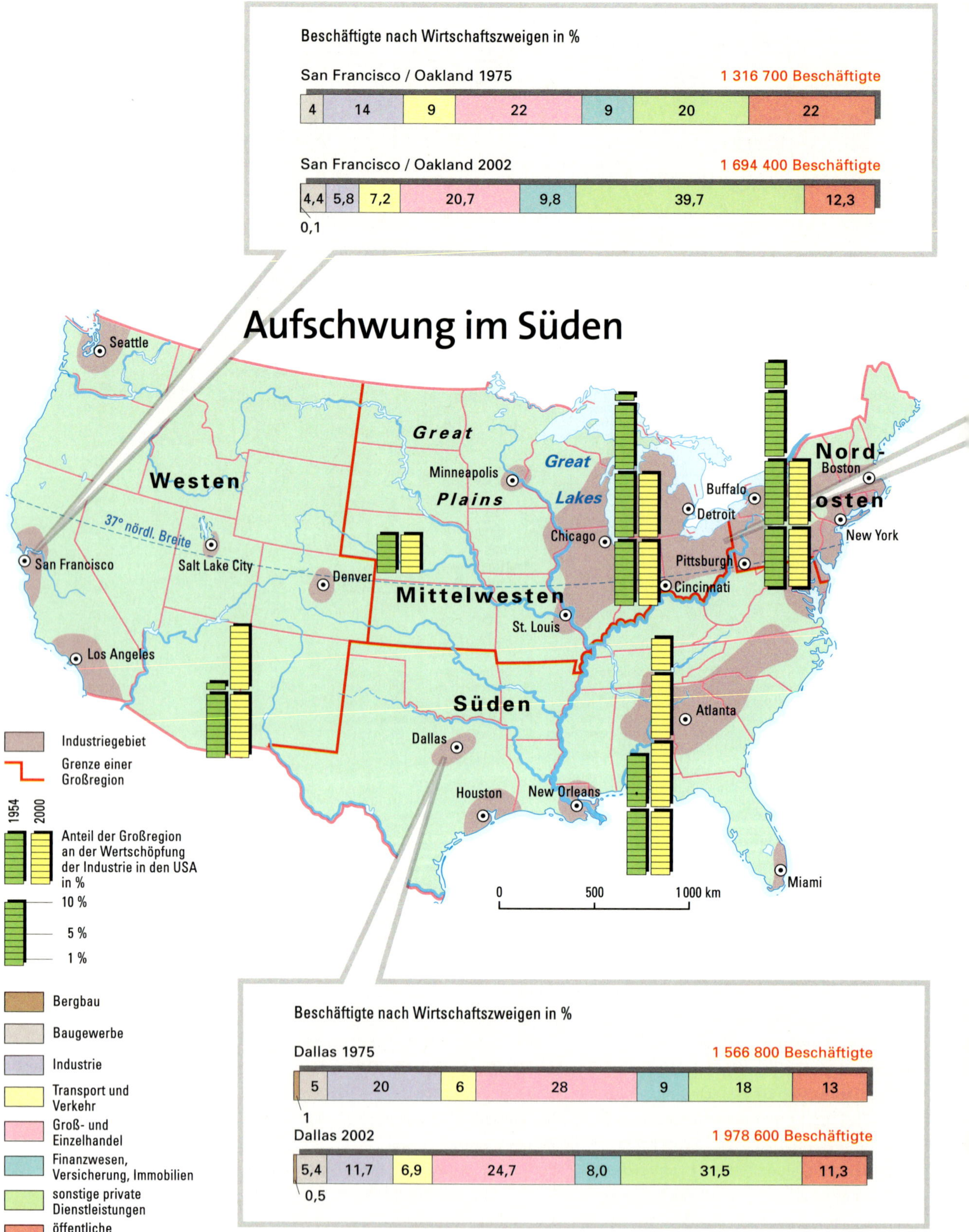

1 ***Industriegebiete und Beschäftigte nach Wirtschaftsbereichen in den USA***

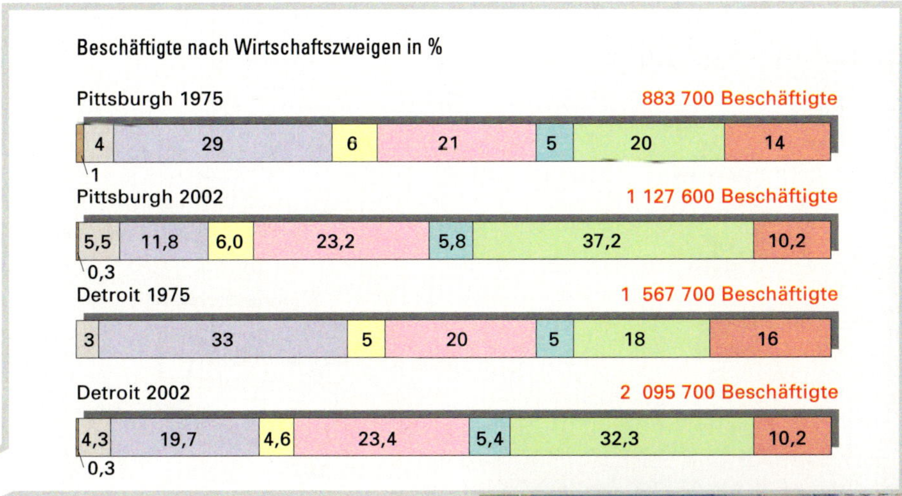

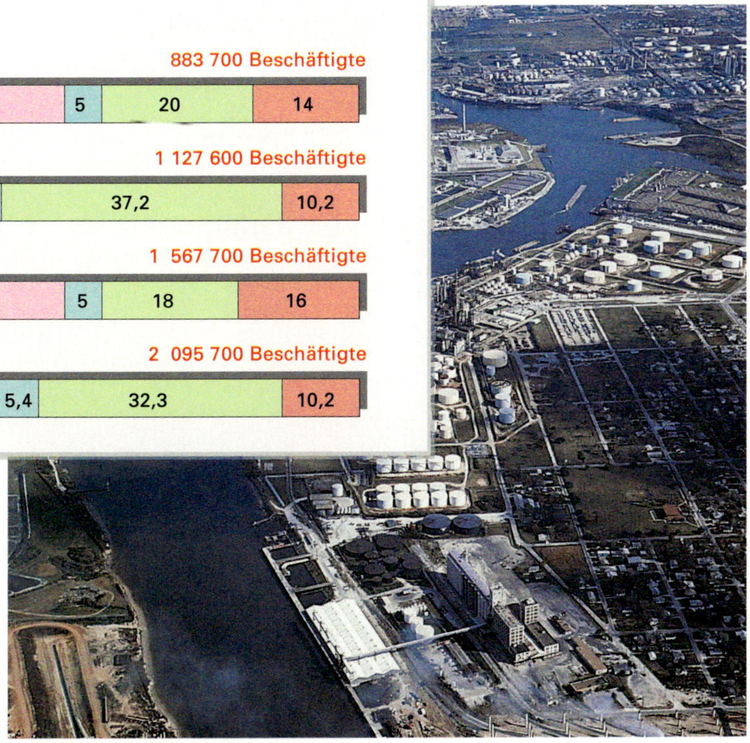

2 ***Houston (Texas): Erdölindustrie***

Nach der Entdeckung großer Ölfelder im Bundesstaat Texas und der industriellen Erschließung dieser Ressource im Laufe des 20. Jahrhunderts hält Texas heute einen ca. 20-prozentigen Anteil an der Welt-Erdölförderung. Houston, eine Metropole mit 3,5 Millionen Einwohnern, ist heute der Hauptsitz von vielen großen US-Erdölkonzernen und weltbekannt als Zentrum der Raumfahrt.

Das quantitativ wie auch qualitativ hohe Angebot an Arbeitskräften förderte zudem die Industrieentwicklung im Südosten der USA, wo beispielsweise in den Staaten Georgia, North und South Carolina eine Verdoppelung der Zahl der Industriebeschäftigten seit 1940 zu verzeichnen ist. Das Branchenspektrum weist hier jedoch eine etwas andere Zusammensetzung auf. Es überwiegen Pharmazeutik, Kunststoffchemie, Elektronik, Telekommunikation, Bekleidungsindustrie, Computer- und Raketenbau.

Ähnlich verhält es sich in Kalifornien mit seinen High-Tech-Unternehmen der Computer-, Luft- und Raumfahrttechnik. Im Silicon Valley – dem „Inbegriff“ moderner Industriegebiete – sind heute über 3 000 Elektronikfirmen beheimatet.

Die Mehrzahl jener neuen Industrieregionen liegt südlich des 37. Breitengrades, im so genannten **Sunbelt**. Als Standortvorteile gelten hier vor allem das Klima mit angenehmem Lebensumfeld, das große Arbeitkräfteangebot, Steuervergünstigungen und die Vielzahl an großen erschlossenen Gewerbe- und Industrieflächen.

1 *Nennen Sie Unterschiede zwischen der modernen Industrieentwicklung im Sun Belt und der des Manufacturing Belts.*

2 *Erläutern Sie anhand der Diagramme und der Karte die industrie- bzw. wirtschaftsräumlichen Veränderungen in den USA im dargestellten Zeitraum.*

3 *Beschreiben und bewerten Sie anhand von geeigneten Atlaskarten die Standortfaktoren des Silicon Valley.*

ONLINE-Link
Surftipp
27960X-0504

① **Sears Tower in Chicago –** *das mit 442 Metern höchste Gebäude der USA*

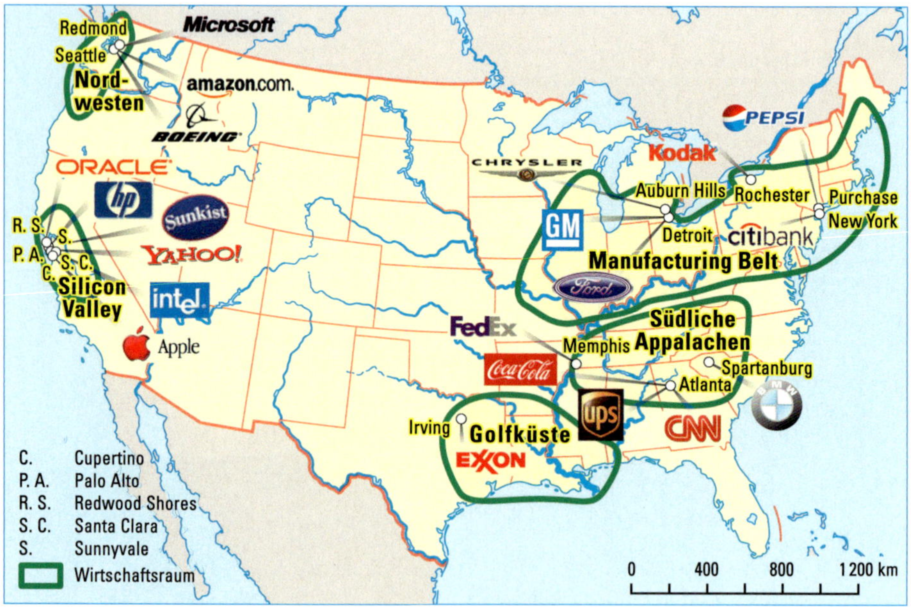

② ***Standorte ausgewählter Unternehmen mit weltweitem Bekanntheitsgrad***

Wirtschaft im Wandel

Nach Jahren der strukturellen Krise gekennzeichnet durch überdurchschnittlich hohe Arbeitslosigkeit und Abwanderung von Kapital und Arbeitskräften aus dem Nordosten der USA bzw. dem Manufacturing Belt gelang es nur schwer, in der Region einen Strukturwandel einzuleiten. Dieser gelang erst durch die Ansiedlung moderner Industriebetriebe und die Schaffung von Arbeitsplätzen außerhalb der Industrie. Genau wie in den übrigen USA sind heute viele Menschen in Pittsburgh nicht mehr mit der Herstellung von Industrieprodukten beschäftigt, sondern erbringen Dienstleistungen. Diese reichen von einfachen Hilfs- oder Verkaufstätigkeiten bis hin zu qualifizierten Beratungstätigkeiten etwa für Banken, Versicherungen und Großunternehmen, z. B. der Automobilbranche.

So war und ist weiterhin Detroit Schwerpunkt der US-amerikanischen Autoindustrie, eine Stadt, die mit der Entwicklung des Automobils eng verknüpft ist und in der noch alle führenden Autokonzerne der USA ihre Hauptwerke unterhalten. Sie profitieren heute von den dortigen Agglomerationsvorteilen (d. h. der Ballung wirtschaftlicher Aktivitäten auf relativ engem Raum), von gut ausgebildeten Fachkräften und von der Nähe zu einem großen Absatzmarkt aufgrund der in Relation zum Landesdurchschnitt hohen Bevölkerungsdichte im Nordosten der USA.

Auf diese Weise ist diesem alten Industrierevier gegenwärtig trotz des starken Rückgangs des Bergbaus sowie der Eisen- und Stahlherstellung eine diversifizierte, d. h. höchst vielfältige industrielle Produktion geblieben. Sie wird ergänzt durch Beschäftigungsmöglichkeiten im sich ausdehnenden Dienstleistungssektor und im Hochtechnologiebereich.

Neue Industrien und Industrieräume

Unternehmen wie Yahoo, Intel oder Apple gelten als Beispiele für neue Industrien, die vornehmlich im Sun Belt der USA zu finden sind. Einige davon haben ihren Ursprung im Zentrum der amerikanischen Computerindustrie, im Silicon Valley, etwa dreißig Kilometer südlich von San Francisco. Auf einst 400 km² großen Obstanbauflächen um die

③ **_Baltimore: Aufwertung des Hafenbereiches durch diverse Dienstleistungs- und Freizeitangebote_**

④ **_Produktionsstätten im Silicon Valley_**

verschlafene Kleinstadt Palo Alto herum entwickelte sich das Zentrum der High-Tech-Industrie. Heute leben in der Region über vier Millionen Menschen, 700 000 davon sind in den über 2 500 hoch spezialisierten Mikroelektronikunternehmen, Betrieben der Computerindustrie und der Softwareentwicklung beschäftigt. In keinem anderen Gebiet der Erde wurden in den letzten Jahren mehr Menschen zu Millionären als hier. Ausgangspunkt für die rasante industrielle Entwicklung im Silizium-Tal war die Stanford-Universität, in deren Forschungsinstituten der Mikrochip entwickelt wurde und die heute hoch qualifizierte Fachkräfte ausbildet. Um den jungen Unternehmen den Start zu erleichtern, vergab der Staat Forschungs- und Entwicklungsaufträge. Die Aussichten auf sichere Gewinne und das relativ geringe Risiko bei einer Firmengründung lockten weitere Unternehmen an.

Ein weiterer neuer Industrieraum entstand in der Region Seattle im äußersten Nordwesten der USA. Wasserreichtum und Energieangebot lockten zunächst die Aluminiumindustrie und mit ihr die Flugzeug- und Raumfahrtindustrie in diesen dünn besiedelten Raum. Dann folgten Computer- und Internetunternehmen wie Intel, Amazon und Microsoft. Seattle und das Silicon Valley profitieren beide von neuen Standortfaktoren wie etwa dem großen Absatzmarkt jenseits des Pazifiks. Beide Regionen liegen günstig zu wichtigen Märkten in Asien. Weitere Unternehmen in modernen Wachstumsbranchen erkannten diese Vorteile und siedelten sich an.

1 *Vergleichen Sie die alten und neuen Industrieräume der USA hinsichtlich ihrer Entwicklung, Standortfaktoren und Branchenstruktur.*

2 *Nennen Sie Gründe für die räumliche Schwerpunktverlagerung der US-amerikanischen Industrie und vergleichen Sie diese mit ähnlichen Prozessen in Europa.*

3 *Ordnen Sie die in der Karte genannten Firmen entsprechenden Branchen zu und charakterisieren Sie die einzelnen Industrie- bzw. Wirtschaftsräume.*

4 *„Das rasche Wachstum der neuen Industrieregionen bringt nicht nur Vorteile mit sich." Diskutieren Sie diese These.*

⑤ **Mikrochip**
Kleines Plättchen aus Silizium, auf dem die Informationen im Computer gespeichert sind.

ONLINE-Link
Surftipp
27960X-0505

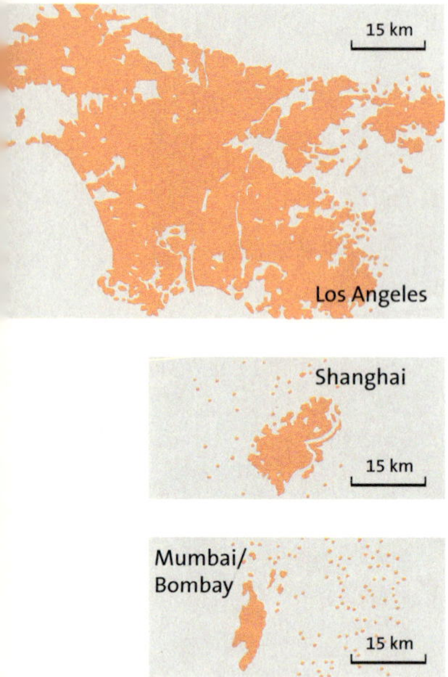

1 ***Flächenausdehnung dreier Metropolen mit etwa der gleichen Einwohnerzahl***

2 ***Blick von den Suburbs auf das Zentrum von Los Angeles***

Stadtland USA

Verstädterung in den USA

In den USA gibt es Städte, deren Namen seltsam anmuten, wie z. B. „Boswash“ oder „Sansan“. Diese Namen findet man auf keiner Atlaskarte. Es sind Abkürzungen für großflächige städtische Verdichtungsräume, wobei man einfach die Namen von zwei Endpunkten zusammengezogen hat: Boston und Washington bzw. San Francisco und San Diego. „Boswash“ ist eine **Megalopolis**, ein riesiger städtischer Verdichtungsraum mit über 40 Millionen Einwohnern. Im Jahr 1800 lebten nur 6 % der Amerikaner in Städten, heute sind es etwa 80 %. Die Städte dehnen sich dabei immer weiter aus, wobei sie Vororte bilden und mit kleineren Städten im Umland zusammenwachsen. Die Ausdehnung der randstädtischen Gebiete bewirken vor allem die besser Verdienenden: Sie haben sich in den Vorstädten niedergelassen, wo sie ihren Wunsch nach einem angenehmen Wohnumfeld realisieren können. Fast 50 % der rund 285 Millionen Amerikaner leben inzwischen in „Suburbs“. Man bezeichnet diese Form der Verstädterung daher auch als **Suburbanisierung**.

*Eine **Megalopolis** ist eine großflächig verstädterte Zone, wie man sie in den USA entlang der Nordost- und Südwestküste findet, die sich durch eine Ballung von Großstädten, Industrie- und Gewerbestandorten sowie ein dichtes Verkehrsnetz auszeichnet.*

Stadtgewordener Way of Life

Typisch für das Erscheinungsbild amerikanischer Städte ist die teilweise extreme Weitläufigkeit und lose Bebauung, gerade in den Suburb-Regionen. Los Angeles beispielsweise erstreckt sich auf über 200 Kilometer von Norden nach Süden und rund 190 Kilometer von der Pazifikküste landeinwärts. Die Frage nach dem Grund hierfür beantwortet die Stadtgeographie vor allem mit dem Hinweis auf den „American Way of Life“. Es kann als typisch für diese Lebensart gelten, dass Amerikaner im Grunde ein Leben in dicht und eng bebauten Städten ablehnen und davon ausgehen, dass die Energieressourcen ebenso unbegrenzt zur Verfügung stehen wie auch bebaubare Flächen. Neben dieser Grundhaltung ermöglichte die jedem zugängliche verkehrs- und kommunikationstechnische Entwicklung durch Auto und vielspurige Straßen, Telefon, Fax und Internet den weitläufigen Ausbau der Städte. Letztlich kann auch die oft fehlende raumpolitische Stadtplanung – sie wäre ein Eingriff in das individuelle Freiheitsrecht der Amerikaner – für das Ausufern amerikanischer Städte verantwortlich gemacht werden.

3 **Satellitenbild: USA bei Nacht**

4 Amerikanische Städte sind bekanntlich ganz anders als etwa europäische Städte. Sie sind keine deutlich verdichteten Siedlungszentren in einer anderweitig offenen ländlichen Kulturlandschaft, sondern sie bedecken amorph ausgedehnt ganze Landstriche und Landschaften. Sie sind nicht kompakt und auf ein Zentrum ausgerichtet, sondern nach außen hin aufgelöst und mit dem ländlichen Umland zu einem vielkernigen, vielzelligen Stadtland zusammengewachsen. Die amerikanischen Städte sind nicht statisch und fest geordnet, sondern scheinen provisorisch zusammengestückelt und dehnen sich wie Milchstraßen-Sternennebel ständig weiter aus oder sind einem Kaleidoskop vergleichbar, in dem die bunten Mosaikstücke nicht nur in permanenter Umverteilung, sondern auch gleichzeitig in ständiger nach außen gerichteter Fluchtbewegung sind. Amerikanische Städte sind somit weder wirklich ganz städtisch „urban" noch ganz unstädtisch „ländlich". Sie sind einerseits extrem nutzorientiert und brutal, andererseits bieten sie auch „Komfort, die beste Installation der Welt, ready for use". Denn die amerikanischen Städte sind nichts anderes als eine geographische Verwirklichung der vorherrschenden Wertvorstellungen der amerikanischen Gesellschaft. Der „American way of life" ist als Verhaltensmuster die treibende Kraft der amerikanischen Gesellschaft und deren Strukturierung. Es besteht ein innerer logischer Zusammenhang zwischen der heute real existierenden Kulturlandschaft der amerikanischen Städte und dem „American way of life" als Wertenorm.

Holzner, L. (1996): Stadtland USA – Die Kulturlandschaft des American Way of Life. Gotha.

1 Werten Sie das Satellitenbild 3 aus, indem Sie Megalopolen der USA benennen und deren räumliche Ausdehnungen bestimmen.

2 Erklären Sie räumliche Veränderungen, die der wachsende Mobilitätsgrad – v. a. in Bezug auf das Auto – in Großstädten der USA bewirkte.

3 Erläutern Sie den im Text 4 zum Ausdruck kommenden Zusammenhang zwischen dem Raumbedarf amerikanischer Städte und den vorherrschenden Wertvorstellungen, dem so genannten „American way of life".

→ *Satellitenbilder auswerten, siehe Seite 180*

1 *Dallas: Downtown – Gliederung einer US-amerikanischen Stadt*

Die nordamerikanische Stadt

In Europa gehen viele Stadtgründungen auf das Mittelalter oder gar die Antike zurück, so dass sich im Stadtbild in der Regel das Ergebnis einer langen Entwicklung widerspiegelt. Kirche, Burg und Marktplatz mit Rathaus finden sich meist im Kern der Altstadt, die ein unregelmäßiges Straßennetz aufweist. Nach außen hin folgen Bahnhof, Industrie- und Gewerbegebiete und Wohnviertel aus verschiedenen, jüngeren Zeitabschnitten mit meist regelmäßigem Straßengrundriss.
Nordamerikanische Städte hingegen sind viel jünger – die Mehrzahl wurde erst im Zuge der Erschließung des Kontinents im 19. Jahrhundert gegründet. Dennoch haben sie im Laufe ihrer Entwicklung bis zur Gegenwart oft riesige Ausmaße angenommen und bilden die Kerne großer Ballungsräume. Ihre städtebauliche Entwicklung folgt meist einem Grundmuster. Es ist somit möglich, den Typ der nordamerikanischen Stadt in einem Modell darzustellen.

Downtown mit CBD

Den zentralen Bereich einer nordamerikanischen Stadt bildet die **Downtown** mit dem **CBD** (Central Business District), dem Hauptgeschäfts- und Dienstleistungsviertel, als Kern. In großen Städten wie z. B. New York herrschen hier meist exorbitante Bodenpreise und Mieten, was eine große Gebäudehöhe mit vorwiegend Wolkenkratzern zur Folge hat. Bewegt man sich mit dem Auto entlang der mehrspurigen Autobahnen auf die Stadt zu, ist der CBD daher in der Regel bereits aus großer Entfernung deutlich zu erkennen.

Zone in Transition

Nach außen gehend schließt sich ein **Übergangsbereich**, die so genannte Zone in Transition an, der oft durch baulichen und sozialen Verfall gekennzeichnet ist. Vielfach sind Ghettos und Slums kennzeichnend für diese Zone. Vereinzelt findet man hier Projekte des sozialen Wohnungsbaus. In CBD-nahen Bereichen setzte häufig die Sanierung an mit dem Ziel der Errichtung weiterer Büro- und Gewerbeflächen oder von innenstadtnahen Apartmentwohnungen bzw. kam es zum Abriss alter Bausubstanz und der Schaffung von Parkplätzen.

Suburbs

Wiederum weiter nach außen gehend überschreitet man die Grenze der Kernstadt und kommt in den weiträumigen Bereich des städtischen **Umlands** bzw. der Wohnvorstädte, kurz Suburbs, die autogerecht angelegt sind. Im Umfeld der Kreuzungspunkte bedeutender Verkehrsstraßen entwickelten sich Subzentren mit oft vielschichtigem Ar-

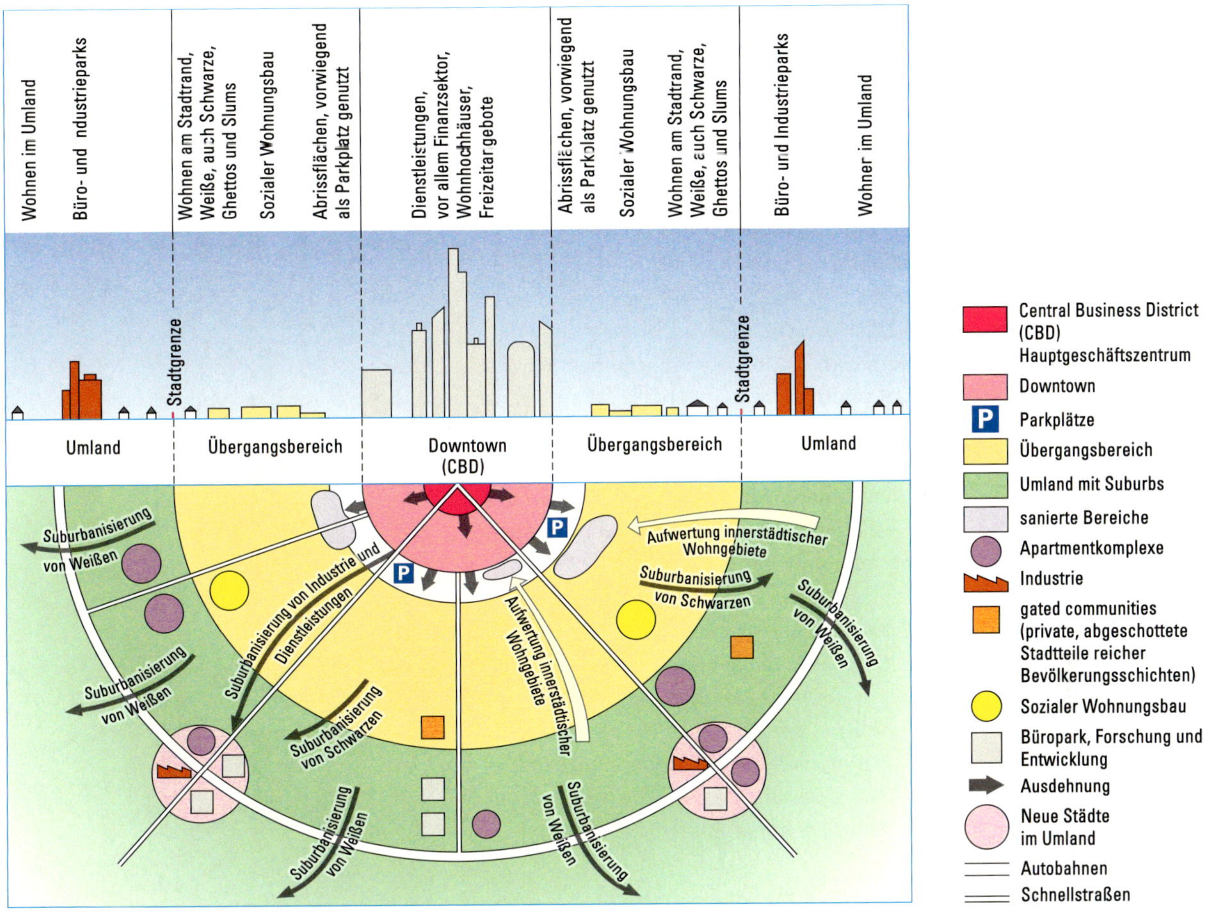

② *Modell eines amerikanischen Verdichtungsraumes*

beitsplatz-, Versorgungs- und Dienstleistungsangebot, häufig in Form großer Shopping-Malls.

Kennzeichnend für die sozialräumliche Gliederung nordamerikanischer Städte ist zumeist eine **ethnische** und **sozioökonomische Segregation**, d.h. einerseits die räumliche Absonderung und Trennung verschiedener ethnischer Gruppen – oft getrennt nach Hautfarbe oder Herkunftsland – in bestimmte Stadtviertel. Des Weiteren wirkt auch die sozioökonomische Stellung, d.h. das Einkommen, räumlich differenzierend, so dass sich – z.T. völlig abgeschottete – Luxus-Villenviertel der Reichen (**gated communities**) und demgegenüber Unterschicht-Wohnviertel mit oft großem Verfallsgrad und hoher Kriminalität entwickeln.

1 *a) Beschreiben Sie anhand des Modells den Aufbau und die Entwicklungsprozesse einer nordamerikanischen Großstadt.*
b) Erstellen Sie ein Szenario, das die Veränderungen der Stadtstruktur in ca. 30 Jahren wiedergibt.

2 *In Deutschland spricht man zuweilen von der „Amerikanisierung" deutscher Städte. Erklären Sie den Begriff und nennen Sie Beispiele für diesen Prozess.*

3 *Amerikanische Städte „sind nicht kompakt und auf ein Zentrum ausgerichtet". Vergleichen Sie diese Aussage mit obigem Stadtmodell und nehmen Sie Stellung zu dem scheinbaren Widerspruch.*

4 *Arbeiten Sie mit dem WebGIS: Erstellen Sie für New York eine Kartendarstellung, in der die ethnische und sozioökonomische Segregation zum Ausdruck kommt.*

ONLINE-Link
Surftipp
27960X-0506

Satellitenbilder vergleichend analysieren

Satellitenaufnahmen der gleichen Bildausschnitte zu unterschiedlichen Zeitpunkten zeigen sehr aussagekräftig, welche Veränderungen zwischen den Aufnahmezeitpunkten aufgetreten sind. Gerade die Aufnahmen des US-amerikanischen Satellitenprogramms Landsat eignen sich dafür gut, da sie frei zugänglich sind und längere Zeiträume abdecken. Änderungen der Landnutzung und das Flächenwachstum der Städte werden dabei besonders deutlich.

Satelliten umkreisen unablässig die Erde und senden eine Vielzahl von Daten und Messwerten zu uns zurück. Der regelmäßige Überflug erlaubt die Aufnahme gleicher Bildausschnitte zu unterschiedlichen Zeitpunkten.

Satellitenbilder vergleichend analysieren

1. Schritt: die Bilder verorten

- *Ermitteln Sie Nordausrichtung, Maßstab und um welches Gebiet es sich handelt.*
- *Vergleichen Sie die Aufnahmezeitpunkte und beachten Sie eventuell unterschiedliche Vegetationsphasen.*

2. Schritt: Bildinhalte auswerten

- *Suchen Sie leicht erkennbare Strukturen: z. B. Siedlungsflächen, Verkehrswege, Flugplätze, Stauseen, Vegetationsflächen.*
- *Gliedern Sie das Bild. Unterscheiden Sie dabei unter anderem bebaute Flächen, Vegetationsflächen, Naturflächen oder zwischen linienförmigen und punktförmigen Bildelementen.*
- *Versuchen Sie, aus den Formen und Strukturen Merkmale des Reliefs abzulesen.*

3. Schritt: Bildinhalte deuten

Stellen Sie Beziehungen zwischen den einzelnen Bildelementen her und suchen Sie nach Zusammenhängen oder Ursachen.

4. Schritt: Veränderungen feststellen und analysieren

- *Beschreiben Sie die sichtbaren Veränderungen im Hinblick auf Vegetation, Siedlungsfläche oder Infrastruktur.*
- *Analysieren Sie Ausmaß und Dynamik der Veränderungen.*

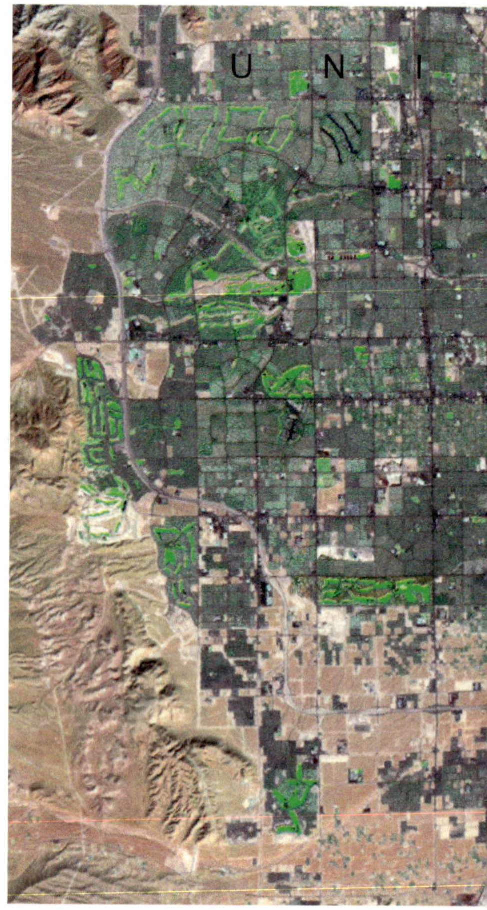

1 Satellitenbild von Las Vegas im Jahre 2006

5. Schritt: mögliche zukünftige Entwicklungen erkennen

- *Erstellen Sie Szenarien im Hinblick auf die zukünftige Entwicklung des Raumes.*
- *Beurteilen Sie Chancen und Risiken dieser Szenarien.*

6. Schritt: Ergebnisse verifizieren

Überprüfen Sie ihre Ergebnisse mithilfe weiterer Materialien (z. B. Karten, Statistiken).

1 *Werten Sie die Satellitenbilder von Las Vegas aus und analysieren Sie die Veränderungen zwischen 1973 und 2006 .*

2 *Präsentieren Sie die Ergebnisse und belegen Sie diese mit weiteren Materialien.*

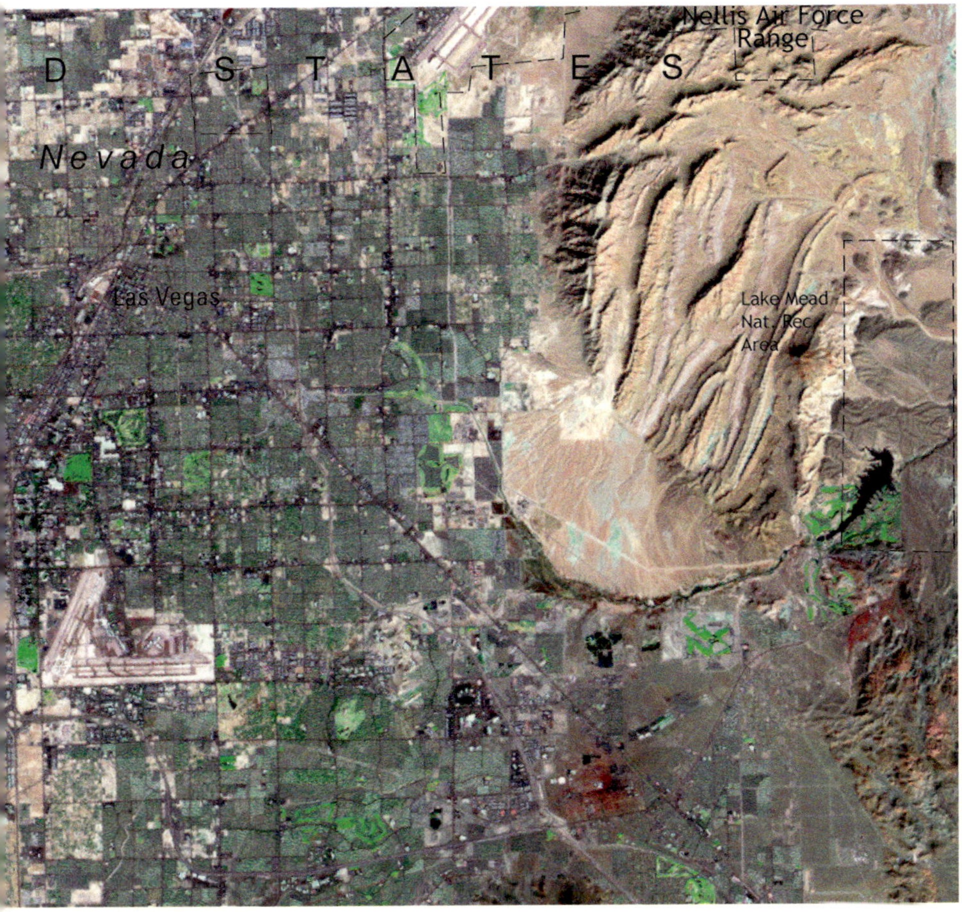

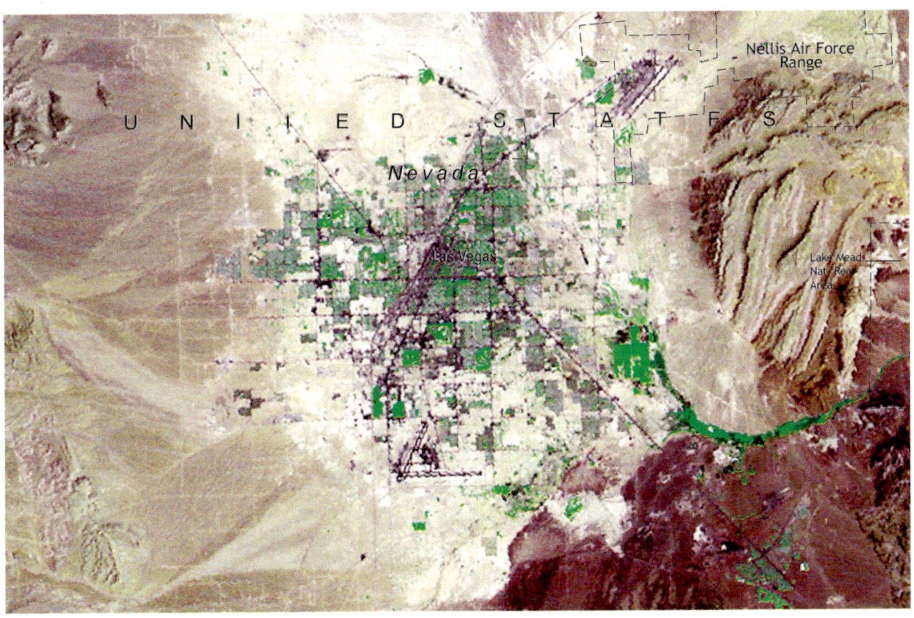

② ***Satellitenbild von Las Vegas im Jahre 1973***

③ ***Hilfen zur Auswertung von Satellitenbildern***

 Wüste

 Bewässerungsflächen

 Siedlungsfläche

 Straßen

 Stausee

④ ***Einwohner der Las Vegas Metropolitan Area***

1960	*139 126*
1970	*304 744*
1980	*528 000*
1990	*852 737*
2000	*1 563 282*
2005	*1 950 000*

1 **Führende Welthandelsländer Export in Mrd. US-$ (2006)**

1. Deutschland	970
2. USA	904
3. China	762
4. Japan	595
5. Frankreich	460
6. Niederlande	402
7. Großbritannien	383
8. Italien	367
9. Kanada	359
10. Belgien	334

4 ***Ausfallstraße einer Großstadt in den USA ...***

5 ***... und in Deutschland***

2 **Führende Welthandelsländer Import in Mrd. US-$ (2006)**

1. USA	1 732
2. Deutschland	774
3. China	660
4. Japan	515
5. Großbritannien	515
6. Frankreich	510
7. Italien	380
8. Niederlande	359
9. Kanada	320
10. Belgien	319

Vorbild USA?

Die USA sind die führende **Wirtschaftsmacht**. Sie produzieren rund ein Viertel aller Waren- und Dienstleistungen auf der Erde, und dies bei noch nicht einmal 5 % Anteil an der Weltbevölkerung. Auch beim Welthandel nehmen die USA die erste Stelle ein.

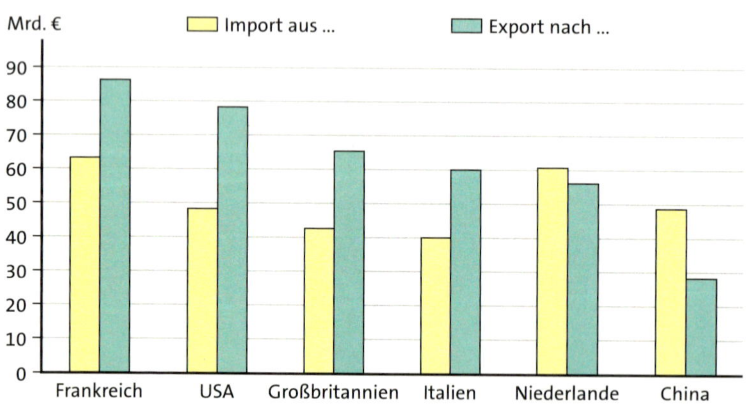

3 ***Die wichtigsten Außenhandelspartner Deutschlands im Jahre 2006***

Hintergründe der Vormachtstellung

Die Ursachen für diese Wirtschaftskraft der USA liegen in der Größe des Landes und seiner vielgestaltigen Naturausstattung, was die Ausbildung unterschiedlicher, aber auch sich ergänzender Wirtschaftsräume ermöglicht.

Die Wirtschaftskraft und das Tempo der industriellen Entwicklung erklären sich darüber hinaus aus dem gut ausgebauten Verkehrsnetz, einer überaus leistungsfähigen Landwirtschaft und nicht zuletzt aus einem großen Potenzial von hoch motivierten Arbeitskräften. Sie zeichnet ein großer Arbeitswille und eine auf Erfolg und Gewinn zielende Leistungsbereitschaft aus. Dazu gehören auch eine hohe Mobilität, Risikofreude beim privaten Unternehmertum, eine positive Einstellung zum Wettbewerb und die Bereitschaft, Neues zu wagen und Herausforderungen anzunehmen.

Negativ zu Buche schlägt hingegen der immense Energiehunger des Landes und die daraus resultierende Umweltverschmutzung, vor allem den CO_2-Ausstoß betreffend. Rund 25 % des Weltenergieverbrauchs entfallen auf die USA, was angesichts der Lichterflut in den Städten oder der leistungsstarken Autos nicht verwundert.

Wirtschaftlich verzeichnen die USA seit Jahren ein Außenhandelsdefizit, d.h. das Import- übersteigt das Exportvolumen.

6 Staaten, die dank ihrer Innovationskraft, ihrer politischen, wirtschaftlichen, militärischen und kulturellen Stärke eine Vormachtstellung einnehmen, sind nichts Neues. Neu aber ist im Zeitalter der Globalisierung ihre weltweite Ausstrahlungsmöglichkeit. So finden sich selbst in sibirischen Städten Filialen der Imbisskette McDonald's. Im entfernten afrikanischen Ghana ertönt amerikanische Popmusik, in den Freiluftkinos von Indonesien reiten amerikanische Cowboys über die Leinwände, in argentinischen Andendörfern gibt es amerikanische Buchtitel, auch Kaugummis, Softeis und Jeans. In Europa ist dies alles ohnehin schon längst der Fall. Sind wir also alle vereinheitlicht, verwestlicht, amerikanisiert? Ist die immer wieder beschworene Angst vor dem „kulturellen Einheitsbrei" gerechtfertigt? Auf den ersten Blick spricht einiges dafür. So scheint die amerikanische Massenproduktion von Kulturgütern – von Kino- und Fernsehfilmen, Produkten der Musikindustrie und des Verlagswesens – fast konkurrenzlos zu sein. Im audiovisuellen Markt sind die USA mit Umsätzen von 102 Mrd. US-$ jährlich die Nummer eins, vor Europa und Japan. (...)

Inf. z. polit. Bildung, Heft 3/2003 „Globalisierung", S. 63f.

8 **McDonald's in Moskau**

Auswirkungen der Vormachtstellung

Die herausragende Stellung der USA in der Weltwirtschaft hat Auswirkungen auf andere Regionen – auch auf Deutschland. Wirtschaftliche Impulse aus den USA, etwa im Rahmen der Zinspolitik, des Booms bzw. der Krise einiger Wirtschaftsbranchen oder des Wechselkurses zwischen Dollar und Euro, verdeutlichen dies. Seit den 1970er-Jahren entstanden in den USA allein im Dienstleistungssektor mehr als 50 Millionen neue Arbeitsplätze. Wachstumsbranchen wie Computer-, Bio- und Gentechnologie sowie Arbeitsplätze in Forschung und Entwicklung wurden mit großen Kapitalmengen gefördert. Heute arbeiten etwa drei Viertel aller Beschäftigten im Dienstleistungssektor. Diese Trends – inklusive der starken **Tertiärisierung** der Wirtschaft – sind auch in Deutschland zu beobachten. Spricht man von der „Amerikanisierung der Gesellschaft", so ist damit nicht zuletzt auch die Übernahme von typisch amerikanischen Gewohnheiten wie beispielsweise das Einkaufen in großen Supermärkten, Einkaufszentren oder Factory Outlets am Rande größerer Städte gemeint.

1 *Benennen Sie die Merkmale, welche die USA als führende Weltwirtschaftsmacht kennzeichnen.*

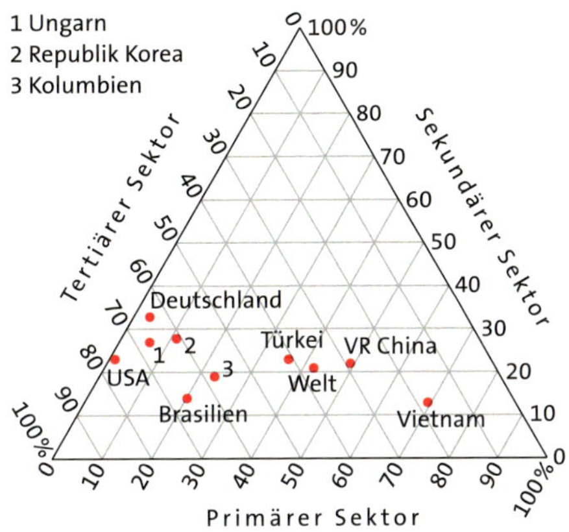

7 ***Beschäftigte in ausgewählten Staaten nach Wirtschaftssektoren***

2 *a) Erstellen Sie aus den Werten der Tabellen 1 und 2 für die ersten fünf Länder ein Säulendiagramm und werten Sie es aus.*
b) Überprüfen Sie die Aktualität der Tabellendaten mithilfe des Internets und beschreiben Sie die erkennbaren Tendenzen.

3 *Beschreiben Sie anhand der Tabellen 1 und 2 sowie des Säulendiagramms 3 die Bedeutung Deutschlands und der USA im Welthandelsgeschehen und die wechselseitigen Handelsbeziehungen der beiden Länder.*

4 *Werten Sie das Dreiecksdiagramm 7 aus und gruppieren Sie die Länder in die Kategorien Entwicklungs-, Schwellen- und Industrieländer sowie postindustrielle Dienstleistungsgesellschaften.*

→ *Mit Dreiecksdiagrammen arbeiten, siehe Seite 68/69*

McDonald's in Moskau

Vorbild U
wirtsch

Wichtige Begriffe
Agrobusiness
Bodenerosion
CBD
ethnische Segregation
Megalopolis
Rustbelt
sozioökonomische Segregation
Standortfaktoren
Suburbanisierung
Sunbelt
Tertiärisierung
Trockengrenze
Wirtschaftsmacht

Agrobusiness
- sehr hohe landwirtschaftliche Produktivität
- hohe Subventionen
- zahlreiche vor- und nachgelagerte agroindustrielle Produktionsschritte

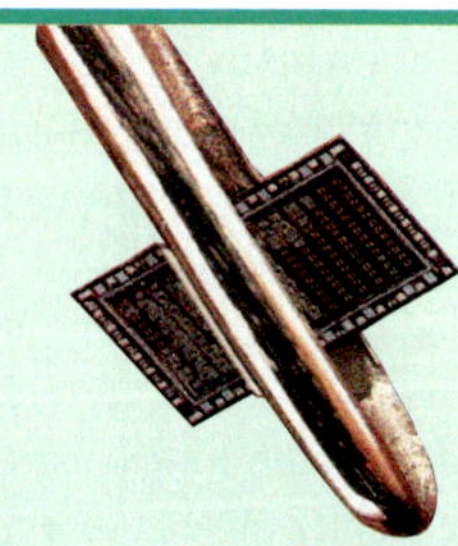

„Sunbelt"
- moderne Hightech- und Wachstumsbranchen im Süden & Südwesten
- angenehmes Lebensumfeld

Sichern Sie Ihr Grundwissen
Erläutern Sie unter Berücksichtigung der am Rande angegebenen, passenden Grundbegriffe das Schema, indem Sie die Kennzeichen der USA als Weltwirtschaftsmacht beschreibend darlegen. Diskutieren Sie, inwieweit die Vereinigten Staaten ihrer Rolle als weltweites Vorbild künftiger kultureller und sozio-ökonomischer Entwicklung gerecht werden.

es Zukunftsmodell in kultureller,
nd gesellschaftlicher Hinsicht?

Multimedia Super Corridor – Malaysias „Silicon Valley“

nnzeichen der
virtschaftsmacht
USA

„Rustbelt“
- altindustrialisierter Raum im Nordosten
- Krisen in der Vergangenheit
- Revitalisierung in der Gegenwart

Stadtland
- hoher Verstädterungsgrad
- sozio-ökonomische & ethnische Segregation
- Suburbanisierung
- hohes Verkehrsaufkommen

Grundwissen

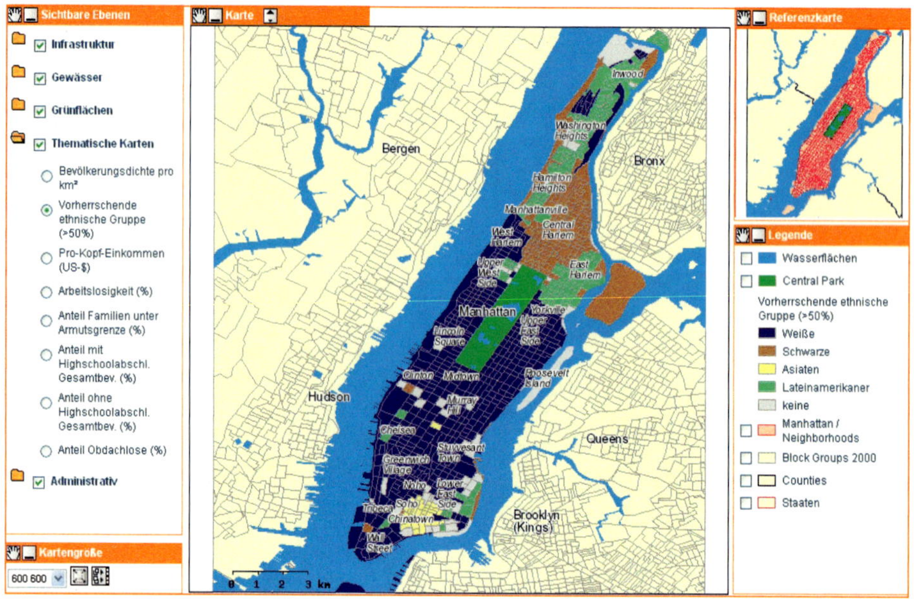

1 *Räumliche Konzentration ethnischer Gruppen in Manhattan: Ein Abfrageergebnis im Klett-GIS*

2
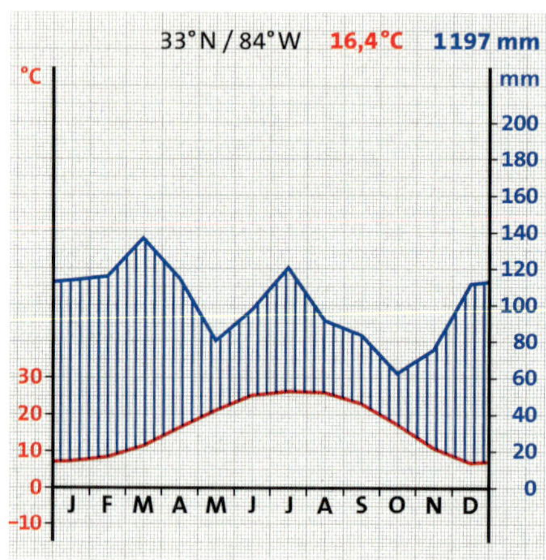

3
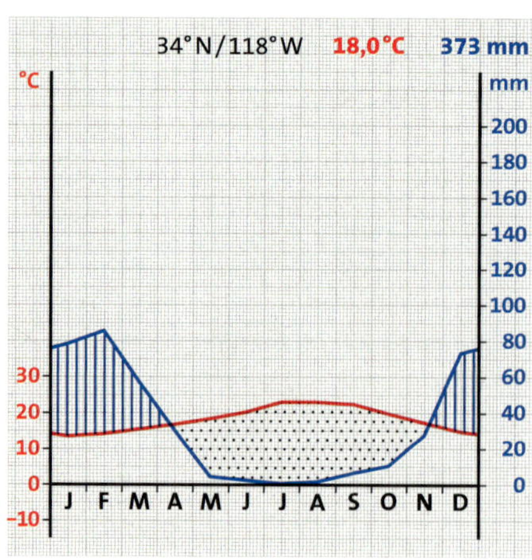

1 Klima in den USA

a) Ordnen Sie die Klimadiagramme 2 und 3 den Stationen Los Angeles und Atlanta zu.

b) Erklären Sie die Unterschiede bei den Temperaturen und den Niederschlägen.

2 Segregation

Arbeiten Sie mit der im Internet verfügbaren Klett-GIS-Software (www.klett-gis.de). Erstellen Sie zu Manhattan aussagekräftige Karten, die die ethnisch-soziale Segregation thematisieren und werten Sie diese aus. Orientieren Sie sich dabei an den Seiten 34–35 im Buch.

a) Beschreiben Sie zunächst die räumliche Verteilung der einzelnen Indikatoren in Manhattan, wie sie in den verschiedenen thematischen Karten zum Ausdruck kommen.

b) Erklären Sie sodann die Beziehungen zwischen einzelnen Indikatoren (z. B. „Arbeitslosigkeit“ und „Anteil ohne Highschoolabschluss“) vor dem Hintergrund der ethnischen und sozio-ökonomischen Segregation in Manhattan.

3 Bevölkerungsentwicklung in den USA

Interpretieren Sie die Karte 8. Beschreiben und begründen Sie die regional unterschiedliche Bevölkerungsentwicklung in den USA.

4

5

6

7

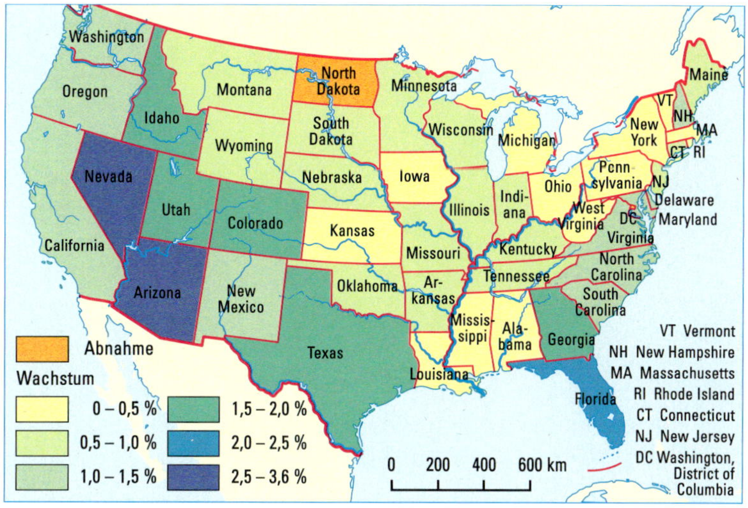

8 *Durchschnittliche Bevölkerungsentwicklung pro Jahr für den Zeitraum 2000 – 2005*

4 Modell der US-amerikanischen Stadt

a) *Ordnen Sie die Fotos 4 – 7 den entsprechenden Zonen des Modells eines amerikanischen Verdichtungsraumes zu. Begründen Sie ihre Entscheidung.*

b) *Übertragen Sie die nachstehende Tabelle ins Heft. Ordnen Sie jeder Zone folgende Funktionen entsprechend ihrer Bedeutung zu: Wohnen, Arbeiten, Versorgen, Erholen.*

Bedeutung	Downtown	Übergangsbereich	Umland
höher			
geringer			

5 USA: Wirtschaft im Wandel

a) *Werten Sie die Diagramme 9 zu den Beschäftigten nach Wirtschaftssektoren aus.*

b) *Deutschland wird im Vergleich zu den USA häufig als „Servicewüste" bezeichnet. Beurteilen Sie diese Aussage unter Einbeziehung der Strukturdaten im Anhang.*

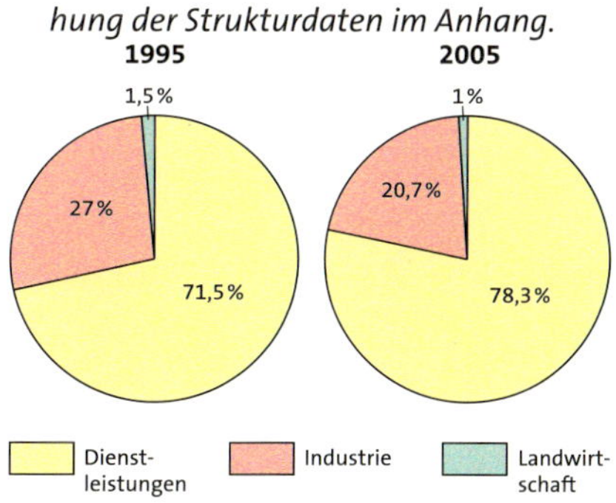

9

ONLINE-Link

Aufgabenlösungen

27960X-0507

Training

Russland – Land im Umbruch

Russland hat enorme Dimensionen. Wer mit der Transsibirischen Eisenbahn von Moskau nach Wladiwostok fährt, braucht dafür eine Woche und durchfährt sieben Zeitzonen. Das Land verfügt über große Potenziale an Bodenschätzen und Energieträgern. Das gesamte politische und wirtschaftliche System des Landes wurde in wenigen Jahren völlig umgestaltet. Der gesellschaftliche Umbruch bringt Chancen, aber auch Probleme wie soziale und wirtschaftliche Ungleichheiten für die Menschen in Russland.

Moskau

Marktfrauen in der Provinz

Warenhaus GUM in Moskau

Arbeiterwohnblock bei Irkutsk

Villa eines Fabrikanten in Kislovodsk

Haus mit Selbstversorgungswirtschaft in einem russischen Dorf

6

Orientierung in Russland

Russland ist der größte Nachfolgestaat der ehemaligen Sowjetunion und zugleich der größte Staat der Welt. Zusammen mit den großen Nachbarstaaten Ukraine, Kasachstan, Usbekistan und Turkmenistan sowie den kleineren Republiken am Kaukasus und im Baltikum stellt diese Region einen bedeutenden Teil „Eurasiens“ dar. Geographisch bildet hierbei der Ural die Grenze zwischen Europa und Asien.

Trotz seiner gewaltigen Größe weist das Gebiet Russlands eine klare landschaftliche Gliederung in Tiefländer, Bergländer und Gebirge auf. So trennt das Uralgebirge das Osteuropäische Flachland vom Westsibirischen Tiefland. Zwischen Jenissei und Lena befindet sich das Mittelsibirische Bergland, während sich nordöstlich der Lena das Ostsibirische Gebirgsland anschließt. Nach Süden hin besitzt Russland mit der Gebirgskette zwischen dem Altai und dem Stanowoi-Bergland eine ausgeprägte naturräumliche Barriere.

Alle großen Ströme des europäischen Teils von Russland münden in das Schwarze Meer oder das Kaspische Meer, während östlich des Urals mit Ausnahme des Amur alle großen Flusssysteme in das Nordpolarmeer münden. Aufgrund der im Jahresverlauf lang andauernden Vereisung der sibirischen Ströme ergeben sich beträchtliche Folgen für die Nutzbarkeit der Flüsse, zum Beispiel als Schifffahrtswege.

Russland:

- *ist mit 17 Mio. km² der flächengrößte Staat der Welt*
- *ist das Land mit den meisten Nachbarstaaten*
- *besitzt mit dem Kaspischen Meer den größten Binnensee und mit dem Baikalsee den tiefsten See (1 620 m) sowie den ältesten See (25 Mio. Jahre) weltweit*
- *wird von der Wolga als dem längsten Fluss Europas (3 500 km) durchflossen*

1 Russland und die übrigen Nachfolgestaaten der Sowjet

1 Arbeiten Sie mit der Karte 1 und dem Atlas:

a) Benennen Sie die geographischen Objekte.

b) Erstellen Sie eine Übersicht über die ehemaligen, jetzt unabhängigen Sowjetrepubliken. Gliedern Sie dabei die Staaten nach folgenden Regionen: „mittelasiatische Staaten“, „Republiken am Kaukasus“, „Republiken im Osten Europas“.

c) Beschreiben Sie das Relief der Teilräume Russlands und beziehen Sie dabei die Höhenangaben mit ein.

d) Bestimmen Sie die Nord-Süd- sowie die West-Ost-Erstreckung Russlands und vergleichen Sie sie mit den bereits bekannten Staaten China und den USA.

e) Ordnen Sie Russland grob in das Gradnetz ein und vergleichen Sie die Ergebnisse mit Nordamerika.

2 Zeichnen Sie auf der Grundlage der Grafik 2 eine Faustskizze von Russland. Bestimmen Sie selbst, welche weiteren Landschaftselemente Sie aufnehmen.

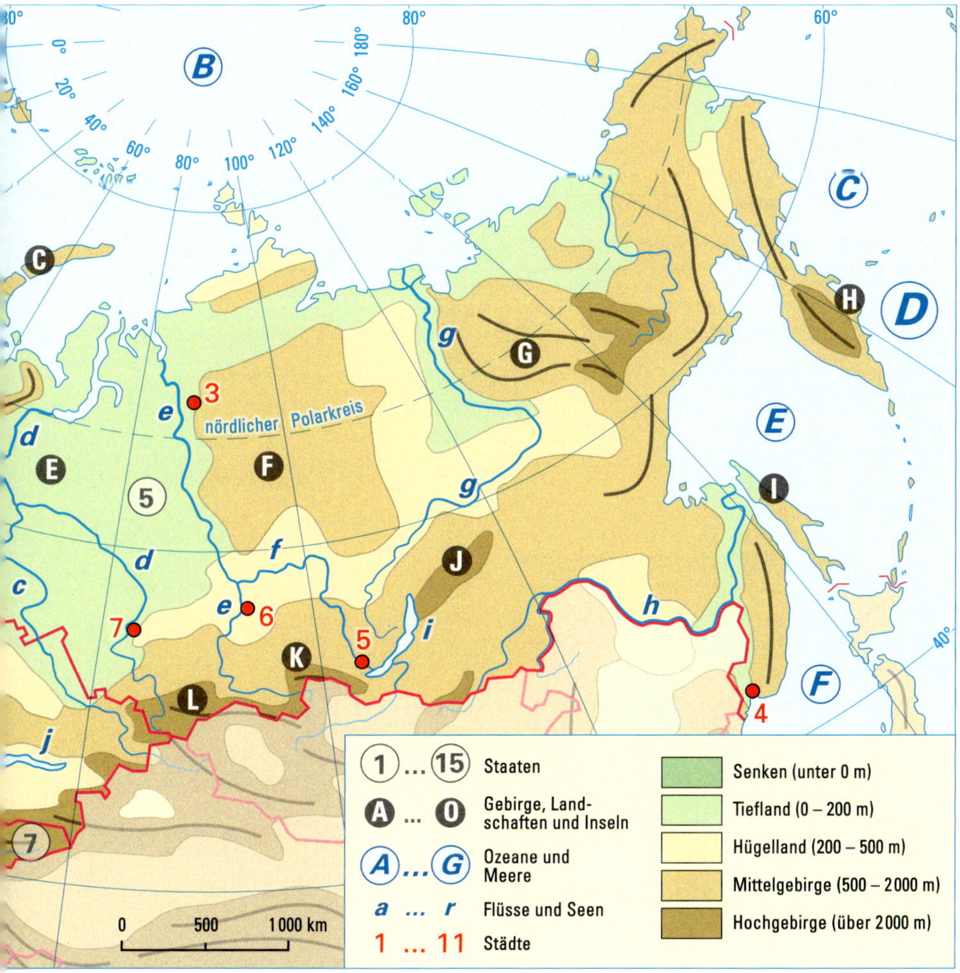

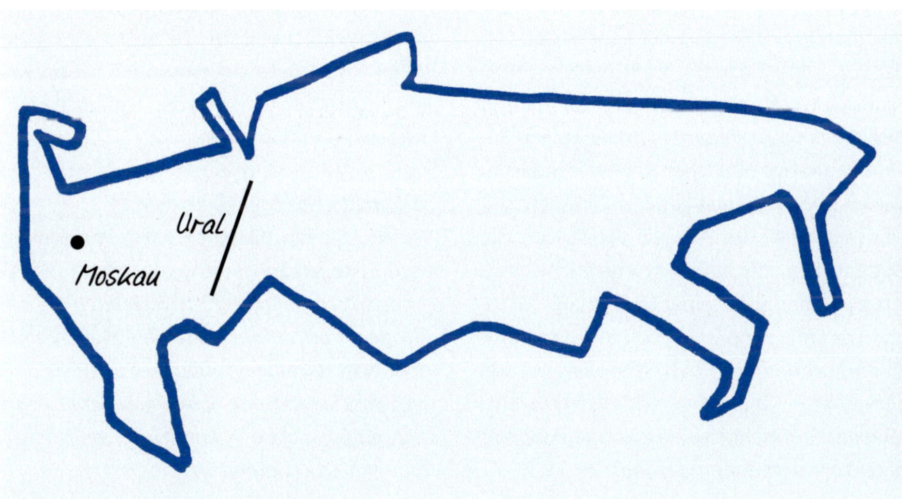

② **_Unvollständige Faustskizze zu Russland_**

③ **_Daten zur Geschichte Russlands_**

- *1922: Gründung der Sowjetunion durch Lenin*
- *1924–1953: Regierungszeit des Diktators Stalin*
- *1985–1991: Regierungszeit von Gorbatschow, dem letzten Präsidenten der Sowjetunion, Beginn demokratischer Reformen*
- *1990: Litauen erklärt als erste Sowjetrepublik seine Unabhängigkeit, Beginn der Auflösung der Sowjetunion*
- *1991: Gründung der GUS (Gemeinschaft unabhängiger Staaten)*

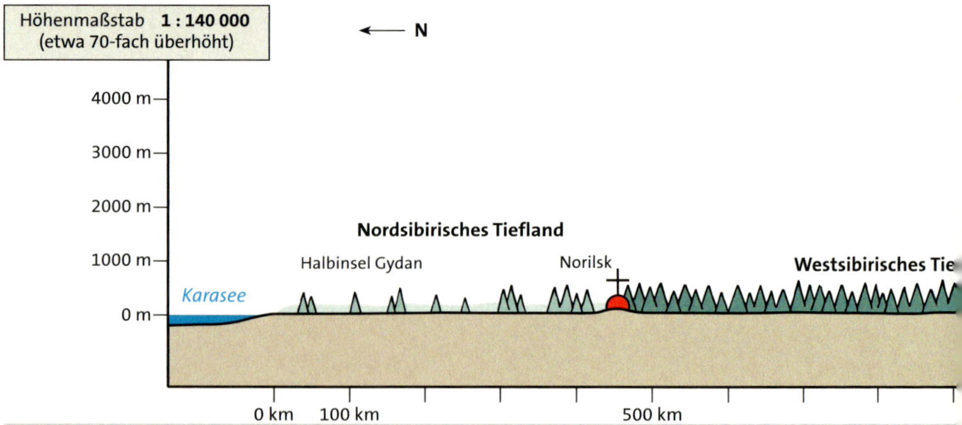

	Nordsibirisches Tiefland	Westsibirisches Tiefland
Januar-Durchschnittstemp. (°C)	–30 bis –25	–25 bis –10
Juli-Durchschnittstemp. (°C)	5 bis 10	10 bis 20
Jahresniederschlag (mm)	250 bis 500	500 bis 1000
Böden	Tundrengleye, Podsole (alle Böden oft über Permafrost)	Podsole, Braunerde, Schwarzerde (v
vorherrschende Vegetation	Tundra, periodisch überschwemmtes Land	Taiga, im Süden Steppe
landwirtschaftliche Nutzung	keine, z. T. extensive Weidewirtschaft	Holzwirtschaft im Norden, Ackerba
Ressourcen	Steinkohle, Nickel, Kupfer, Platin	Holz im Norden, Steinkohle, Eisen, B
Besiedlung	äußerst dünn, Norilsk als einzige größere Stadt (ca. 200 000 Ew.)	äußerst dünn im Norden (vorwiege Städteballung im Süden (zwischen

1 Nord-Süd-Profil durch das Westsibirische Tiefland zwischen der Halbinsel Gydan und dem Berg Belucha (Altai-Ge

Sie haben bereits gelernt, ein einfaches Vegetationsprofil zu erstellen. Diese Fähigkeit können Sie nutzen, um nun ein komplexeres Kausalprofil zu zeichnen, das über das Relief hinaus Beziehungen zwischen natur- und kulturgeographischen Faktoren herstellen kann.

Ein Kausalprofil erstellen

Kausalprofile sind meist bildhafte Darstellungen sowohl des vertikalen als auch des horizontalen Aufbaus einer Landschaft. Dabei wird ein Höhenprofil um weitere Informationen – oft in Form von Signaturen und Beschriftungen – ergänzt, um komplexe Zusammenhänge einfacher zu beschreiben. Zu diesen Informationen gehören beispielsweise der geologische Bau, die Vegetation, die Bodentypen, die landwirtschaftliche Nutzung und das Klima einer Landschaft.

Höhenprofile kann man durch ein Klimaprofil ergänzen, indem beispielsweise genaue Temperatur- und Niederschlagswerte entlang des Profilschnittes eingetragen und mit einer Linie verbunden werden.

Ein Kausalprofil lässt sich zudem um eine darunter angeordnete, übersichtliche Stichworttabelle erweitern. Die entsprechenden Angaben zu Oberflächenformen, Boden, Klima, Vegetation usw. sind den regionalen Einheiten des Profils zugeordnet.

1. Schritt: Höhenprofil zeichnen

Wählen Sie im Atlas eine Höhenschichtenkarte aus. Legen Sie einen geeigneten Längen- und Höhenmaßstab fest. Verbinden Sie die für den Profilverlauf passenden Höhenpunkte sinnvoll zu einer Profillinie. Achten Sie darauf, dass Sie einzelne Höhenangaben (z. B. für Berggipfel) nicht mit dem durchschnittlichen Höhenniveau verwechseln.

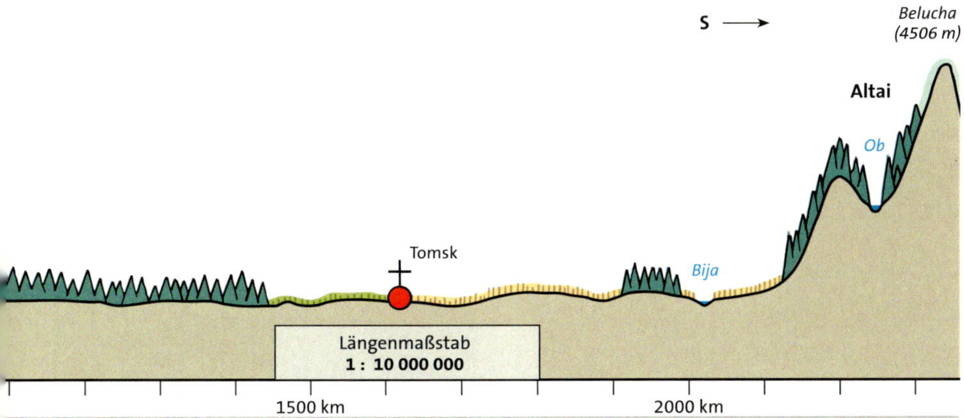

	Altai
	−30 bis −20
	10 bis 15
	500 bis 1 000
id)	Gebirgspodsole
	Taiga, Hochgebirgssteppe
en)	keine, z. T. extensive Weidewirtschaft
en (Kusnezkbecken)	Holz
lüsse, z. B. des Jenissej), rsk und Nowokusnezk)	nahezu siedlungsleerer Raum

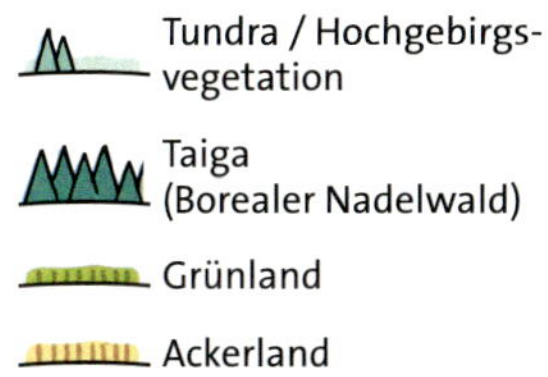

❷

*Das Wort **kausal** ist eine Ableitung von dem lateinischen Wort „causa" = Grund, Ursache.*

2. Schritt: Landschaftseinheiten zuordnen

Ordnen Sie dem Profil die entsprechenden Landschaftseinheiten zu. Meist sind diese Naturräume durch annähernd gleiche Reliefmerkmale und Höhen gekennzeichnet. So können Sie z. B. nach Hochgebirgen, Mittelgebirgen, Tiefländern differenzieren.

3. Schritt: Tabelle erstellen und Merkmale zuordnen

Wählen Sie, abhängig von Fragestellung, Raumausschnitt und Materiallage, geeignete Merkmale (z. B. Klima, Vegetation, Boden, Bevölkerungsdichte) aus, die darzustellen sind. Legen Sie nun entsprechend der Oberflächengliederung eine Tabelle an (Beispiel 1).
Ordnen Sie den einzelnen Landschaften jeweils stichpunktartig typische Merkmale in der Tabelle zu. Nutzen Sie dazu den Atlas, Ihr Schülerbuch oder andere verfügbare Informationsquellen.

4. Schritt: Zusammenhänge beschreiben und erklären

Zwischen den dargestellten Merkmalen bestehen in der Regel Zusammenhänge, die Sie jedoch erst ableiten müssen. Häufig kann man einen engen Zusammenhang zwischen Relief, geologischem Bau und Bodenverhältnissen oder zwischen Relief, Klima, Vegetation und damit auch der landwirtschaftlichen Nutzung und der Bevölkerungsdichte beobachten.

1 *Führen Sie den Schritt 4 anhand des Kausalprofils 1 durch Russland durch.*

2 *Begründen Sie, weshalb Sibirien nur punktuell besiedelt ist.*

3 *Erstellen Sie ein Kausal- und Klimaprofil durch China zwischen dem Himalaya und dem Ostchinesischen Meer entlang des 30. Breitengrades.*

→ *Klimaprofil, siehe Seite 137*

1 ***Tundra im Winter***

2 ***Frostmusterboden in der Tundra***

4 ***Borealer Nadelwald (Taiga)***

Kaum zu glauben

Wäsche, die in der sibirischen Tundra im Winter außerhalb der Häuser zum Trocknen aufgehängt wird, lässt sich nach einer halben Stunde wie Papier zerreißen.

3

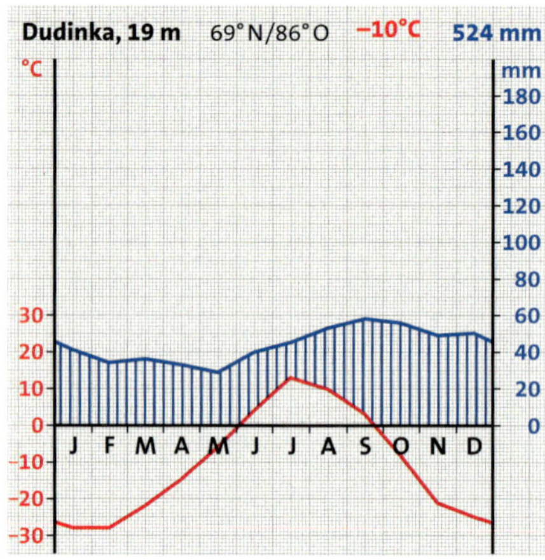

5

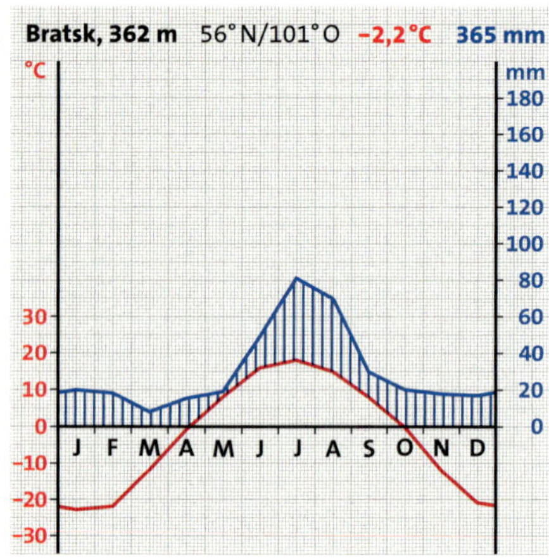

Vom Kältepol zur Wüste

Klimatische Bedingungen

In weiten Teilen Russlands wird das Klima durch die große Landmasse geprägt. Man spricht deswegen vom **Kontinentalklima**.

Während zum Beispiel im nordrussischen Norilsk noch klirrende Kälte herrscht, lockt die Sonne die ersten Sonnenhungrigen an die Strände des Schwarzen Meeres. Von der kalten Zone am Nordpolarmeer bis zu den Subtropen am Schwarzen Meer erstrecken sich die Klimazonen. Besonders extrem ist das Klima in Sibirien. Hier liegt der **Kältepol** der Nordhalbkugel. Kältepole sind Gebiete der Erde, in denen die niedrigsten Lufttemperaturen gemessen werden. Werchojansk weist mit minus 71,2 °C die niedrigsten Temperaturen eines bewohnten Ortes der Erde auf. Wer hier lebt, muss im Jahresverlauf extreme Temperaturunterschiede ertragen.

Vegetationszonen

Die vorrangig mit Flechten bewachsene **Tundra** ist immer noch wenig erschlossen und dünn besiedelt. Südlich davon finden sich Gebiete mit einzelnen Sträuchern und Baumgruppen. In der Vegetationszone der borealen Nadelwälder, der **Taiga**, überwiegen Lärchen. Im südlichen Teil Sibiriens dominieren die vorrangig aus Birken bestehenden Laub- und Mischwälder die Landschaft.

Nehmen die mittleren Jahrestemperaturen zu und die Niederschläge ab, entwickeln sich Steppen und Halbwüsten. Die Wüsten Zentralasiens grenzen an Gebirge, die kaum bewaldet sind. An der Küste des Schwarzen Meeres herrschen subtropisches Klima und mediterrane Vegetation vor.

Diese klimatischen Bedingungen schränken die Landwirtschaft in Teilen Russlands ein.

6 *Halbwüste mit Luftspiegelungen am Horizont*

9 *Sotschi am Schwarzen Meer*

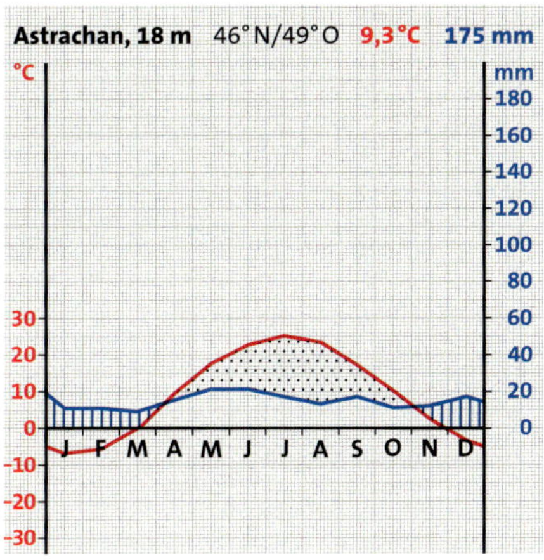

7

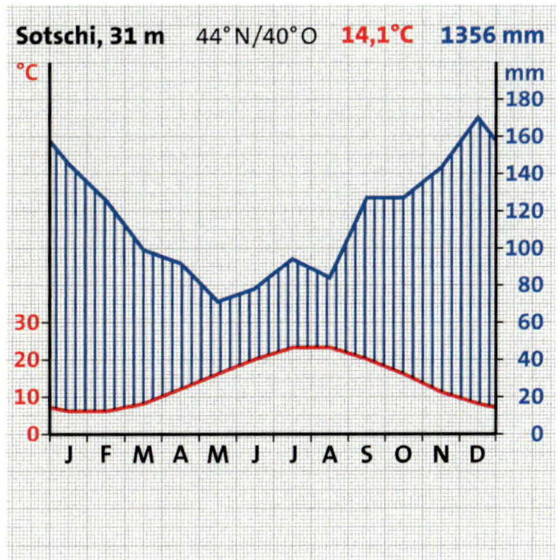

10

11

Kaum zu glauben

Der wegen seiner angenehmen Temperatur beliebte und sonnenverwöhnte Badeort Sotschi wird im Jahre 2014 Austragungsort der olympischen Winterspiele.

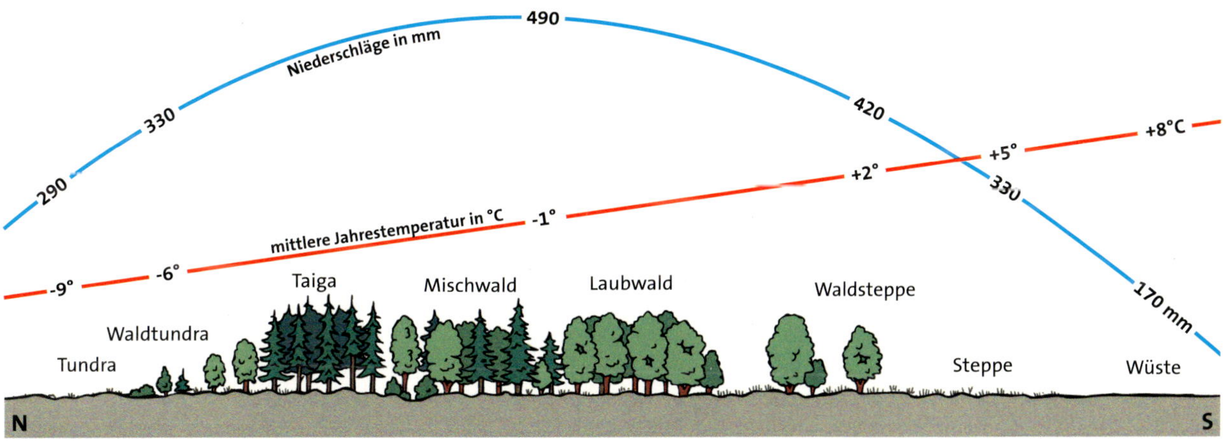

8 ***Schematisches Klima- und Vegetationsprofil durch die osteuropäische Ebene entlang 50° östlicher Länge***

1 *Notieren Sie mithilfe des Atlas alle Klimazonen, an denen Russland Anteil hat.*

2 *Vergleichen Sie das Klima Russlands mit dem der USA. Arbeiten Sie Gemeinsamkeiten und Unterschiede heraus.*

3 *Beschreiben Sie anhand von Grafik 8 den Nord-Süd-Wandel des Klimas. Bewerten Sie das agrarische Nutzungspotenzial der Teilräume.*

→ *Klima Nordamerikas, siehe Seite 100/101*

1 ***Wagon der Transsib***

TRANSSIB

Moskau	
Sonntag	16.27 h
Nischni Nowgorod	
Sonntag	23.30 h
Perm	
Montag	12.50 h
Jekaterinburg	
Montag	19.04 h
Omsk	
Dienstag	07.13 h
Nowosibirsk	
Dienstag	15.10 h
Krasnojarsk	
Mittwoch	03.48 h
Irkutsk	
Mittwoch	21.45 h
Ulan-Ude	
Donnerstag	05.18 h
Tschita	
Donnerstag	15.14 h
Chabarowsk	
Samstag	09.47 h
Wladiwostok	
Samstag	23.06 h

2 ***Stationen der Transsib***

3 ***Die Transsib am Baikalsee***

Von Moskau nach Wladiwostok

Die Transsibirische Eisenbahn, kurz Transsib genannt, ist die längste durchgehende Eisenbahnverbindung der Welt. Sie verbindet den Westen mit dem Fernen Osten. Wer mit der Transsib reist, kann den West-Ost-Wandel des Klimas erleben und die landschaftlichen Veränderungen beobachten.

West-Ost-Wandel des Klimas

Wegen der zunehmenden Entfernung zum Meer nehmen die Niederschläge nach Osten immer weiter ab. Dies ist ein Kennzeichen des Kontinentalklimas. Ein weiteres Merkmal ist der große Temperaturunterschied im Verlauf des Jahres. Bei diesen extremen Unterschieden sprechen Geografen von einer hohen Jahresamplitude der Temperatur.

Folgen für die Landwirtschaft

Als Folge der klimatischen Bedingungen ist die Landschaft bis Krasnojarsk durch große landwirtschaftliche Nutzflächen geprägt. Weiter in Richtung Osten verschwinden wegen der zumeist extremen klimatischen Bedingungen die Spuren menschlicher Nutzung immer mehr. Niedrige Temperaturen über mehrere Monate sowie wenig Niederschlag verkürzen die Wachstumsphasen der Pflanzen. **Kältegrenze** und **Trockengrenze** verlaufen durch jene Gebiete, in denen Temperatur bzw. Feuchtigkeit limitierende Faktoren für die Landnutzung darstellen.

Die Orte St. Petersburg, Odessa und Krasnojarsk bilden die Eckpunkte des so genannten **Agrardreiecks**. Nördlich des Agrardreiecks behindern große Kälte, lange Winter und Dauerfrostböden die Landwirtschaft, südlich davon bringt die intensive Landwirtschaft ohne Bewässerung Probleme mit sich.

Im Agrardreieck werden neben Getreide auch Zuckerrüben, Mais und Sonnenblumen angebaut. Technische Möglichkeiten wie z. B. Bewässerung oder Anbau unter Folien können diese von den Naturbedingungen gesetzten Grenzen verändern. Dies ist aber immer mit erhöhtem ökonomischen

4 ***Landwirtschaftszonen in den Ländern der GUS***

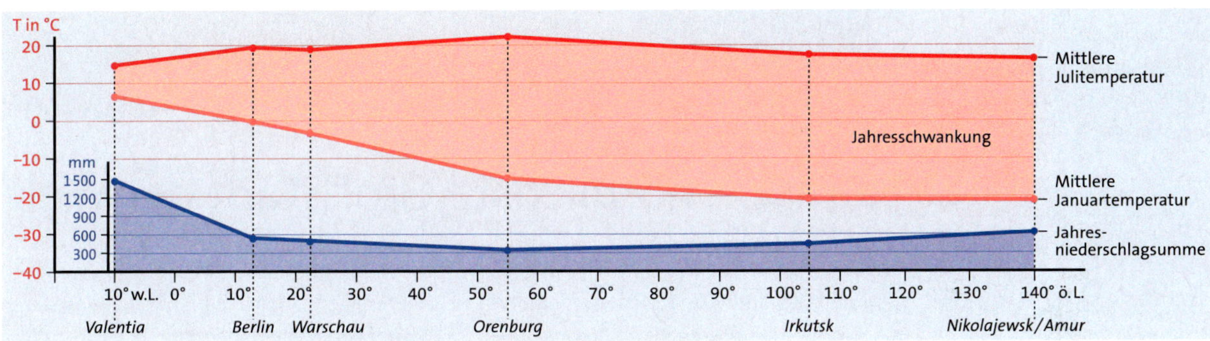

5 ***Jahresniederschlag, mittlere Januar- und Julitemperatur entlang 52° nördlicher Breite***

Aufwand und häufig mit ökologischen Risiken verbunden. Seit dem Zusammenbruch der Sowjetunion fehlen dazu oft politischer Wille und wirtschaftliche Realisierbarkeit.

1 *Nennen Sie die Landwirtschaftszonen, die bei einer Fahrt mit der Transsib durchquert werden.*

2 *Stellen Sie Maßnahmen dar, durch die die natürlich gegebenen agrarischen Nutzungsgrenzen ausgedehnt werden können. Bewerten Sie diese Projekte im Hinblick auf mögliche ökonomische und ökologische Auswirkungen.*

3 *Werten Sie die Grafik 5 aus.*

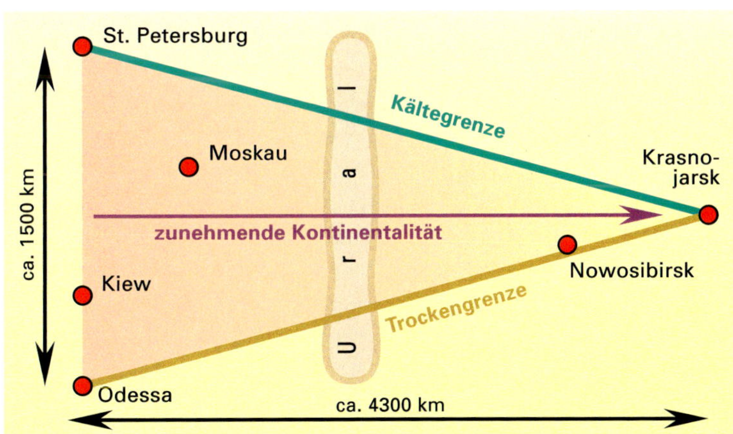

6 ***Agrardreieck***

1 *Steckbrief zur historischen Entwicklung von Norilsk*

***17. Jahrhundert**: Entdeckung von Kupfer- und Nickelerz*
***23.6.1935**: Gründung eines Industriestandortes auf Beschluss der Staatsführung*
***1939–1956**: Bau der Stadt durch bis zu 70 000 Inhaftierte, Beginn der Produktion und der massiven ökologischen Schädigung der Region Norilsk*
***4.11.1989**: Gründung von Norilsk Nickel als dem dominierenden Unternehmen der Region, Beginn der Privatisierung von ehemaligen Staatsbetrieben*
***30.06.1993**: Aktienunternehmen RAO Norilsk Nickel*
***2001**: Umstrukturierung in die MMC Norilsk Nickel AG*
***2004**: Bevölkerungszahl übersteigt 200 000 durch Eingemeindung der Städte Talnach und Kaijerkan*

2 *Norilsk im Juli*

4 *Norilsk Ende September*

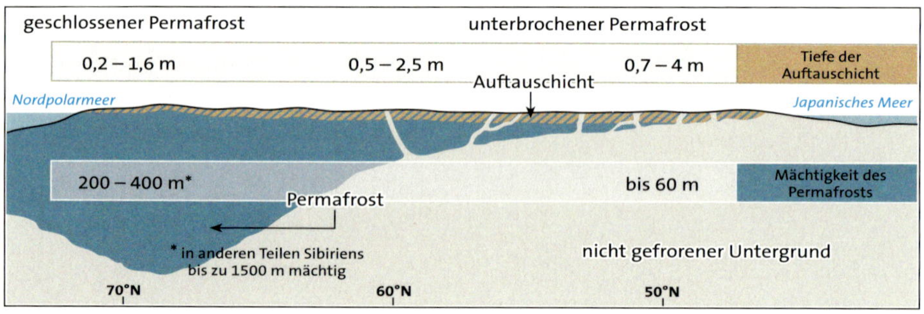

3 *Profil durch den Permafrost*

Norilsk – nördlichste Großstadt der Welt

Fast 300 Tage im Jahr liegt Schnee. Aber auch während des drei Monate dauernden Sommers mit Temperaturen bis zu 30 Grad Celsius sind Nachtfröste möglich. Dann geht die Sonne gar nicht unter. Der Boden und das darunter liegende Lockergestein sind ganzjährig tief gefroren. In der warmen Jahreszeit taut der **Permafrost** oberflächlich bis zu maximal vier Metern Tiefe auf. Diese Zeit bereitet den Menschen in Norilsk ebenso wie in anderen sibirischen Regionen die größten Schwierigkeiten, besonders beim Bau von Häusern oder Straßen. Pfahlbauten können eine Lösung sein, Straßenfundamente müssen tief eingesprengt werden.

Motive für die Besiedlung

Eine seltene Kombination von wertvollen Bodenschätzen führte zur Stadtgründung. Die ersten Siedler kamen allerdings unfreiwillig hierher. Der Staat ließ nach 1935 Zwangsarbeiterlager (GULAG) einrichten. Die späteren kommunistischen Machthaber lockten dann vor allem junge Arbeiter und Spezialisten durch höhere Löhne, Autos oder eine komfortable Wohnung in den hohen Norden.

Heute gilt Norilsk als das Hauptzentrum der russischen Nickelherstellung. Neben Nickelerzen werden auch Kupfer-, Kobalt- und Platinerze abgebaut. Diese werden so aufbereitet, dass die reinen Metalle gewonnen werden. Außerdem wird in den Bergwerken hochwertige Steinkohle abgebaut. Nickel wird weltweit z. B. für Batterien benötigt.

Leben in Norilsk

Norilsk ist mit dem Flugzeug oder dem Schiff erreichbar. Eine Eisenbahnlinie verbindet die Stadt mit dem etwa 120 Kilometer entfernten Flusshafen Jenissei. Ein Flugplatz liegt 40 Ki-

⑤ ***Wohnungsbau in Norilsk auf Permafrost***

⑦ ***Nickelfabrik von Norilsk***

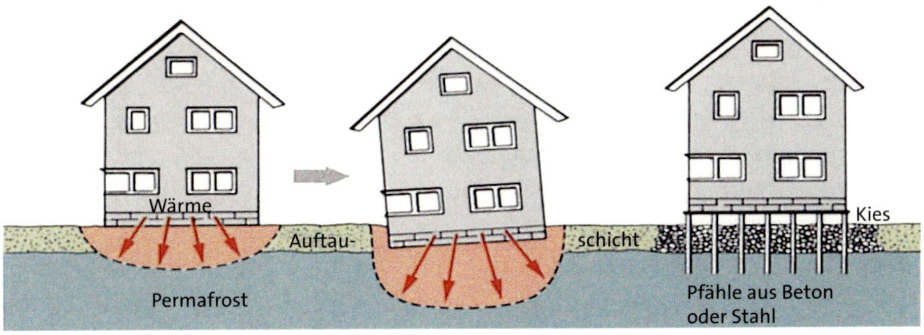

⑥ ***Probleme beim Hausbau auf Permafrost***

Kaum zu glauben

Permafrostgebiete nehmen etwa ein Fünftel der Erdoberfläche ein. Diese findet man auch in den Hochlagen der Alpen.

lometer außerhalb der Stadt. Eine Erdgaspipeline und ein Steinkohlekraftwerk versorgen die Stadt mit Energie. Gemüse und Obst für die Bevölkerung müssen aufwändig in Gewächshäusern angebaut werden. Oft wird es aber wie die meisten anderen Lebensmittel mit dem Flugzeug herantransportiert. Die Versorgung der Menschen ist sehr teuer und wegen der harten Lebensbedingungen bleiben viele Bewohner nicht lange. Aufgrund der enorm hohen Luft- und Wasserverschmutzung haben seit 1990 etwa 10 000 Menschen Norilsk verlassen. Wer neu kommt, den lockt die große Firma und das große Geld.

⑧ MMC Norilsk Nickel ist eines der zehn größten russischen Unternehmen. Die Abkürzung MMC steht für Mining and Metallurgical Company. Das Unternehmen ist im RTS Index an der Moskauer Börse und an der NASDAQ in den USA gelistet. Nach eigenen Angaben steuert das Unternehmen 1,5 % des russischen Bruttoinlandsproduktes bei und ist mit fast 100 000 Beschäftigten der bei weitem größte Arbeitgeber der Region. MMC Norilsk Nickel ist der weltweit führende Produzent von Nickel und Palladium. *nach: JSC MMC „Norilsk Nickel", unter: www.nornik.ru/en (05/2007)*

1 *Beschreiben Sie die charakteristischen Merkmale eines Permafrostbodens und erläutern Sie die sich dadurch bei der Anlage von Siedlungen ergebenden Risiken.*

2 *Arbeiten Sie mit dem Atlas und benennen Sie die Bodenschätze, welche die Region wirtschaftlich interessant machen.*

3 *Viele Metalle werden mit einer veralteten Technologie aus schwefelhaltigem Erz gewonnen, was zu SO_2-Emissionen führt, die etwa so hoch sind wie der gesamte SO_2-Ausstoß in Deutschland. Informieren Sie sich im Internet über Umweltbelastungen in der Region um Norilsk und fertigen Sie dazu ein Plakat an.*

ONLINE-Link

Surftipp

27960X-0601

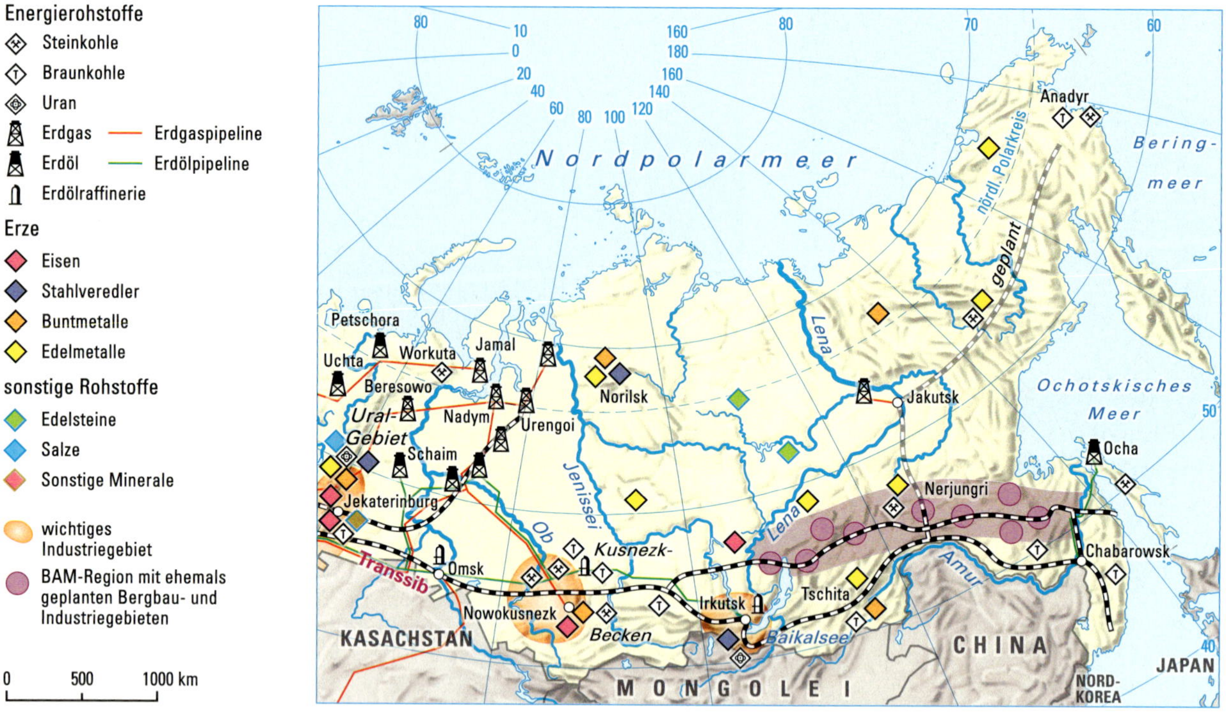

Bergbau in Sibirien

Schatzkammer Sibirien

Sibirien
Das Wort stammt aus der tatarischen Sprache und bedeutet sinngemäß „schlafende Erde".

Ressourcen
So bezeichnet man die Gesamtheit aller auf der Erde verfügbaren Rohstoffvorkommen, unabhängig davon, ob und in welchem Umfang sie mit heute absehbaren technischen und finanziellen Mitteln genutzt werden können.

Sibirien nimmt 56 % der Fläche Russlands ein: Es ist 27-mal größer als Deutschland und größer als der gesamte Kontinent Australien. In Sibirien lagern mehr als die Hälfte der Stein- und Braunkohlereserven der Erde, rund 30 % aller Buntmetallerze und riesige Erdöl- und Erdgasvorkommen. Man schätzt die in Sibirien lagernden Erdöl- und Erdgasreserven auf 18 bzw. 30 % der bekannten Weltressourcen. Mit den borealen Nadelwäldern verfügt Russland zudem über gewaltige **Ressourcen** an Holz.

Erschließungsschwierigkeiten

Seit den 1960er-Jahren ist die Besiedlung Sibiriens und die Nutzung der Ressourcen ein Prestigeobjekt mit aufwändigen Erschließungsmaßnahmen gewesen. In Ostsibirien befinden sich die größten Steinkohlelagerstätten der Erde. Um diese und die anderen Rohstoffe der Region zu fördern, wurde ab 1974 die Baikal-Amur-Magistrale (BAM) gebaut, eine nördlich der Transsib verlaufende Eisenbahnlinie.

Extreme Naturbedingungen erschweren noch heute die Erschließung. Da der Untergrund ständig gefroren bleibt, kann das Wasser nicht versickern und fließt oberirdisch ab. Überschwemmungen machen die wenigen vorhandenen Wege mehrere Wochen im Jahr unpassierbar. Außerdem kommt die so entstandene Auftauschicht in Bewegung. Bei schon geringster Neigung des Reliefs kommt es zu Bodenfließen.

Der nördliche Teil Sibiriens wird meist von Basisstationen aus, die nur mit Hubschraubern zu erreichen sind, erschlossen. Wege zu den Lagerstätten führen über Permafrostgebiete, durch Sümpfe oder über die vielen Seen. Auch hierbei sind die Bedingungen im Winter am günstigsten. Im Frühling treten im Bereich der großen Flüsse gewaltige Überschwemmungen auf, weil Eisschollen den Abfluss des Wassers behindern. Auf dem Landweg ist dann kein Durchkommen mehr.

2 *Im Bohrturm 150 km entfernt vom nördl. Polarkreis*

3 *Die Baikal-Amur-Magistrale (BAM)*

Einsatz von Technik

Insbesondere der Permafrost und der Sumpfboden erfordern spezielle Techniken der Rohrverlegung. Je nachdem, ob die Pipeline oberirdisch oder unterirdisch verläuft, müssen bestimmte Vorkehrungen getroffen werden, um die Stabilität der Leitung zu gewährleisten. Das Öl, das mit 60 °C aus der Erde kommt, darf nicht zu stark abkühlen. Die Temperatur muss beibehalten werden, weil bei der Abkühlung die schweren Kohlenwasserstoffe im Erdöl (z. B. Teer) zu Verstopfungen der Ventile und Pumpen führen würden. Doch trotz hoher Sicherheitsvorkehrungen kann es passieren, dass die schwere Pipeline durch Wärmeabgabe das tragende Fundament verliert und Risse sowie Lecks entstehen.

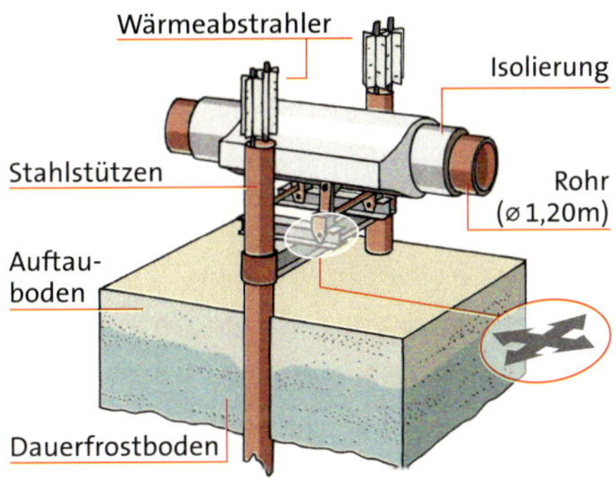

4 *Oberirdische Pipelineverlegung*

6 *Defekte Rohrleitung in der Tundra*

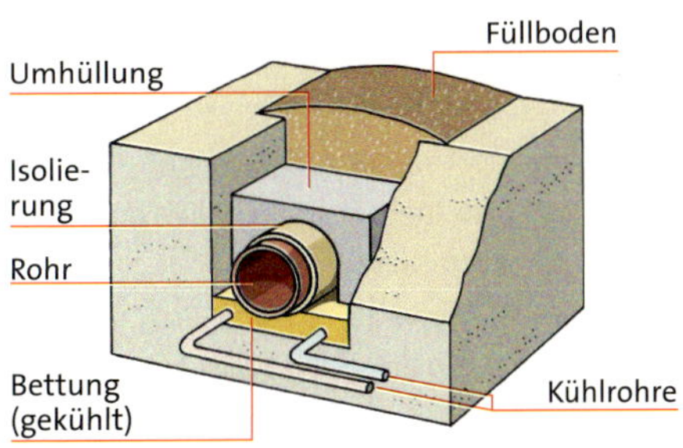

5 *Unterirdische Pipelineverlegung*

1 *Erläutern Sie anhand von Karte 1 die Seitenüberschrift „Schatzkammer Sibirien".*

2 *Beschreiben Sie die Probleme bei der Erschließung, dem Abbau und dem Transport der Rohstoffe.*

3 *Nennen und begründen Sie Maßnahmen zur Verringerung der Wärmeabgabe von Pipelines.*

1 **Bestehendes Erdgas-Pipeline-Netz zwischen Russland und Europa sowie neue Projekte**

Petrodollars sprudeln für Russland

Petrodollars

Da seit dem Zweiten Weltkrieg der internationale Handel mit Erdöl und Erdgas hauptsächlich in US-Dollar abgerechnet wird, spricht man von „Petrodollars".

Die meisten westeuropäischen Industriestaaten sind von Öl- und Gasimporten abhängig. Diese Lieferungen bedeuten nicht nur, dass jederzeit Benzin an Tankstellen verfügbar und die Wohnung im Winter warm ist. Sie sind ebenso wichtige Grundlage für die Industrieproduktion und sichern somit Arbeitsplätze. Weltweit steigt die Nachfrage nach Öl und Gas, vor allem in den Schwellenländern China und Indien. Damit steigt auch der Preis für diese Ressourcen kontinuierlich an – zum Vorteil der Förderländer.

Russland als weltweit größter Erdgasförderer, noch vor den USA und Kanada, spielt für die Versorgung Deutschlands und Europas eine entscheidende Rolle. Deutschland importierte im Jahr 2006 ein Drittel seines Erdgasbedarfs aus Russland. Ein dichtes Netz von Pipelines verbindet Russland und Europa. Weitere Projekte sind im Bau oder geplant.

Die Ostseepipeline

Mit der neuen Erdgasleitung durch die Ostsee verknüpfen Russland und Deutschland hohe Erwartungen. Deutschland hofft dadurch auf eine sichere Erdgasversorgung aus Russland als wichtigstem Lieferanten und eine größere Unabhängigkeit von anderen osteuropäischen Ländern. Die Zusammenarbeit ermöglicht eine Beteiligung deutscher Firmen, zum Beispiel der Wintershall AG, am Ausbau des Pipelinenetzes und der Rohstoffförderung in Russland.

Russland sichert sich durch die Pipeline den mitteleuropäischen bzw. deutschen Absatzmarkt, zumal eine hohe Nachfrage aus Deutschland nach dem umweltfreundlichen Rohstoff besteht. Den hohen Investitionskosten aufgrund der aufwändigen Verlegung in der Ostsee unter Offshore-Bedingungen steht der entscheidende Vorteil entgegen,

2 Deutsch-russische Partnerschaft wird weiter ausgebaut

(...) Das von der BASF-Tochter Wintershall AG und dem russischen Erdgasproduzenten OAO Gazprom betriebene Gemeinschaftsunternehmen Achimgaz startet nur knapp drei Jahre nach dessen Gründung jetzt die erste Produktionsbohrung. Damit ist erstmalig ein deutscher Produzent in der Förderung in Sibirien aktiv. Das deutsch-russische Joint Venture wird aus einem der größten Erdgasfelder bei Nowy Urengoi über 40 Jahre insgesamt 200 Milliarden Kubikmeter Erdgas (...) fördern. (...)

„Seit 15 Jahren sind Wintershall und Gazprom gemeinsam erfolgreich – zuerst beim Gashandel und seit 2003 auch gemeinsam in der Exploration und Produktion. Diese Zusammenarbeit wollen wir nun als wichtigen Beitrag zur künftigen Versorgung Europas mit Erdgas entlang der gesamten Wertschöpfungskette intensivieren, vom Bohrloch in Sibirien bis zum Kunden in Europa", sagte Reinier Zwitserloot, Vorstandsvorsitzender der Wintershall AG auf der Jahrespressekonferenz des Unternehmens Ende März in Kassel.

Mittelfristig wird die Bedeutung russischen Erdgases angesichts der rückläufigen Produktionsmengen und des zu erwartenden höheren Erdgasverbrauchs für Westeuropa weiter zunehmen. Für die Versorgungssicherheit im wachsenden europäischen Gasmarkt ist und bleibt Russland der bedeutendste Partner. (...)

Die steigende Nachfrage der Europäischen Union nach Importgas macht langfristig gesehen zusätzliche Transportwege erforderlich. Ein weiteres Großprojekt der Unternehmen, um die steigende Nachfrage abzudecken, ist eine rund 1200 Kilometer lange Pipeline durch die Ostsee. Die Pipeline soll Erdgas auf direktem Wege von den Quellen in Sibirien nach Europa liefern. (...)

Michael Sasse, ZAO Achimgaz, vom 26.04.06, unter: www.achimgaz.com

4 Moskau: Verwaltungsgebäude der Gazprom AG

dass so die Zahlungen von Durchleitungsentgelten an Weißrussland, Polen und die Ukraine umgangen werden können.

Auch wenn die Weltmarktpreise für Erdgas stark schwanken, so bestehen doch für Russland gute Aussichten auf stabile beziehungsweise in absehbarer Zeit weiter steigende Energiepreise und damit gute Erträge.

Kritiker des Projekts wenden ein, dass eine Pipeline auf dem Grund der Ostsee finanzielle Risiken, wie die nicht vollständig kalkulierbare Rentabilität, und mögliche Umweltgefahren, wie zum Beispiel durch Undichtigkeiten, mit sich bringt. Zudem könnte sich das Verhältnis zu den bisherigen Transitländern, die nicht am Projekt beteiligt werden, verschlechtern und zwischen Russland und Deutschland eine zu starke wechselseitige Abhängigkeit, vor allem gegenüber dem Gaslieferanten Gazprom, entstehen.

3 Rohstoffförderung Russlands im Vergleich

Förderung	„Weltrang"			
	1	2	3	4
Erdgas	Russland	USA	Kanada	Großbritannien
Erdöl	Saudi-Arabien	USA	Russland	Iran
Eisenerz	Brasilien	Australien	China	Russland

1 *„Seit dem Zusammenbruch der Sowjetunion werden die Ressourcen für Russland zunehmend zum wirtschaftlichen und politischen Faktor!" – Erklären Sie diese Aussage mithilfe der Tabellen 3 und 5.*

2 *Ermitteln Sie mithilfe der Karte 1 und Text 2 Russlands Bedeutung für die Erdgasversorgung in Deutschland.*

3 *Erläutern Sie mögliche Probleme, die sich beim Bau der Ostseepipeline ergeben können.*

5 Gewinnstärkste russische Unternehmen 2006 (Gewinn in US-$)

Gazprom (Versorger):	*10,8 Mrd.*
Lukoil (Erdöl):	*6,4 Mrd.*
Rosneft (Erdöl):	*4,2 Mrd.*
Surgutneftegas (Erdöl):	*4,0 Mrd.*
Sberbank (Banken):	*2,3 Mrd.*

1

2 ***Kahlschlag in der Taiga***

Raubbau

Eine Wirtschaftsweise, bei der natürliche Rohstoffe rücksichtslos ausgebeutet werden. So erfolgt z. B. keine Wiederaufforstung abgeholzter Wälder.

Raubbau in der Taiga

Bis weit in das vergangene Jahrhundert hinein blieb die Taiga vor allem aufgrund der extremen natürlichen Bedingungen vor großen Eingriffen des Menschen verschont. Erst ab etwa 1960 beschloss die Führung der damaligen Sowjetunion Rohstofferschließungsprogramme. Seither führen Straßen und Bahnlinien in die sibirischen Nadelwälder, die großflächig zugunsten von Industriegebieten, Pipelinetrassen, Abbaugebieten von metallischen Rohstoffen sowie Energierohstoffen und zur Nutzholzgewinnung, z. B. für Zellstoff, abgeholzt werden.

Mittlerweile sind auch Holzkonzerne aus den USA, Japan und zunehmend auch aus Europa auf den Holzreichtum aufmerksam geworden, nicht zuletzt weil die Hölzer der Taiga ca. 50 % billiger als Tropenhölzer gehandelt werden.

Ausbeutung der Ressource Holz mit Folgen

Wälder spielen für die Lebensräume der Erde eine elementare Rolle. Sie regulieren das Klima, indem sie die Luftfeuchtigkeit erhöhen, Winde bremsen und extreme Klimaverhältnisse wie Hitze, Frost, Trockenheit und Sturm abmildern. Sie filtern die Luft, reichern sie mit Sauerstoff an, speichern und reinigen Wasser und verhindern Erosion.

Der boreale Nadelwald ist der größte Waldgürtel unserer Erde. Er bedeckt eine Fläche von etwa der Größe Europas. Ungefähr ein Drittel des organischen Kohlenstoffs der Welt ist in der organischen Bodensubstanz der borealen Wälder als Streu, Humus oder Torf gespeichert.

Die großflächigen Rodungen können zusammen mit anderen negativen Umwelteinflüssen wie dem durch Haushalte, Industrie und Verkehr verursachten CO_2-Ausstoß Auswirkungen auf das Weltklima zur Folge haben. Unmittelbar sichtbar sind jedoch nur die direkten Folgen des Holzeinschlags, wie zum Beispiel weite Kahlschläge aufgrund der industriellen Holzproduktion, starke Bodenerosion und damit die Verschlammung von Flüssen sowie der Verlust wertvoller Lebensräume für die Tierwelt.

3 ***Umweltschäden in Russland***

Die gravierenden Folgen des **Raubbaus** und das stark verlangsamte Wachstum des Nadelwalds wegen der nährstoffarmen Böden und des rauen Klimas erfordern in der Zukunft eine **nachhaltige** und geregelte **Nutzung** der Ressource Holz. Zwar befinden sich die Wälder Russlands fast ausschließlich im Staatseigentum, doch deren Überwachung und Kontrolle gestaltet sich oft schwierig. Obwohl einige Waldgebiete Sibiriens bereits unter Naturschutz gestellt worden sind, werden sowohl legal – als „Waldpflege" deklariert – als auch durch illegale Holzfällerkolonnen wertvolle Wälder gerodet.

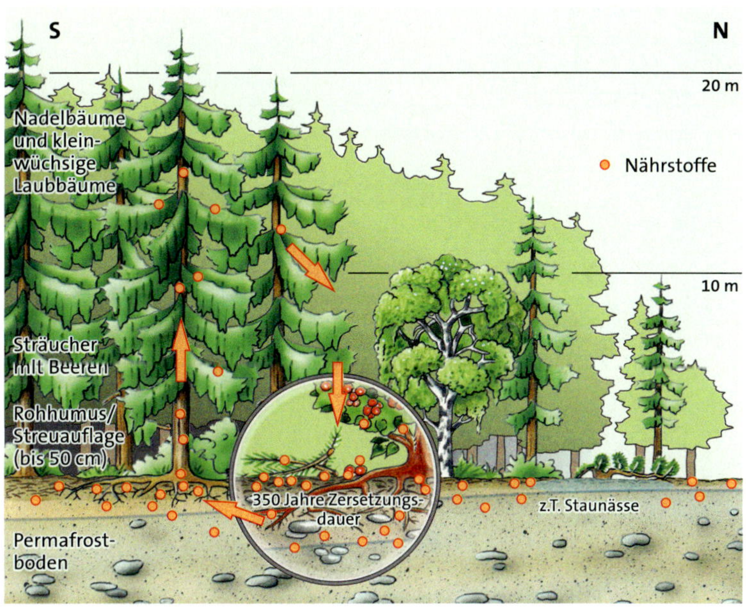

4 ***Nährstoffkreislauf in der Taiga***

1 Interpretieren Sie die sich auf den nordamerikanischen Raum beziehende Karikatur 1 und prüfen Sie deren Gültigkeit für Europa und Nordasien.

2 Nennen Sie Gründe für die großflächige Abholzung der Taiga und erläutern Sie Folgen für die Umwelt im kleinen und großen Maßstab.

3 Erklären Sie unter anderem mithilfe der Grafik 4, warum sich eine nachhaltige Forstwirtschaft, z.B. in Form von Wiederaufforstungsmaßnahmen, in Sibirien als sehr viel schwieriger gestaltet als beispielsweise in Mitteleuropa.

4 Ordnen Sie mithilfe der Karte 3 das Problem der Waldvernichtung in den Gesamtkontext der Umweltschäden in Russland ein. Bewerten sie die dargestellten ökologischen Probleme.

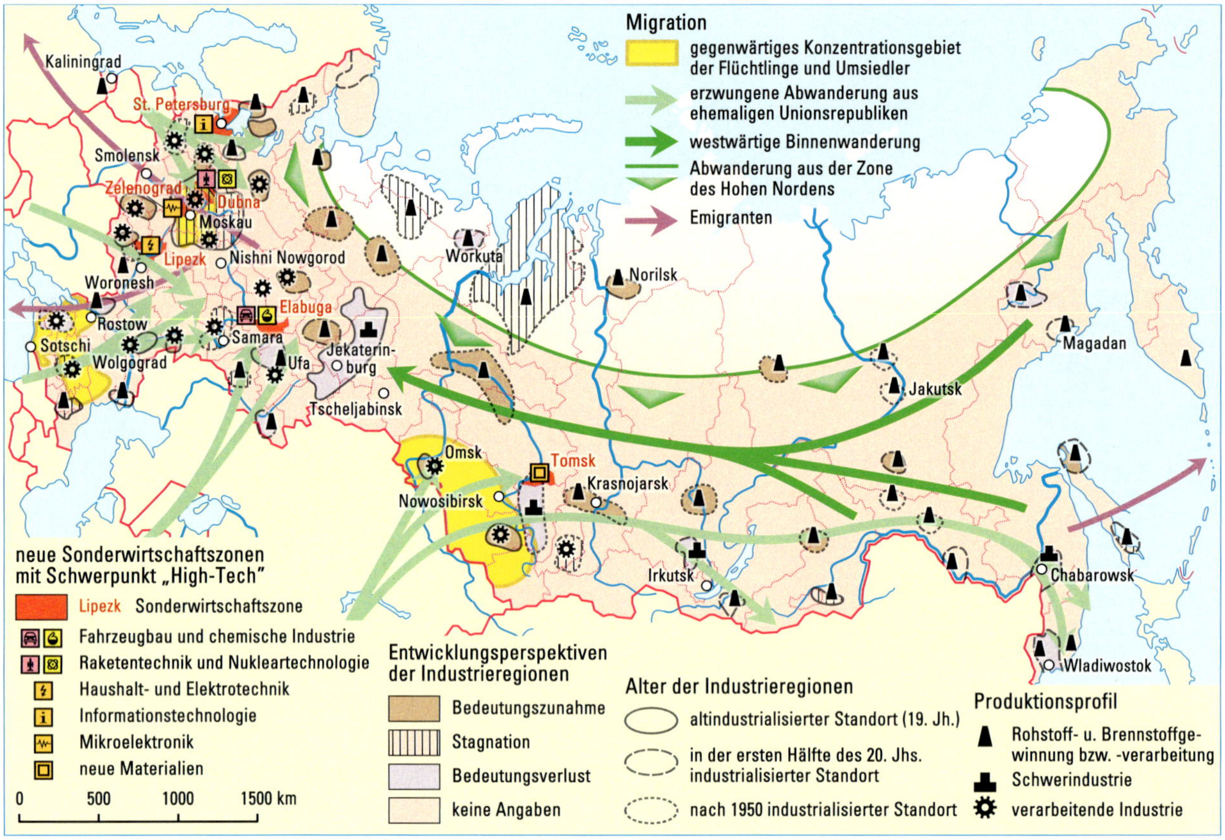

1 *Perspektiven der industriellen Zentren in Russland*

Russland im Umbruch

Die Zeit des wirtschaftlichen und gesellschaftlichen Umbruchs begann in Russland bereits in den 1980er-Jahren mit den politischen Schlagworten „Glasnost" (= Transparenz) und „Perestroika" (= Umbruch). Diese Erneuerungspolitik konnte jedoch erst mit der Auflösung der Sowjetunion im Jahr 1991 wirkungsvoll einsetzen. Demokratische Reformen, die Privatisierung der Wirtschaft und damit der Übergang zur freien Marktwirtschaft sollten die wirtschaftliche und soziale Situation der Bevölkerung verbessern. Zwar stieg der Lebensstandard insgesamt an, doch mit großen regionalen Unterschieden. Der Gegensatz zwischen Arm und Reich verschärft sich sowohl zwischen städtischen und ländlichen Regionen als auch innerhalb der großen Städte.

Wachstumspole und Migration

Folge dieser Unterschiede ist die ausgeprägte **Binnenwanderung** innerhalb Russlands sowie die **Migration** zwischen Russland und seinen Nachbarstaaten.

So genannte **Wachstumspole**, Regionen mit guten Zukunftsperspektiven wie Standorte der Rohstoffgewinnung und -verarbeitung und der High-Tech-Industrie, sind von Zuwanderung geprägt. Demgegenüber verlieren Landesteile mit peripherer Lage, veralteter Industrie und hoher Arbeitslosigkeit ihre Bevölkerung.

Wie Magneten wirken zum Beispiel die großen Zentren Moskau und St. Petersburg. Seit 2005 werden zudem **Sonderwirtschaftszonen** errichtet, in denen vor allem ausländische Investoren und **Joint Ventures** umfangreiche Zoll- und Steuervorteile erhalten. Der russi-

2 *Jakutsk: Leben und Wohnen in Sibirien*

4 *Krasnojarsk: Eine „Drehscheibe Sibiriens"*

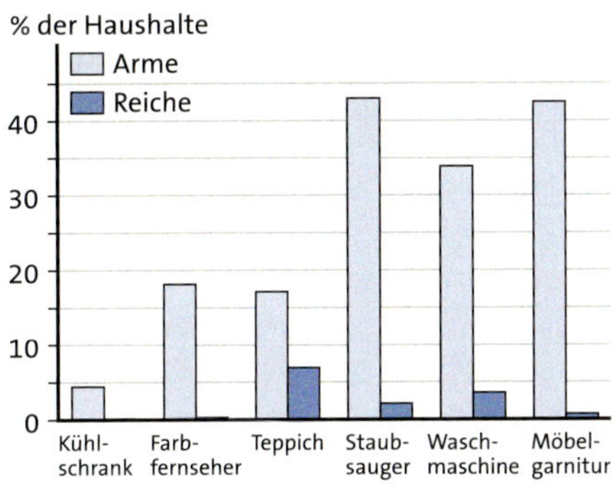

3 *Fehlen langlebiger Konsumgüter in den Haushalten von Armen und Reichen in Russland*

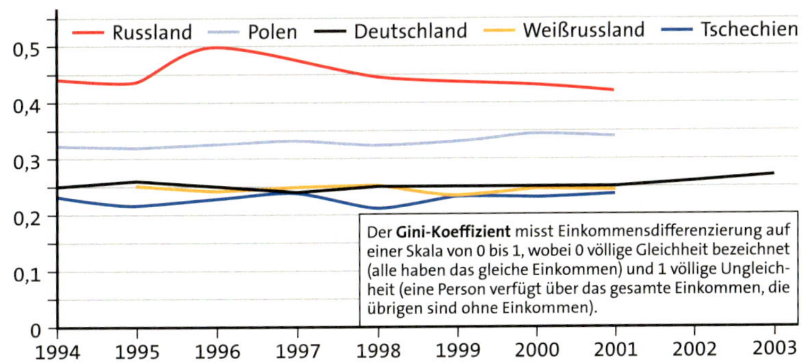

5 *Einkommensverteilung im internationalen Vergleich*

sche Staat schafft für diese Unternehmen meist kostenlos die notwendige Infrastruktur (z. B. Strom, Wasser, Gas, Verkehrswege) und gewährt den ausländischen Investoren vor allem rechtliche Sicherheit.

Wichtige Ziele, die der Staat mit den Sonderwirtschaftszonen verfolgt, sind:

- die Entwicklung der Verarbeitungsindustrie und von hochtechnologischen Branchen,
- die Produktion neuartiger Materialien und Erzeugnisse,
- die Verbesserung der internationalen Wettbewerbsfähigkeit,
- die Angleichung der Wettbewerbsbedingungen zwischen den einzelnen Regionen Russlands,
- und die Intensivierung des Exports.

1 *Beschreiben Sie anhand der Materialien 2 bis 5 den Gegensatz zwischen Arm und Reich in Russland.*

2 *Erklären Sie die in Karte 1 dargestellte Verteilung der Industriestandorte in Russland.*

3 *Begründen Sie, warum die meisten Sonderwirtschaftszonen im westlichen Teil Russlands errichtet werden.*

1 **Moskau: Blick über den Roten Platz**

3 **Moskau: modernes Apartmenthaus**

Metropole Moskau

2 ***Entwicklung Moskaus***

	Einwohner (in 1000)	Fläche (in km²)
1600	35	21
1800	175	50
1917	1854	228
1926	2080	228
1939	4542	310
1965	6443	886
1980	8100	878
1990	8900	878
2000	10000	1004
2006	10425	1097

Moskau ist die mit Abstand größte und wichtigste Stadt Russlands. In der Mitte der Stadt liegt am Ufer der Moskwa der Kreml, eine Burganlage mit Palästen und Kirchen. Ein solcher Kreml war früher in vielen russischen Städten der Mittelpunkt, Sitz des Fürsten und der Verwaltung.

Die längste Zeit der russischen Geschichte und gänzlich während der Sowjetära war der Moskauer Kreml das Machtzentrum des Landes. Wenn irgendwo in der Welt vom „Kreml“ gesprochen wurde, dann war die Sowjetunion gemeint. Kreml und Staat wurden gleichgesetzt. Heute ist der Kreml der Mittelpunkt der Russischen Föderation. Hier haben Präsident, Regierung und Parlament ihren Sitz.

Stadtentwicklung

Bis 1991 bestimmten sozialistische Vorstellungen die Entwicklung der Stadt und das Leben der Bewohner. Im Stadtzentrum – außerhalb des Kreml – gab es vor allem staatliche Behörden und die Verwaltungen der großen Staatsbetriebe. Der Staat sorgte für die Beschäftigten durch subventionierte Wohnungsmieten, umfangreiche Betreuungseinrichtungen für Kinder und günstige Einkaufsmöglichkeiten in staatlichen Geschäften.

Seit dem Zerfall der Sowjetunion und dem gesellschaftlichen Wandel hat sich Moskau verändert. Private Unternehmen drängten mit ihren Verwaltungen ins Zentrum der Hauptstadt. Allein 10000 Firmen mit ausländischer Beteiligung haben ihren Sitz in Moskau. Das Stadtzentrum ist zu einer Bürocity geworden. Außerdem entstanden Einkaufszentren, Kaufhäuser und Läden für hochwertige Güter. Die Stadt Moskau verpachtet die Grundstücke. Die Pacht ist dort am höchsten, wo die größten Gewinne erzielt werden.

Eine Folge dieser Entwicklung: Es gibt nur noch teure Wohnungen im Stadtzentrum. Ein scharfer Gegensatz zwischen Arm und Reich hat sich gebildet. Ein Viertel der Menschen lebt in Armut und kann sich kaum mit dem Nötigsten versorgen.

Auf der anderen Seite fällt die immer größere Anzahl von luxuriösen ausländischen Autos auf den Straßen Moskaus auf. Diese Statussymbole zeugen, ebenso wie die neu eröffneten internationalen Nobelboutiquen rund um den Kreml, von einer schnell wachsenden neureichen Kundschaft mit sehr hoher Kaufkraft.

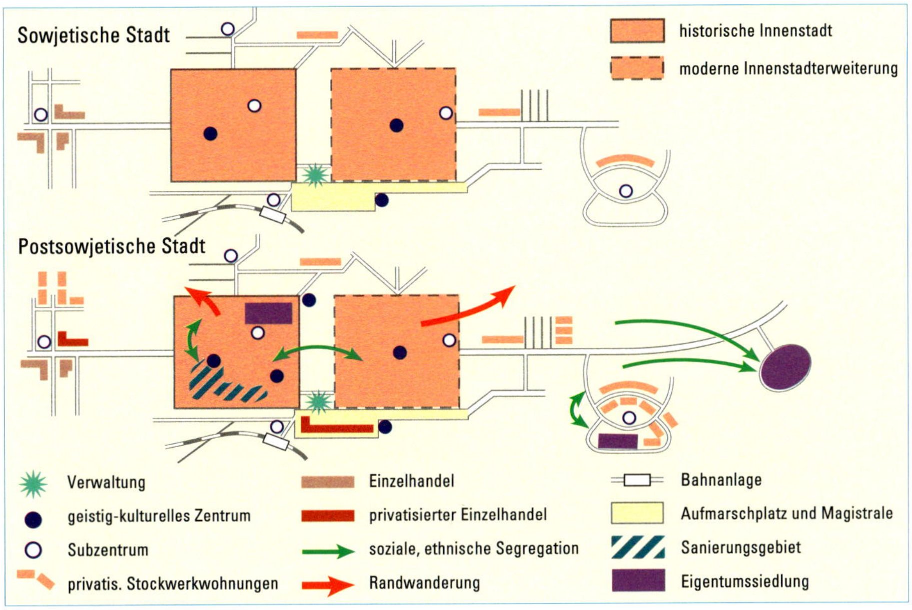

4 Schema des städtischen Strukturwandels in Russland

7 Mercedes Benz Niederlassung

5 „Mit dem Einkaufen ist es doch viel einfacher geworden. Keine Schlangen mehr in den Läden. Volle Regale im Supermarkt und überall Verkaufsstände." – Marina ist anderer Meinung als ihr Mann: „Aber leider können wir uns die tollen Sachen kaum leisten. Obwohl wir beide berufstätig sind, müssen wir genau rechnen, damit wir auskommen." „Das liegt hauptsächlich an den gestiegenen Mieten", erwidert Alexander. „Weißt du noch, früher kostete die Wohnung ganz wenig! Heute geht fast eines unserer Gehälter dafür drauf. Und wer weiß, wie lange das noch dauert. Wenn hier eines dieser neuen Bürohäuser gebaut werden soll, wird dieser alte Kasten doch abgerissen. Es ist ja schon lange nichts mehr repariert worden."
Marina und Alexander leben in der Wohnung zusammen mit ihrer Tochter und deren Mann – auch beide berufstätig – und zwei Enkelkindern. „Nur gut, dass wir die Datscha draußen vor der Stadt haben", sagt Marina schließlich. „Das Häuschen ist schön fürs Wochenende. Und der Garten bringt auch noch Obst und Gemüse."

nach: Elisabeth Cheauré: Alltag in Moskau. In: Praxis Geographie Heft 5/1998, S. 14

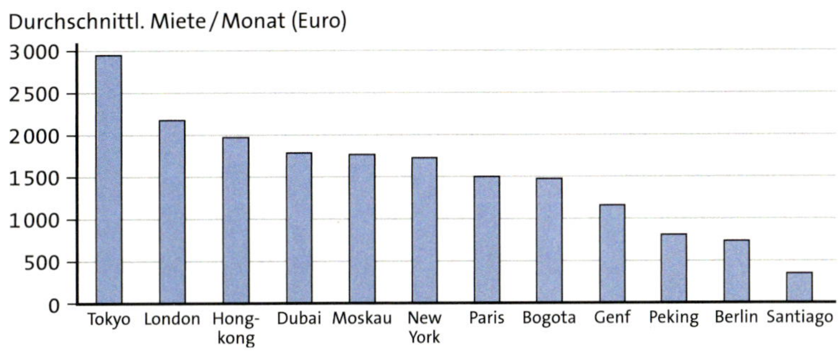

6 Städte mit den teuersten Mieten weltweit für Drei-Zimmer-Wohnungen (2006)

1 *Beschreiben Sie die Bedeutung des Moskauer Kreml.*
2 *Listen Sie die Veränderungen der Lebensverhältnisse in Moskau seit 1991 auf. Stellen Sie die Vorteile den Nachteilen gegenüber.*
3 *Erläutern Sie Probleme, die sich aus den Angaben zu Verkehr und Einwohnerzahl in Moskau für die Zukunft ableiten lassen.*
4 *Beschreiben Sie anhand von Grafik 4 die wesentlichen Unterschiede zwischen der sowjetischen und postsowjetischen Stadt sowie die Wandlungsprozesse, die zur Entstehung des heutigen Siedlungsbildes führten.*

8 Verkehr in Moskau

- *Metro (Eröffnung 1935), heute 262 Stationen, täglich 9 Mio. Fahrgäste*
- *9 Bahnhöfe für Fernverkehrszüge*
- *5 Flughäfen*
- *Neuzulassung von 250 000 Pkw jährlich*

EUROPA

Wichtige Begriffe

Agrardreieck
Binnenwanderung
Kältegrenze
Kontinentalklima
nachhaltige Nutzung
Permafrost
Raubbau
Ressourcen
Taiga
Trockengrenze
Tundra
Wachstumspole

Sichern Sie Ihr Grundwissen:

Erklären Sie das Schema und formulieren Sie Zusammenhänge zwischen den naturräumlichen sowie kulturräumlichen Faktoren.

ASIEN

Tundra

…on Rohstoffen

Taiga

SIBIRIEN
- Rohstoffreichtum und Ressourcennutzung (z. T. Raubbau und große Umweltbelastungen)
- Erschließungsschwierigkeiten (Kältepol, Permafrost)
- Lebensader Transsib (Handel und Verkehr)
- Abwanderungsraum

…des Klimas: zunehmende Kontinentalität

Steppen, Halbwüsten

1 Klimaextreme

Sie haben gelernt, dass weite Teile Russlands vom kontinentalen Klima geprägt sind.

a) Wählen Sie aus den Klimatabellen im Anhang Ihres Schülerbuches eine geeignete russische Station aus und fertigen Sie dazu ein Klimadiagramm an.

b) Arbeiten Sie mit der Grafik 5 auf der Seite 139. Erläutern Sie die wesentlichen Merkmale, die das Klima in Valentia und Irkutsk bestimmen.

c) Sotschi (siehe Seite 137) ist vom Internationalen Olympischen Komitee zum Austragungsort der olympischen Winterspiele des Jahres 2014 bestimmt worden. Bewerten Sie diese Entscheidung vor dem Hintergrund der naturräumlichen Ausstattung dieser Region.

2 Ökonomie und Ökologie am Beispiel Norilsk

a) Lesen Sie den Text 2 und beschreiben Sie die Ursachen für die Gefährdung der Bevölkerung in Norilsk.

b) Norilsk Nickel ist ein an der Börse notiertes Unternehmen. Erläutern Sie mithilfe von Diagramm 1 und Text 2 Interessensgegensätze zwischen Aktionären und den Einwohnern von Norilsk. Skizzieren Sie mögliche Lösungsansätze für die Problematik.

c) Informieren Sie sich über die weitere Entwicklung des Börsenkurses von Norilsk Nickel. Benennen Sie Gründe für die Kursveränderungen und beurteilen Sie Rückwirkungen auf die deutsche Wirtschaft.

3 Russland bei Nacht

Werten Sie das Satellitenbild 3 aus und vergleichen Sie dabei Europa und Russland. Erklären Sie die erkennbaren Strukturen.

4 Migration

a) Beschreiben und erklären Sie mithilfe von Karte 4 die jährliche Bevölkerungsentwicklung von Russland.

b) Nennen Sie mögliche Gründe für die jeweiligen Binnenwanderungen in Russland.

c) Beschreiben Sie die Emigrations- und Immigrationsbewegungen und geben Sie jeweils Motive dafür an.

1 ***Börsenkurs von Norilsk Nickel***

2 **RUSSLAND: Smogschleuder am Polarkreis**

(...)Die Anlagen hier [sind] veraltet, giftige Gase entweichen ungehindert und machen Norilsk zu einer der dreckigsten Städte der Welt. Die Firma Norilsk Nickel hat zwar teure Umweltprogramme aufgelegt. Aber bislang hilft nur das Abschalten der Technik. „Wenn der Wind vom Kupferwerk in die Stadt bläst, dann wird die Luft in Norilsk so schlecht, dass wir Teile der Produktion oder sogar den ganzen Betrieb stoppen müssen", sagt der Firmenvertreter Andrej Goworow. „Natürlich bedeutet das für uns Verluste." Die Luft von Norilsk schmeckt sauer auf der Zunge, sie kratzt im Hals. Über 2 Millionen Tonnen Schwefeldioxid blasen die Metallhütten pro Jahr in die Luft. Dreimal mehr als in ganz Deutschland. Auf dem Satellitenbild erkennbar: Qualmwolken direkt über den Wohngebieten. Die Stadt ist historisch so gewachsen. „Produktionshallen wurden damals direkt neben die Gefangenenlager gebaut", erzählt Witali Tolstow, unabhängiger Journalist aus Norilsk. (...)

Anja Bröcker, in: Norddeutscher Rundfunk: Weltspiegel vom 17.10.04, unter: www.ndrtv.de

Ⓢ **_Satellitenbild: Europa und Asien in der Nacht_**

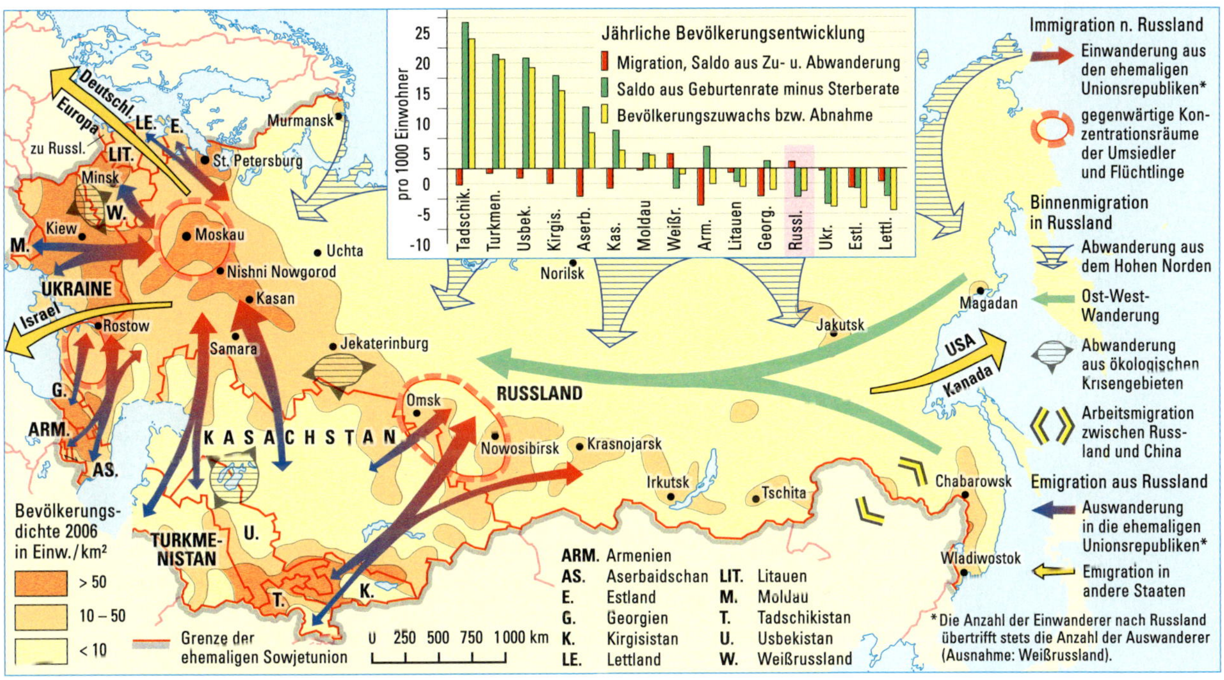

Ⓢ **_Bevölkerungsbewegungen in den Gebieten der ehemaligen Sowjetunion seit 1991_**

ONLINE-Link
Aufgabenlösungen
_27960X-0602_

Training

Globale Herausforderunge

Mit atemberaubendem Tempo werden heute Informationen auf unserem Globus ausgetauscht. Es eröffnen sich ungeahnte Chancen im Waren- und Dienstleistungsverkehr. Aber nicht nur die Möglichkeiten, sondern auch Probleme wie der globale Klimawandel, lassen uns enger zusammenrücken. Inwiefern müssen wir uns daran gewöhnen, global zu denken und zu handeln?

7

1 *Deutschland in einer vernetzten Welt*

2 **Dem Markt einen Rahmen geben**

„Es hat mit Globalisierung zu tun, wenn die Firma, in der man arbeitet, plötzlich mit Betrieben aus Gegenden der Welt konkurriert, von denen man bisher kaum gehört hatte.
Es hat mit Globalisierung zu tun, wenn sich junge Leute aus dem Internetcafé in Quito bei ihren Eltern in Oberursel melden und mal eben per E-mail die ersten digitalen Fotos schicken.
Es hat mit Globalisierung zu tun, wenn wir am PC unseren Urlaub buchen und wenn Studenten sich im Internet Material aus Amerika für ihre Hausarbeit holen.
Es hat mit Globalisierung zu tun, wenn in dem Auto Teile aus vielen Ländern stecken, wenn also das ‚Made in Germany' manchmal nur noch für die Idee, für die Endmontage oder für den Namen steht.

Was ist Globalisierung?

Sport – nur noch global?
Wir joggen, trekken, walken, skaten, biken und haben dabei fun, feelings, moods, moments and emotions!

Ursprünglich aus dem Englischen stammend, verbreitet sich der Begriff **Globalisierung** nach 1990 auch zunehmend im deutschsprachigen Raum. Mit Beginn des neuen Millenniums werden die Globalisierung und ihre Auswirkungen für die Industrie- und Entwicklungsländer zunehmend kritischer diskutiert. Unter Globalisierung versteht man die engere Verflechtung von Ländern und Völkern der Welt, die sich in der hohen Mobilität von Gütern, Dienstleistungen, Informationen, Kapital und (in geringerem Maße) Menschen äußert. Wir sind fast täglich damit konfrontiert.

Gründe für die Globalisierung

Wesentlichen Anteil an dieser Entwicklung haben die richtungsweisenden Erfindungen im Bereich der Telekommunikation, verbunden mit den Innovationen in der Mikroelektronik und bei Speichermedien.
Diese neuen Technologien machen den Transport von Informationen mit hohem Tempo erst möglich. Über das Internet arbeiten Wirtschaftsunternehmen weltweit mit ihren Tochtergesellschaften, Zulieferfirmen, Transporteuren und Händlern zusammen.
Die Suche nach kostengünstigen Produktionsstandorten führt dazu, dass ein Produkt in seinem Herstellungsprozess viele Staaten durchläuft, die unterschiedlichen Anteil an der **Wertschöpfung** des Produktes erlangen. Diese Verlagerung von Produktionsstandorten wird als **Outsourcing** bezeichnet. Geringe Transportkosten und die Liberalisierung des Handels begünstigen diese Entwicklung.

Umfassender Globalisierungsbegriff

Der Prozess der Globalisierung beschränkt sich nicht nur auf den Bereich der Wirtschaft, der von den großen Konzernen vorangetrieben wird. Er hat längst auch die Bereiche Politik, Kultur und gesellschaftliche Entwicklung erfasst. In der globalen Welt nimmt die Bedeutung von interstaatlicher Zusammenarbeit und von Staatenbündnissen deutlich zu. Die Rückwirkungen auf Deutschland sind unübersehbar.

Nein, die Globalisierung ist kein Naturereignis. Sie ist von Menschen gewollt und gemacht. Darum können Menschen sie auch verändern, gestalten und in gute Bahnen lenken. (...) Die Globalisierung gestalten kann nur, wer klare Wertvorstellungen jenseits des Wirtschaftlichen hat. Wir müssen uns darüber klar werden, wie wir Freiheit und Gerechtigkeit für alle Menschen in Zeiten der Globalisierung sichern und fördern können. (...) Wirtschaftliche Freiheit baut wie alle Freiheit auf Voraussetzungen auf und lebt von Bindungen. Sie ist schnell am Ende, wo keine Ordnung besteht und wo diese nicht durchgesetzt werden kann. Dem Markt einen Rahmen zu geben und den Wettbewerb fair zu organisieren, das zählt zu den großen Kulturleistungen der Menschheit."

Aus: Johannes Rau: „Dritte Berliner Rede", 13.05.2002, unter: www.bundespraesident.de

4 ***Internetcafé in Nairobi***

3 **Der Traum von ungebremster Freiheit**

„Ich definiere Globalisierung als die Freiheit unserer Firmengruppe zu investieren, wo und wann sie will, zu produzieren, was sie will, zu kaufen und verkaufen, wo sie will, und alle Einschränkungen durch Arbeitsgesetze und andere gesellschaftliche Regelungen so gering wie möglich zu halten."

T. Percy Barnevik, Asea Brown Bovery, in: Wirtschaftszitate.de 2007, unter: www.wirtschaftszitate.de

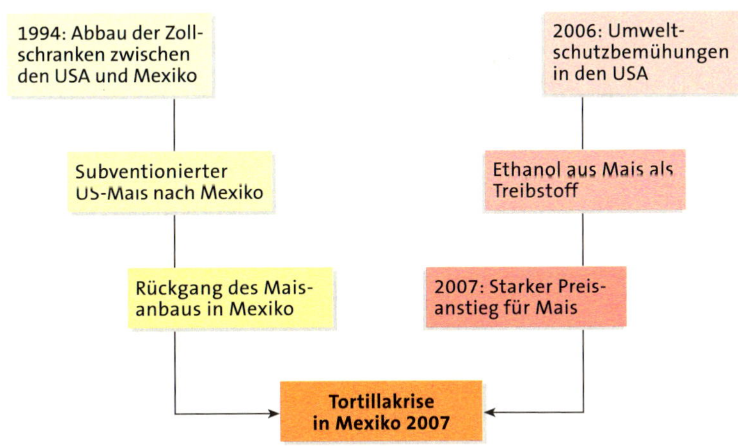

5 ***„Fahren statt Essen?"***

Global denken

Dank weltweiter Vernetzung erhalten wir Informationen über Probleme, die z.B. beim Klimawandel oder bei Flüchtlingsströmen zu nationalen Krisensituationen führen, aber nur global gelöst werden können. Wir müssen lernen, uns als Mitglied einer globalen Gemeinschaft zu verstehen, die nachhaltige Entwicklung für alle anstrebt.

1 *Zeigen Sie anhand von Beispielen, inwiefern aktuelle Ereignisse globale Auswirkungen haben.*

2 *Nennen Sie die verschiedenen Gründe, die zur Globalisierung geführt haben.*

3 *Vergleichen Sie die Aussagen zur Globalisierung in Text 2 und 3.*

4 *Diskutieren Sie die Grafik 5 aus der Sicht Mexikos und der USA.*

1 **Weltweiter Werbeauftritt des Global Players Mc Donald's**

2 **Umsätze der größten Transnationalen Unternehmen der Welt in Mrd. US-$ 2006**

Exxon Mobil (USA)	*340*
Wal-Mart (USA)	*316*
Royal Dutch/Shell (NL)	*307*
BP (GB)	*268*
General Motors (USA)	*193*
Mc Donald's (USA)	*21*

3 **BSP ausgewählter Staaten in Mrd. US-$ 2006**

USA	*14456*
Deutschland	*2986*
China	*2542*
Indien	*821*
Thailand	*192*
Venezuela	*131*

WTO (World Trade Organization)

Die WTO soll die internationalen Handelsbeziehungen innerhalb verbindlicher Regeln organisieren und bei Konflikten für eine Streitschlichtung sorgen. Ihr oberstes Ziel ist die Liberalisierung des Welthandels. Am 11. Januar 2007 trat mit Vietnam das 150. Mitglied der WTO bei.

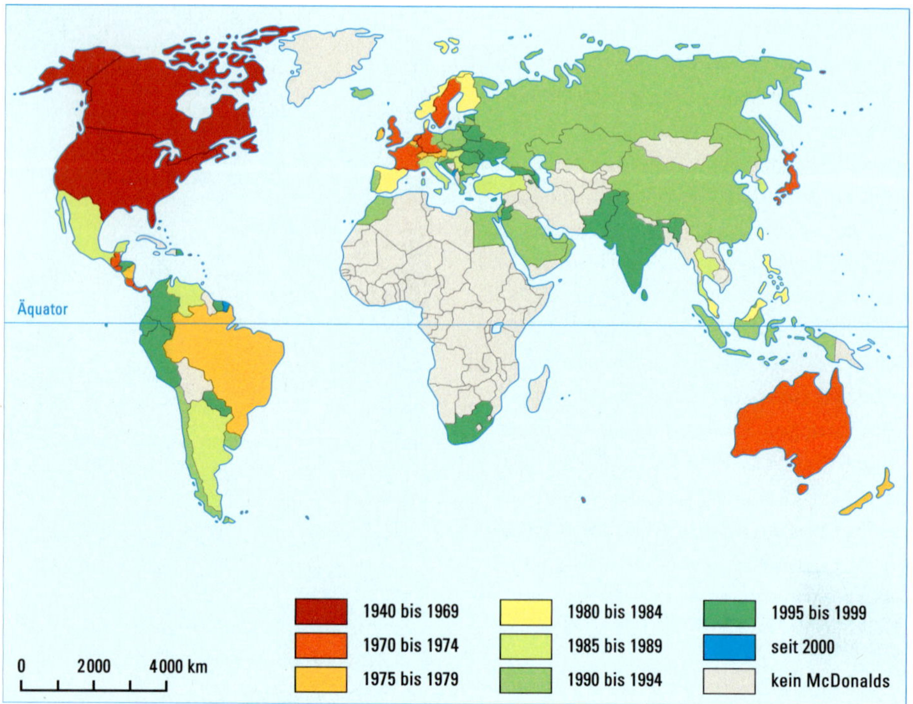

4 ***Weltweite Ausbreitung der heute mehr als 30000 Schnellimbissrestaurants des Global Players Mc Donald's***

Wirtschaft global

Transnationale Unternehmen (Global Player)

Der Globalisierungsprozess wird in starkem Maße von weltweit tätigen Konzernen getragen und gesteuert, die als **Transnationale Unternehmen** oder auch Global Player bezeichnet werden. Als solche gelten Unternehmen, die mindestens zwei größere Tochterunternehmen im Ausland haben. Weltweit gibt es etwa 65 000 Global Player. Diese beschäftigen rund 55 Millionen Menschen und bestreiten etwa zwei Drittel des Welthandels. Transnationale Unternehmen haben das Bestreben, durch Fusionen bzw. durch Übernahme anderer Unternehmen immer größer und mächtiger zu werden.

Welthandel

Die Globalisierungsprozesse führten in den vergangenen zwei Jahrzehnten zu einer gewaltigen Ausweitung des Welthandels. Dennoch fließen die Handelsströme auf der Erde zwischen den Kontinenten unterschiedlich stark. Die Integrationsprozesse zwischen den drei Blöcken Nordamerika, Westeuropa und Ostasien mit den neu industrialisierten Staaten Süd- und Südostasiens sind viel intensiver als zwischen diesen drei Räumen und dem Rest der Welt. Dieser Prozess wird auch als **Triadisierung** bezeichnet. Große Teile Lateinamerikas, fast alle Länder Afrikas sowie viele Länder des ehemaligen Ostblocks sind zurzeit noch weitgehend von der Weltwirtschaft abgekoppelt.

Zölle und Subventionen behindern den Handel zwischen den Ländern. Die wirtschaftlich stärksten Staaten haben sich in der **WTO** zusammengeschlossen, um diese Handelsschranken abzubauen. Die Gleichbehandlung aller Länder ist allerdings noch längst nicht verwirklicht.

Die Rolle Deutschlands im Welthandel

Mit ca. 9 % Anteil am gesamten Welthandel im Jahr 2004 steht Deutschland an zweiter Stelle unter den führenden Welthandelsnationen nach den USA mit ca. 13 %.

Als führendes Welthandelsland sieht sich Deutschland einer stärker werdenden glo-

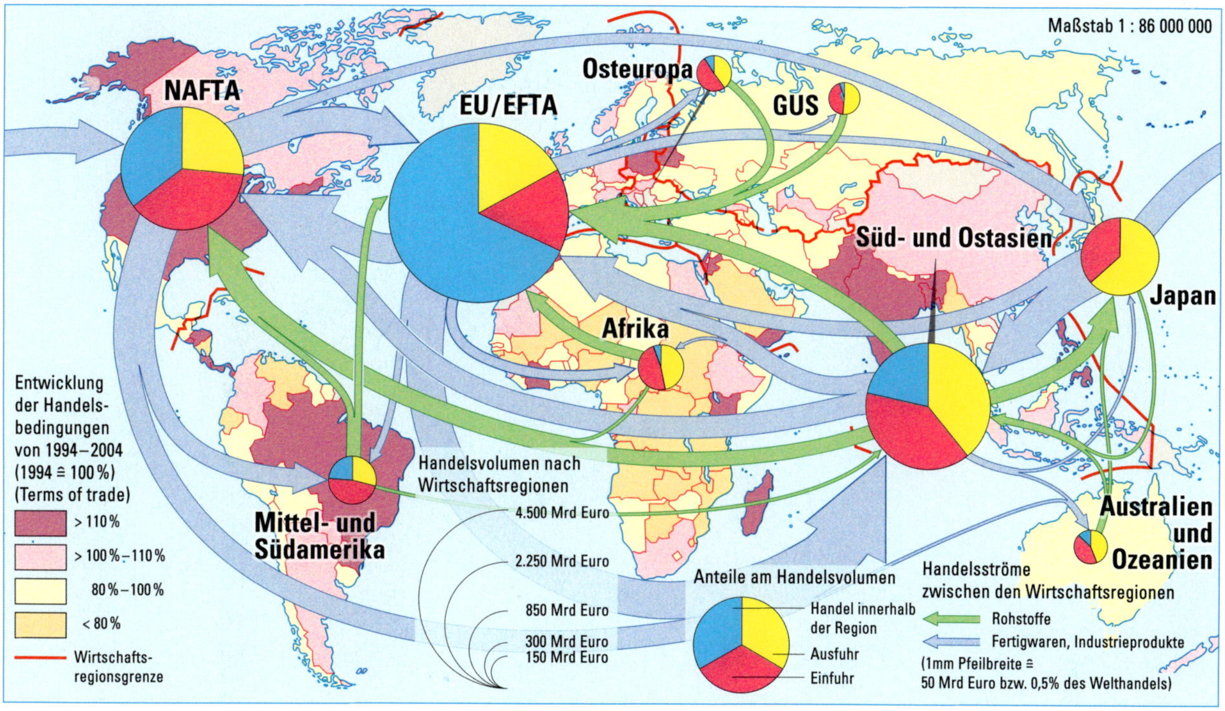

5 ***Weltwirtschaft- und Handelsströme im Triadisierungsprozess (ohne Energierohstoffe)***

balen Konkurrenz ausgesetzt. Dabei werden z. B. folgende Fragen kontrovers diskutiert:

- Wandern Arbeitsplätze aus dem Land der hohen Löhne, Lohnnebenkosten und Steuern ab?
- Behindert die starke Bürokratie moderne und vor allem schnelle Entwicklungen?
- Inwieweit locken die gut ausgebaute Infrastruktur, die hohe Produktivität, die Forschung und die politische Stabilität multinationale Konzerne ins Land und schaffen dauerhaft Arbeitsplätze?

6 ***Verteileranlage an einer Erdgaspipeline***

7 ***Welthandelsströme in Gefahr? (Beispiele seit 1945)***

- *1956 Suezkrise*
- *1962 Kubakrise*
- *1973 1. Ölkrise*
- *1979 2. Ölkrise*
- *1990 Golfkrieg*
- *1997 Asienkrise*
- *2001 Terroranschlag auf das World Trade Center*
- *2007 Erdgasstreit zwischen Russland und Weißrussland*

1 *Beschreiben Sie die räumliche Ausbreitung von Mc Donald's seit der Firmengründung.*

2 *Vergleichen Sie die Umsätze der Transnationalen Unternehmen mit dem BSP der Staaten. Welche Folgerungen ergeben sich daraus?*

3 *Arbeiten Sie mit Karte 5:*

a) Ordnen Sie die Weltwirtschaftsblöcke nach dem Volumen des Warenhandels.

b) Erklären Sie die unterschiedlichen Warenströme bei Exporten und Importen.

4 *Erstellen Sie Kurzreferate über Hintergründe und weltwirtschaftliche Auswirkungen der in Tabelle 7 genannten Kriege und Krisen. Beziehen Sie in Ihre Argumentation auch die Auswirkungen auf die wirtschaftliche Entwicklung in Deutschland mit ein.*

ONLINE-Link

Surftipp

27960X-0701

IWF (Internationaler Währungsfond)
1944 in Bretton Woods (USA) gegründet. Seine Aufgaben sind unter anderem die Ausweitung des Welthandels, die Stabilisierung der Wechselkurse, die Kreditvergabe und die Überwachung der Geldpolitik. Das Stimmrecht der 185 Mitgliedsstaaten richtet sich nach ihrem Kapitalanteil.

UNCTAD (United Nations Conference on Trade and Development)
1964 eingerichtet, um Handel und Entwicklung weltweit zu fördern. Der UNCTAD gehören 192 Mitglieder an, wobei die Entwicklungsländer über die Stimmenmehrheit verfügen.

„Globalisierungswalze"

Im Schatten der Globalisierung

Noch nie lagen Arm und Reich so weit auseinander wie heute – die Einkünfte der reichsten 50 Millionen der Weltbevölkerung (das sind weniger als 1 %) entsprechen dem gemeinsamen Einkommen der ärmsten 2,7 Milliarden Menschen. Trotz eines bemerkenswerten Aufholprozesses in Ostasien, vor allem in China, geht die Schere tendenziell immer weiter auseinander. Sind die Entwicklungsländer die Verlierer der Globalisierung?

In der Schuldenfalle

Die Verschuldung der Entwicklungsländer wächst in Schwindel erregende Höhen. Im Jahr 2003 betrugen die Auslandsschulden der Entwicklungs- und Schwellenländer etwa 2,5 Billionen US-Dollar. 2005 war Brasilien mit 211 Milliarden US-Dollar am höchsten verschuldet. Aufgrund seines Ressourcenreichtums trägt Brasilien dennoch wesentlich weniger schwer an der Last als die ärmsten Länder der Welt, deren Schulden häufig ihre gesamte Wirtschaftsleistung eines Jahres übersteigen. In 16 Staaten Subsahara-Afrikas hat die Verschuldung mittlerweile Rekordwerte ereicht. In Sao Tomé und Principe, Liberia und Guinea-Bissau liegen die Schulden beim Dreifachen des jeweiligen Bruttonationaleinkommens.

Entwicklungshilfe und Entschuldung

In ihrer im Jahre 2000 verabschiedeten Millenniumserklärung appelliert die UN-Vollversammlung an die Industriestaaten, in größerem Umfang Entwicklungshilfe zu leisten. 2003 hatten nur fünf der 22 wichtigsten Geberländer das von der UNO vorgegebene Ziel erreicht, 0,7 % vom Bruttonationaleinkommen an Entwicklungshilfe zu leisten, der Durchschnitt lag bei ca. 0,4 %.
Beim G 8-Gipfel von 2005 wurde beschlossen, die Schulden von 18 armen Staaten in Höhe von ca. 40 Milliarden US-$ zu streichen. Damit verbundene strenge Auflagen des IWF (z. B. die Öffnung der Märkte für Global Player) führte in diesen Ländern jedoch häufig zu geringerer heimischer Produktion und zu Arbeitsplatzverlusten.

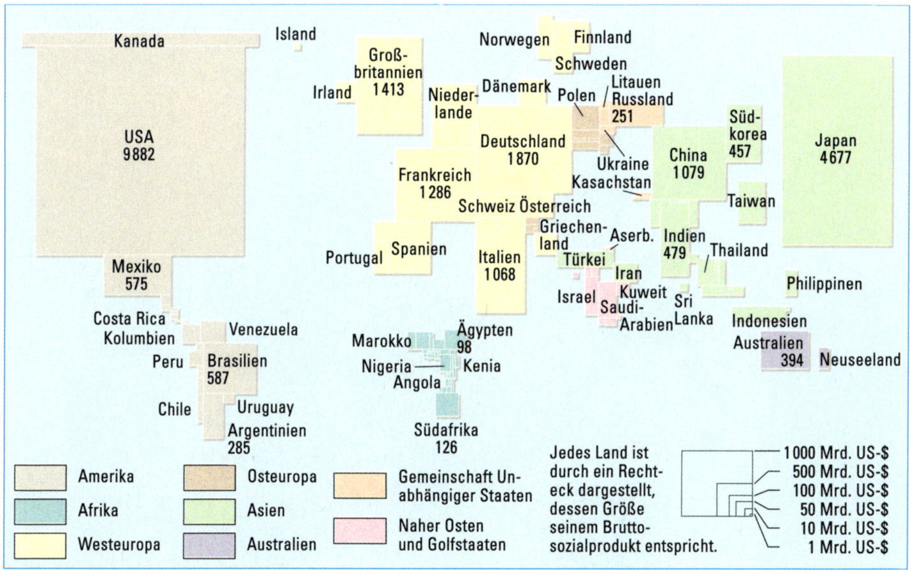

4 ***Ausgewählte Staaten der Erde nach ihrem Bruttosozialprodukt (BSP) im Jahr 2000***

6 ***Muhammad Yunus (Gründer der Grameen Bank Bangladesh und Friedensnobelpreisträger 2006)***

Die Grameen Bank Bangladesh hat heute mehr als 2 Millionen Kunden und 98 % zahlen überpünktlich ihre Raten. Yunus sagt dazu: „Die meisten Banken arbeiten mit einer ‚Geldapartheid'. Sie leihen den Reichen, und die Armen haben kein Recht, Geld zu bekommen." Öffentliche Studien zeigen, dass durch die Hilfe der Grameen-Bank 10 % der Bangladeschis eine reelle Chance auf ein neues Leben erhalten haben.

Meist beträgt die erste Kreditsumme nicht mehr als 30 Dollar. Damit wird zum Beispiel eine Ziege erworben und die Milch verkauft. Die Kredite müssen in kleinen Raten jede Woche zurückgezahlt werden.

Eine faire Welthandelsordnung

Die Forderungen nach einer fairen Welthandelsordnung richten sich an die stärksten Handelsnationen, welche am meisten vom boomenden Welthandel profitieren.

Obwohl die EU 2001 zeigte, dass es möglich ist, die eigenen Märkte einseitig für die ärmsten Staaten zu öffnen, ohne dafür im Gegenzug sofort wirtschaftliche und politische Zugeständnisse zu verlangen, hielt sich der Nutzen für die Entwicklungsländer in Grenzen. Folgende Gründe waren dafür ausschlaggebend: Der Zollnachlass kommt nicht nur den Produzenten, sondern vor allem den globalen Importeuren und Zwischenhändlern zugute. Produktstandardanforderungen, höhere Zölle für verarbeitete Produkte und Antidumping-Maßnahmen behindern den Zugang zum Weltmarkt. Da die Transportkosten vom Ladungsaufkommen und der Entfernung zum Absatzmarkt abhängen, befinden sich peripher gelegene arme Länder im Nachteil. **Agrarsubventionen** in den Industrieländern verringern die Chancen von Entwicklungsländern, die ihren Lebensunterhalt überwiegend aus der Landwirtschaft bestreiten.

Nach dem Scheitern der WTO-Konferenz von Cancún (2003) sollte eine faire Welthandelsordnung in bilateralen Verträgen zwischen verschiedenen Staaten entstehen. Dies hätte bedeutet, dass einzelne begünstigt und andere ausgeschlossen worden wären.

5 „Der Handel ist kein Nullsummenspiel, in dem sich Gewinner und Verlierer die Waage halten; er ist ein positives Summenspiel, bei dem alle Gewinner sind, oder kann es zumindest sein."
Joseph E. Stiglitz: Die Chancen der Globalisierung, New York 2006, S. 135, übersetzt von Thorsten Schmidt, Siedler München

1 *Erläutern Sie, wie Globalisierung in der Karikatur 3 gesehen wird.*

2 *Vergleichen Sie die Darstellung ausgewählter Staaten in Karte 4 mit den tatsächlichen Flächen- und Bevölkerungszahlen.*

3 *a) Informieren Sie sich über die Grameen Foundation im Internet und benennen Sie deren Ziele.*
b) Erklären Sie, warum sich Muhammad Yunus mit seiner Geschäftsidee vor allem an Frauen wendet.

Lesetipp
Joseph E. Stiglitz: Die Chancen der Globalisierung, New York 2006.

ONLINE-Link
Surftipp
27960X-0702

1 Sojaexport Brasiliens in Mio. t

1992	*12,2*
1996	*14,8*
2000	*20,9*
2004	*33,5*

2 Größte Sojaproduzenten 2005 (2002) in Mio. t

USA	*82,8 (75,0)*
Brasilien	*50,1 (37,8)*
Argentinien	*38,3 (25,7)*
China	*16,9 (15,0)*

4 Lkw-Karawane für Europas Masttiere

Raubbau für Billigfleisch

3 Tauschverhältnis 7:1

Das bedeutet: Aus sieben Kilogramm pflanzlichem Eiweiß (z. B. Soja) werden durch Verfüttern ein Kilogramm tierisches Eiweiß (z. B. Rindfleisch).

Tag und Nacht rollen mit Soja beladene Schwerlaster durch das brasilianische Städtchen Lucas do Rio Verde, ca. 300 Kilometer nördlich von Cuiabá. Es ist Hochsommer, Mitte Februar, die Sojaernte ist in vollem Gange. Sojafarmer, Landarbeiter, Traktor- und Mähdrescherfahrer, aber auch die Lkw-Fahrer – alle stehen unter Stress. Die Großgrundbesitzer, Sojabarone genannt, schauen fast stündlich im Internet nach, wie hoch der Sojapreis in den USA, dem Weltmarktkonkurrenten, ist. Soja ist auf dem Weltmarkt zu einem nachgefragten Produkt geworden.

Der Mato Grosso, auf deutsch: „großer Busch“, ist Hauptschauplatz des brasilianischen Sojawunders. Hier im Südwesten Brasiliens stehen Sojafelder von der einen Seite des Horizonts bis zur anderen. Ausgelöst durch die BSE-Krise in Europa und dem nachfolgenden Fütterungsverbot von Tiermehl, brach Mitte der 1990er-Jahre im Mato Grosso das Sojafieber aus. Der Bundesstaat stieg zum größten Sojaexporteur Brasiliens auf und Brasilien wurde zum größten Sojaexporteur weltweit noch vor den USA. So stellten 2003 die Agrarexporte insgesamt 44 % des Gesamtexports Brasiliens, schufen 37 % der Arbeitsplätze und 34 % des Bruttoinlandsproduktes. Neben dem Hauptexportgut Soja werden Mais, Zucker, Kaffee, Orangensaftkonzentrat, Rind- und Hühnerfleisch und anderes ausgeführt.

Der Preis ist hoch

Das Futter für Europas Mastschweine, Masthähnchen und Mastrinder wächst in Brasilien. Es ist ein preisgünstiges und sehr eiweißhaltiges Futter zugleich. Doch unser hoher Fleischverzehr hat auch einen hohen Preis: Er vernichtet Wälder und Existenzen. Der **Raubbau** an Regenwald- und Savannenflächen für den Futtermittelexport nimmt dramatische Ausmaße an. Im Jahr 2004 betrug der Verlust in Brasilien 24 000 km², davon 17 000 km² im Mato Grosso. Hauptverantwortlich für den Vegetationsschwund sind der Getreide- und der Sojaanbau sowie die Rinderweidewirtschaft.

⑤ ***Sojaernte***

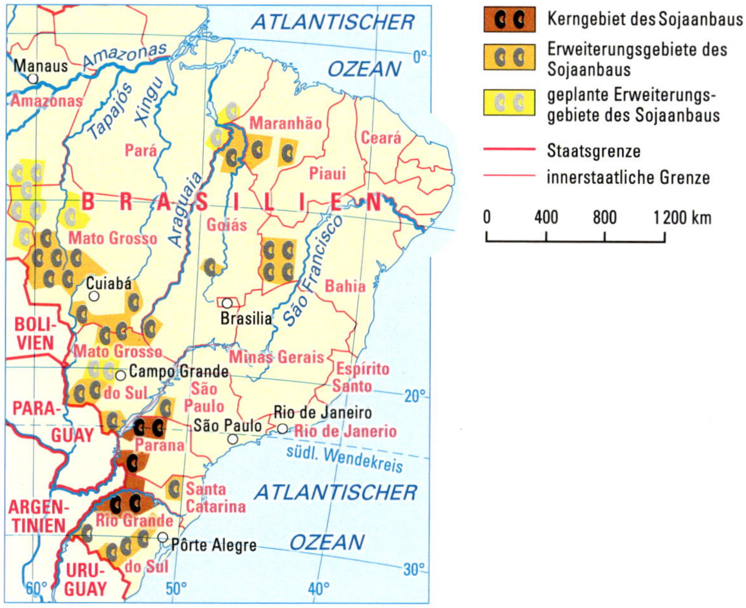

⑥ ***Sojaanbau in Brasilien***

Vom Sojaboom profitieren fast nur die Großgrundbesitzer und die Konzerne. Sie bauen das Weltmarktprodukt in Monokulturen mit modernster Agrartechnologie großflächig an. Wegen der Massenproduktion und dem Wettbewerb auf dem Weltmarkt fiel der Sojapreis. Die Soja produzierenden Kleinbauern konnten da nicht mithalten. Und jene, die für den regionalen Markt Nahrungsmittel wie Mais, Reis, Bananen und Gemüse erzeugten, sahen sich neuer Konkurrenz gegenüber: Zunehmend gelangten preisgünstige Waren aus anderen brasilianischen Regionen und vom Weltmarkt nach Mato Grosso. Der Preisverfall führte zum Anstieg der Verarmung in der ländlichen Bevölkerung.

1 *Begründen Sie, warum Soja ein ideales und preisgünstiges Futter für Europas Masttiere ist.*

2 *Erläutern Sie, inwiefern der Sojaboom bei den Bauern Gewinner und Verlierer schuf.*

3 *Belegen Sie anhand von zwei Aspekten die Aussage: „Für den Sojaexport zahlt die Natur einen hohen Preis."*

⑦ **Geschäfte mit Chemie-Produkten**

„Hauptsache, Regen und Sonnenschein wechseln sich verlässlich ab", so der Bürgermeister und Sojabaron von Lucas do Rio Verde, „für den Rest sorgt die chemische Industrie." Normalerweise benötigt man im Sojaanbau etwa 200 Kilogramm Dünger pro Hektar. Im Mato Grosso „verpulvern" die Sojabarone bis zu 500 Kilogramm je Hektar. Hierüber freut sich ein Global Player aus Deutschland: „Brasilien ist im Agrargeschäft unschlagbar", stellt BASF-Vorstandschef Hambrecht fest. Gemeint ist damit, dass der Konzern in Brasilien mit Mineraldünger und Pflanzenschutzmitteln gute Geschäfte macht. BASF beschäftigt in Brasilien 3 600 Menschen.

4 *„Die Globalisierung ist bis in den hintersten Regenwald vorgedrungen." Erläutern Sie.*

5 *Erklären Sie, warum der Maisanbau in Brasilien in den letzten Jahren boomte.*

⑧ ***Verwertung der Sojabohne***

Aus der Sojabohne wird zuerst Sojaöl gewonnen. Die ausgepressten Ölkuchen haben noch einen hohen Eiweißgehalt von 37 %, sind also ein ideales Futtermittel.

Soja wird z. B. verwendet als
- *Inhaltsstoff in Kosmetika*
- *Soja-Öl in Fischkonserven*
- *Ölprodukt in Lacken*
- *Zusatz in Schokolade*
- *Pflanzenöl in Speiseölen.*

Global denken: Ein Beziehungsnetz erstellen

Unser Alltagshandeln reicht oft sehr viel weiter, als wir denken. So begünstigte z. B. die BSE-Krise in Deutschland den Sojaanbau in Brasilien. Und unsere Lebenstätigkeiten sind öfter „global vernetzt", als wir uns vorstellen. Die Zusammenhänge sind komplex und es entstehen – in Nah und Fern – Auswirkungen, von denen wir meist keine Kenntnis haben.
Sich über solche komplexen und globalen Zusammenhänge zu informieren und sie in einem Beziehungsnetz darzustellen, ist ein guter Weg, **globales Denken** zu fördern.

1 ***Pantanal***

Viele Themen sind komplex und haben wichtige Teilaspekte, z. B. zu Ursachen und Auswirkungen, zu Bedingungen und Bedeutungen. Ein Beziehungsnetz hilft, wichtige Teilaspekte im Überblick und in ihrer Vernetztheit darzustellen.

1. Schritt: Sich informieren

- *Besorgen Sie sich Informationsmaterial und analysieren Sie es genau.*
- *Wenden Sie Techniken der Textauswertung an: z. B. unterstreichen, Schlüsselwörter und Schlüsselaussagen notieren.*

2. Schritt: Thema und Schlüsselwörter festlegen

- *Sichten Sie Ihre Unterstreichungen und Notizen im Hinblick auf wesentliche Aspekte.*
- *Formulieren Sie das Thema und eine Anzahl von Schlüsselbegriffen/-wörtern, welche Sie danach auf Kärtchen schreiben.*

3. Schritt: Schlüsselwörter ordnen

- *Breiten Sie die Kärtchen auf Plakatpapier aus und ordnen Sie diese nach Teilthemen.*
- *Stellen Sie danach unter Beachtung der Beziehungen untereinander eine Gesamtanordnung her.*
- *Kleben Sie die Kärtchen auf das Plakatpapier.*

4. Schritt: Beziehungspfeile setzen

- *Zeichnen Sie dort, wo Beziehungen bestehen, Pfeile zwischen den Kärtchen ein.*

Hinweis: Beziehungspfeile werden immer „von der Ursache aus in Richtung Auswirkung" gezeichnet; z. B. Fleischverzehr ⟶ Tiermast. Bei einem gegenseitigen „Ursache-Wirkungs-Verhältnis" wird ein Doppelpfeil ⟷ gesetzt.
- *Die Pfeile werden mit Ziffern versehen.*

5. Schritt: Beziehungsnetz auswerten

- *Bringen Sie das Beziehungsnetz zum „Sprechen", indem Sie zu den Ziffern Aussagen formulieren; z. B. 1 = Hoher Fleischverzehr hat Massentierhaltung zur Folge.*
- *Überprüfen Sie die Eignung und Aussagekraft für den dargestellten Sachverhalt.*

1 *Formulieren Sie Aussagen zu den Beziehungen 2, 8 und 9.*
2 *Setzen Sie Beziehungspfeile im Bereich III.*
3 *Ordnen Sie unten stehende Schlüsselwörter sinnvoll in das Beziehungsnetz Teil IV ein (Das gestrichelte Kästchen bleibt leer.):*
Chemie-Einsatz, Großgrundbesitzer, Monokulturen, Naturschutz, Reichtum, Waldraubbau, Umweltbelastung.
4 *Ordnen Sie den gestrichelten Kästchen richtig zu: Global Player, Pantanal, 7 : 1, Verarmung.*

2 Der „Garten Eden" in Gefahr

Das Pantanal, das größte Süßwasserfeuchtgebiet der Erde, liegt im Südwesten Brasiliens an der Grenze zu Bolivien und Paraguay. Es ist mit 180 000 km² Fläche halb so groß wie Deutschland. Diese Baum-Gras-Savanne ist geprägt durch unzählige Flüsse, Seen und Sümpfe. Während der sommerlichen Regenzeit, von November bis April, bilden sich in den Niederungen Wasserflächen von unvorstellbarer Größe.

Das Pantanal ist ein Tier- und Pflanzenparadies mit 665 Vogel-, 265 Fisch-, 123 Säugetier- und 1 700 Pflanzenarten. Beispielsweise sind hier Jaguar, Ozelot, Wasserschwein, Sumpfhirsch, Brillenkaiman, der riesige Jabiru-Storch und der tiefblaue Hyazinth-Ara, der weltweit größte Papagei mit bis zu einem Meter Länge, zu finden.

Diese einmalige Naturlandschaft ist stark bedroht von landwirtschaftlicher Intensivnutzung, vom Sojaanbau und von der Rinderweidewirtschaft. In den Randgebieten hat die Brandrodung und die Trockenlegung von Feuchtgebieten bereits Einzug gehalten. Dabei gehen die von Unternehmern gesteuerten Politiker geschickt vor: Im Jahr 2000 ließen sie 1,4 % des Pantanalgebietes von der UNESCO zum Weltnaturerbe erheben, um in den übrigen Flächen freie Hand zu haben. Umweltschutzverbände wie Ecotropica und der BUND kämpfen für den Erhalt dieses Paradieses.

4 *Ozelot*

5 *Hyazinth-Ara*

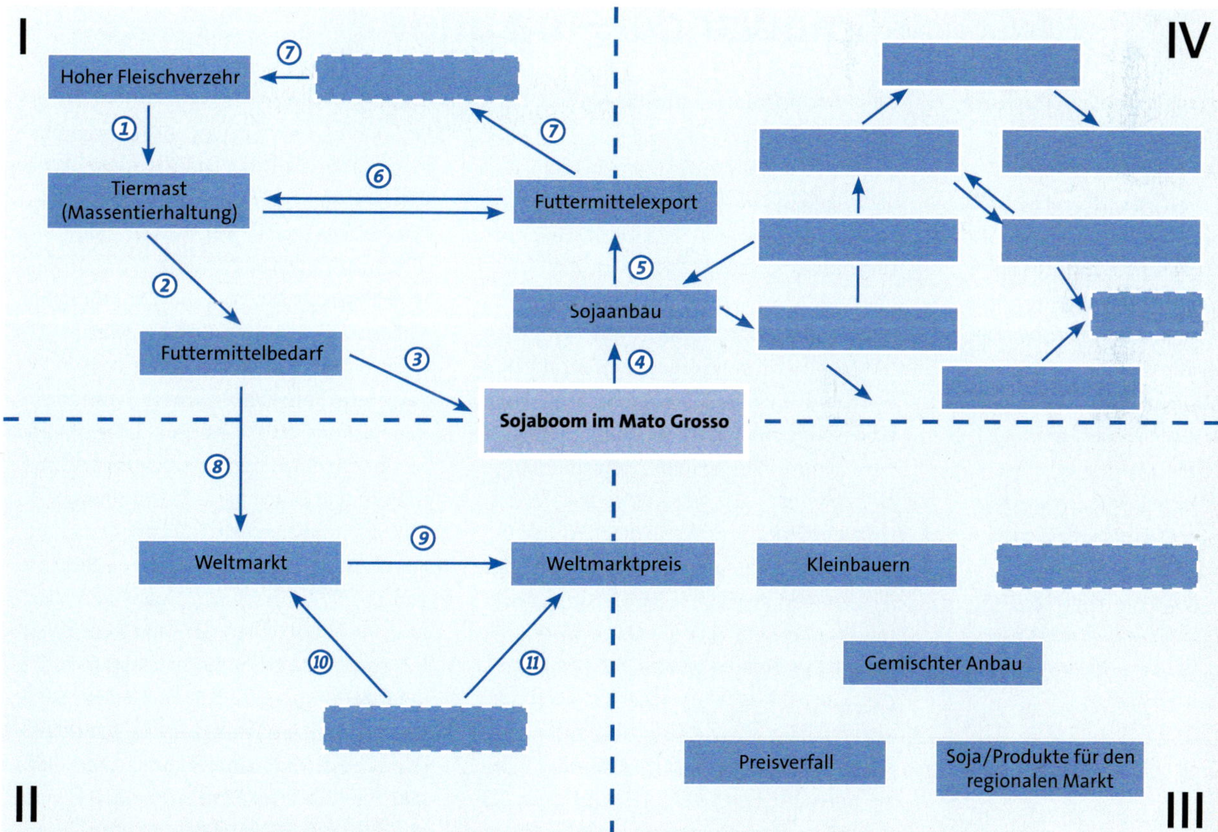

3 *Beziehungsnetz „Sojaboom im Mato Grosso"*

1

Klimawandel – na und?

IPCC (Intergovernmental Panel on Climate Change)
Die Organisation mit Sitz in Genf wurde 1988 auf Initiative der World Meteorological Organisation (WMO) und dem United Nations Environment Programme (UNEP) gegründet.
Ziele:
- *Zusammenfassung der Klimadaten und Bewertung der Zukunftsaussichten;*
- *Bestimmung der Auswirkungen des Klimawandels für Mensch und Natur;*
- *Aufzeigen möglicher Maßnahmen zur Beherrschung des Klimawandels und seiner Folgen.*

2 **Gefahr von Fluten und Hitzewellen in Europa steigt**

Ein Bericht des UN-Weltklimarats zeigt, dass die Folgen der globalen Erwärmung bereits auf allen Kontinenten der Erde nachweisbar sind. Demnach steigt das Risiko von Fluten überall in Europa an, in Südeuropa werden Hitzewellen prognostiziert.

Die Forscher des Intergovernmental Panel on Climate Change (IPCC) betonen, dass die Erwärmung nicht nur ein Problem ärmerer oder klimatisch exponiert gelegener Regionen bleiben wird. Das geht aus einer bislang geheimen, der Süddeutschen Zeitung vorliegenden Fassung des zweiten Teils des diesjährigen Weltklima-Berichts hervor. Infolgedessen lebt jeder sechste Bewohner der Erde in Abhängigkeit von Frischwasser, das aus Seen oder Gletschern stammt, die gegenwärtig schwinden. Nordamerikanische Großstädte werden wohl noch stärker unter Hitzewellen leiden als bisher. (...)

Weltweit werden künftig Hunderte Millionen Menschen unmittelbar von Fluten bedroht sein. Betroffen sind besonders die Bewohner niedrig gelegener Flussdeltas in Asien, aber auch die Bevölkerung flacher Inselstaaten. In Gebirgsgebieten erwarten die Wissenschaftler, dass sich aufgrund plötzlicher Schneeschmelzen immer häufiger Wassermassen in die Täler ergießen. Niederschläge werden sich künftig generell in die höheren Breitengrade verlagern. Der Süden Europas wird auch von Waldbränden heimgesucht werden, wohingegen sich hoch im Norden teilweise neue Chancen für die Landwirtschaft auftun.

Die ökonomische Netto-Bilanz des Klimawandels sei insgesamt jedoch negativ, sagen die IPCC-Forscher. Es wird geschätzt, dass ein Viertel aller Tier- und Pflanzenarten vom Aussterben bedroht ist, falls sich die Erde um weitere 1,5 bis 2,5 Grad Celsius erwärmt – ein Wert, der auch mit schnellen CO_2-Sparmaßnahmen bis zur Mitte des Jahrhunderts erreicht sein dürfte. (...)

nach: Erwärmung der Erde: Alarmierende Beweise, in: Süddeutsche Zeitung vom 03.03.2007

Ursachen des Klimawandels

Die für den **Klimawandel** verantwortlichen Änderungen der Strahlungsbilanz werden vorwiegend durch Kohlenstoffdioxid verursacht, in kleinerem Umfang durch andere Treibhausgase. Änderungen der solaren Einstrahlung haben dagegen nur einen geringen Einfluss.

Der Kohlenstoffdioxid-Gehalt der Luft hat seit dem Jahr 1750 um 35 % von 280 ppm auf 379 ppm im Jahr 2005 zugenommen. Die Zuwachsrate der letzten 10 Jahre ist die größte seit 50 Jahren. Der heutige Wert ist der höchste in den letzten 650 000 Jahren. 78 % der Erhöhung werden auf die Nutzung fossiler Brennstoffe und der Rest auf Landnutzungsänderungen (z. B. Rodungen) zurückgeführt.

Andere wichtige **Treibhausgase** wie z. B. Lachgas und Methan, deren Anteile seit 1750 um 18 % bzw. 148 % zugenommen haben, machen zusammen etwa halb so viel aus wie der CO_2-Anstieg.

Die globale Oberflächentemperatur ist seit 1850 um 0,74 °C gestiegen, und neun Jahre im Zeitraum zwischen 1995 und 2006 waren die wärmsten seit Beginn der meteorologischen Aufzeichnungen.

Als Hauptverursacher von klimaschädlichen Treibhausgasen gelten die Industrieländer. Nach Umweltstudien steht die USA mit über 25 % aller produzierten Treibhausgase an der Spitze. Der prozentuale Zuwachs der CO_2-Emissionen ist in Schwellenländern momentan besonders hoch, wobei China im Begriff ist die USA als weltgrößten Verursacher abzulösen. Nach Aussagen des 4. Weltklimaberichts des IPCC von 2007 steht fest, dass die Erwärmung der letzten 50 Jahre wesentlich durch anthropogene Treibhausgase (hauptsächlich Kohlenstoffdioxid) verursacht worden ist.

1 Vergleichen Sie die Messungen in Grafik 3 mit den entsprechenden Modellrechnungen und ziehen Sie Schlüsse daraus.

(a) Natürlich

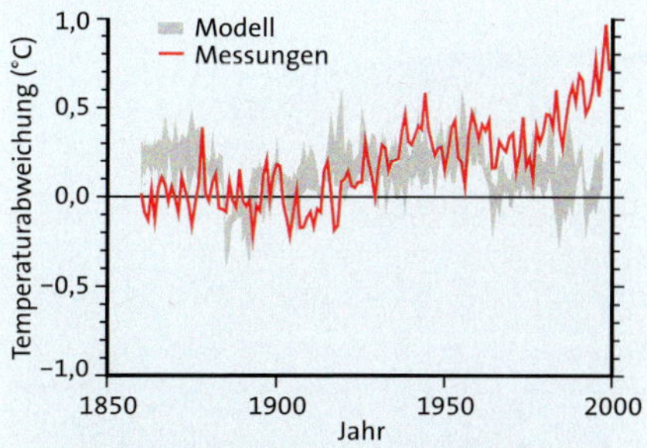

Im Modell (grau) werden nur natürliche Faktoren berücksichtigt (z. B. Schwankungen der solaren Einstrahlung und vulkanische Aktivitäten)

(b) Anthropogen

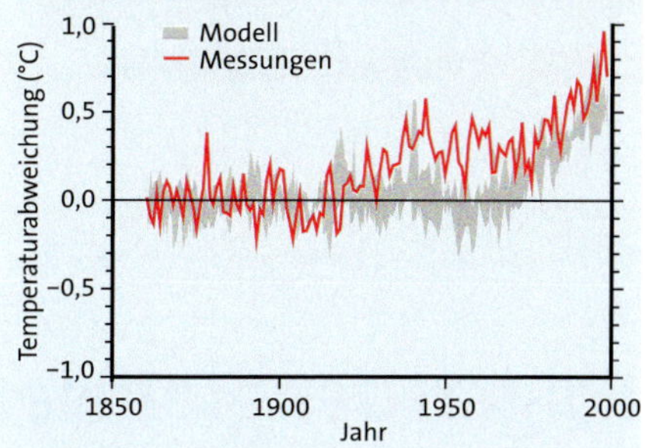

Im Modell werden nur anthropogene Antriebskräfte berücksichtigt (z. B. Treibhausgase und Schwefelaerosole)

(c) Natürlich und anthropogen

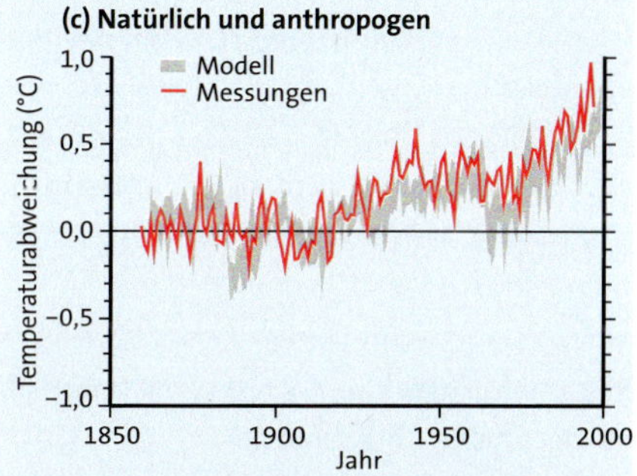

In diesem Modell sind natürliche und anthropogene Antriebsfaktoren berücksichtigt.

3 *Vergleich zwischen Modellrechnungen und Messungen des Temperaturanstiegs seit 1860*

2 Formulieren Sie eine eigene Meinung zum Klimawandel aufgrund Ihres Vorwissens und den Informationen dieser Buchseite.

3 Weisen Sie an einem aktuellen Beispiel nach, inwieweit die Berichte des IPCC das politische Handeln beeinflussen.

4 *„Knut" verhalf dem Zoo Berlin im Frühjahr 2007 zu ungeahntem Publikumsinteresse.*
Sind Eisbären der Arktis in Zukunft nur noch im Zoo zu bewundern?

natürlicher Treibhauseffekt
Die wasserdampf- und kohlendioxidhaltige Atmosphäre hat die Eigenschaft, die von der Erdoberfläche ausgehende Wärmestrahlung zu reflektieren. Dadurch steht der Erdoberfläche mehr Energie zur Verfügung, als durch die reine Strahlungsleistung der Sonne.

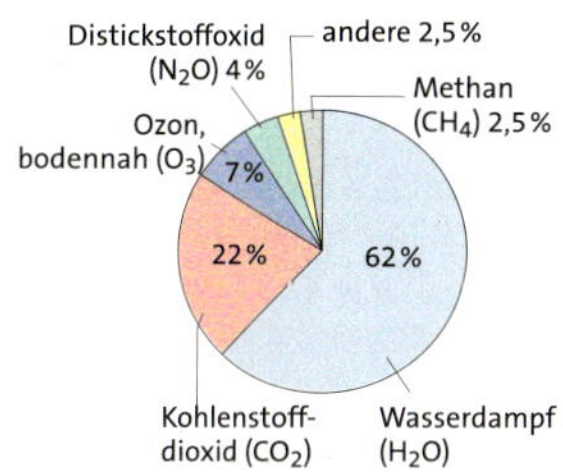

5 *Beitrag von natürlichen Spurengasen der Atmosphäre zum natürlichen Treibhauseffekt*

anthropogener Treibhauseffekt
Durch eine erhöhte Menge bestimmter Gase in der Lufthülle (vor allem Kohlendioxid, Methan, FCKW) wird mehr Wärmestrahlung der Sonne an der Erdoberfläche zurückgehalten. Hauptursachen: Abgase aus Kraftwerken und Autos, verstärkte Rinderhaltung, Industrieproduktion von FCKW.

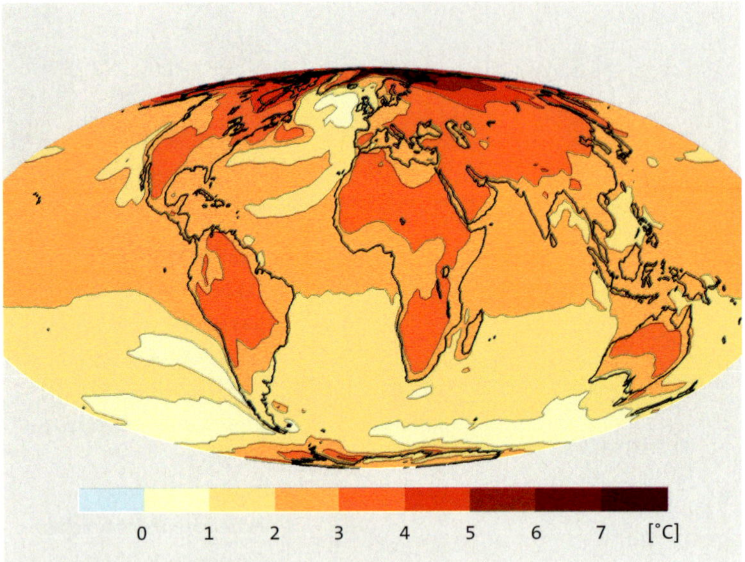

1 Regionale Temperaturveränderung bis zum Jahr 2100. *Die Farbflächen zeigen die Veränderung der jährlichen Mitteltemperatur der Periode 2071 – 2100 gegenüber der Periode 1961 – 1990 nach dem Szenario A1B in °C.*

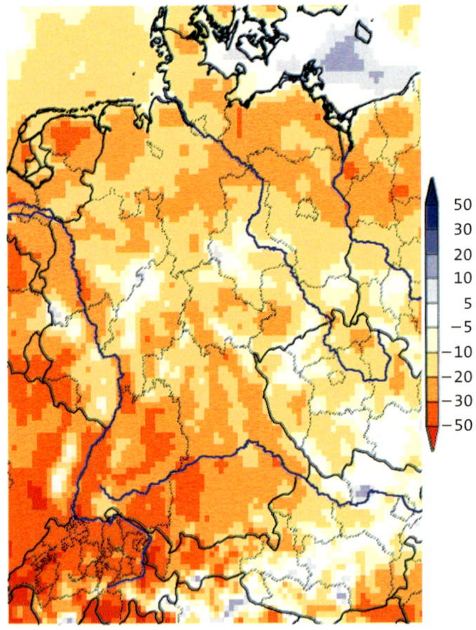

4 Relative Niederschlagsänderung 2071 – 2100 gegenüber 1961 – 1990 (in %)

2 Sommer 2005: Dürre am Amazonas

3 August 2002: Überflutete Straßen in Dresden

Folgen der globalen Erwärmung

Um Aussagen über das künftige Klima und seine Auswirkungen zu gewinnen, haben Wissenschaftler mithilfe physikalisch-mathematischer Gleichungen Klimamodelle entwickelt.

Für die letzte Dekade des 21. Jahrhunderts sagt das IPCC eine globale Erwärmung für das günstigste Szenario um 1,8 °C und für das ungünstigste Szenario um 4,0 °C voraus.

Regionale Folgen und Anpassungsmöglichkeiten an den Klimawandel

- Europa: Es bestehen allgemein gute Möglichkeiten, sich anzupassen. Allerdings werden z. B. einige Tourismusziele im Sommer unter Hitzewellen und Wintersportorte unter Schneemangel leiden.
- Afrika: Eine schwache Ökonomie macht die Anpassung schwierig. Die Empfindlichkeit gegenüber Änderungen ist hoch, da viele von der Landwirtschaft (meist ohne Bewässerungsmöglichkeit) leben.
- Polargebiete und Inselstaaten: Die natürliche Umwelt ist vom Klimawandel stark betroffen. Eine Anpassung ist kaum möglich.

Globaler Umweltschutz

Seit 1979 werden regelmäßig Konferenzen zum Klimaschutz abgehalten. Das wichtigste globale Umweltabkommen ist das **Kyoto-Protokoll**. Mit ihm hat sich die Staatengemeinschaft zum ersten Mal auf die Festsetzung von Obergrenzen für die Emission von Treibhausgasen verständigt.

Zur Erreichung dieses Zieles wurde z. B. der **Emissionsrechtehandel** eingeführt. Jeder Verursacher von Emissionen muss für die vom ihm verursachte Verschmutzung über ein Zertifikat verfügen. Verbraucht ein Lizenznehmer nicht alle Zertifikate, kann er diese an andere Teilnehmer verkaufen.

Auch existiert eine Vielzahl von bilateralen Umweltabkommen zwischen Staaten mit teilweise unterschiedlicher Wirtschaftskraft, die den globalen Umweltschutz der Staatengemeinschaft jedoch nur ergänzen können.

Nach Einschätzungen führender Wirtschaftswissenschaftler sind die Kosten globaler Umweltschutzmaßnahmen weitaus geringer als die Kosten, die durch den Klimawandel verursacht werden.

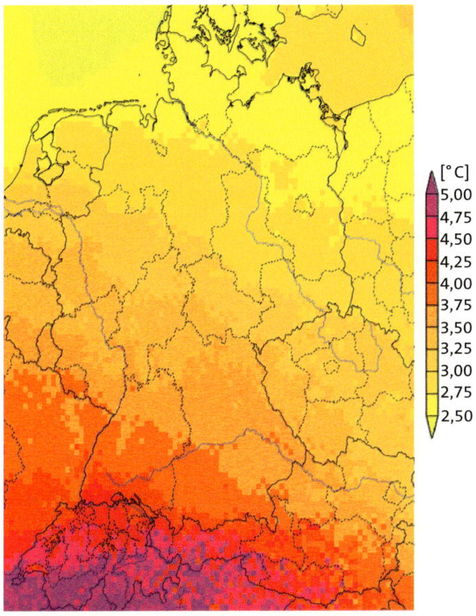

5 ***Veränderung der Jahresmitteltemperatur 2071–2100 gegenüber 1961–1990 (in °C in 2 m Höhe)***

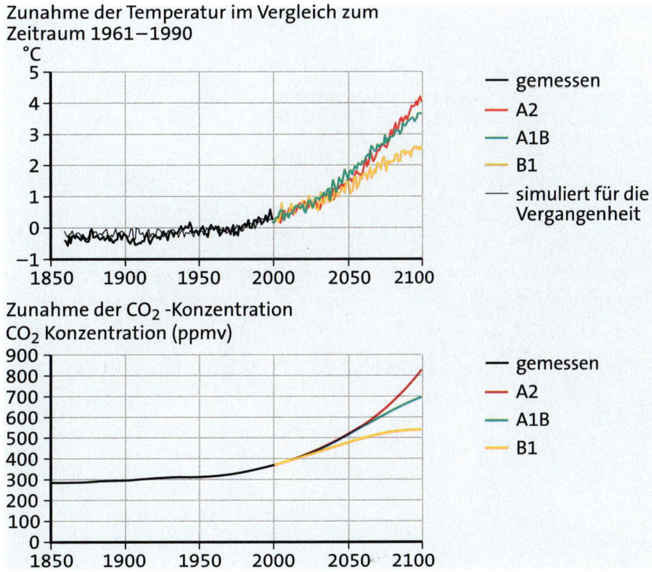

6 ***SRES-Szenarien***

Klimaszenarien des IPCC

Experten des IPCC gingen der Frage nach, wie sich das Klima der Erde in Zukunft unter dem Einfluss von Treibhausgasemissionen entwickeln wird. Im Second Report on Emission Szenarios (SRES) entwickelten sie unterschiedliche Szenarien. Dabei berücksichtigten sie folgende Fragen:

- Wie verändert sich die Weltbevölkerung in den nächsten 100 Jahren?
- Welchen Lebensstandard wird sie erreichen?
- Wie hoch wird der Energieverbrauch sein?
- Welche Energieträger werden dafür eingesetzt?

Weil es für jede dieser Fragen verschiedene Antwortmöglichkeiten gibt, ergaben sich mehrere Szenarien. Man einigte sich international auf 35 SRES-Szenarien, die man in 4 Familien unterteilte: A 1, A2, B1 und B2.

Die Szenarien-Familien A1 und A2 gehen von einer primär ökonomisch orientierten Welt aus. Die Szenarien-Familien B1 und B2 wiederum gehen von einer ökologischen und nachhaltigen künftigen Entwicklung der Menschheit aus.

A1 Eine Welt mit schnellem Wirtschaftswachstum und schneller Einführung neuer und effizienterer Technologien.

A2 Eine sehr heterogene Welt mit einem Schwerpunkt auf traditionelle Werte (family values and local traditions).

B1 Eine sich vom Materialismus abkehrende Welt und die Einführung sauberer Technologien.

B2 Eine Welt mit dem Schwerpunkt auf lokalen Lösungen für ökonomische und ökologische Nachhaltigkeit.

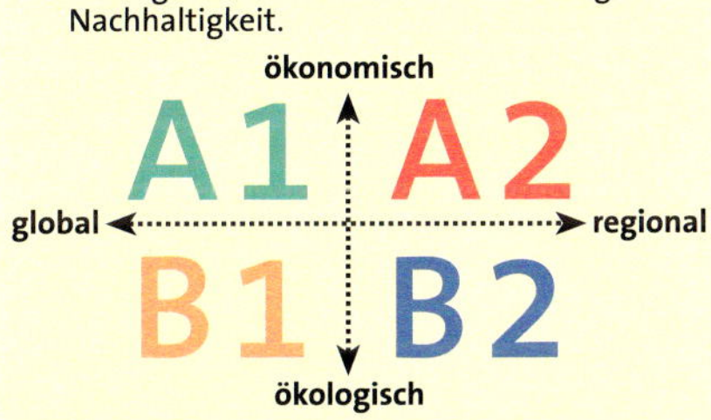

Das Szenario A1 hat drei Varianten, je nach genutzter Energie:

A1 F fossil = hauptsächlich Öl und Kohle
A1 N neue = erneuerbare Energiequellen
A1 B beide = ausgewogene Nutzung beider Arten

B2 wiederum geht von einer ökologischen und nachhaltigen künftigen Entwicklung der Menschheit aus.

7 ***Klimaszenarien des IPCC***

1 *Benennen Sie mithilfe der Karten 4 und 5 die Regionen in Deutschland, die vom Klimawandel besonders stark betroffen sein werden. Bewerten Sie diese Veränderungen.*

2 *Interpretieren Sie die Diagramme 6 unter Berücksichtigung von Schema 7.*

ONLINE-Link
Surftipp
27960X-0703

1 ***Schülercollage zum Thema Luxus***

3 Anhand einer einfachen Rechnung verdeutlicht Liang Congjie, Vorsitzender der chinesischen „Friends of Nature", die möglichen Folgen des Wohlstandshungers der Chinesen: Jeder zweite Amerikaner besitze heute ein Auto, bei gleichem Lebensstil wären 1,3 Mrd. Chinesen bald mit 650 Mio. Autos unterwegs, mehr als die 540 Mio. Wagen, die heute insgesamt weltweit fahren. Dabei seien die chinesischen Städte bereits jetzt verstopft und die Luft von Abgasen verpestet. Natürlich könne niemand den Chinesen verbieten, einen Lebensstil anzustreben, wie ihn die Amerikaner vorlebten, betont Congjie. Jeder Mensch habe das gleiche Recht auf Wohlstand und Selbstentfaltung.

nach J. Hans: Liang Congjie: „Fatales Vorbild USA" GEO.de, 08/2002, unter: www.geo.de

Brundtlandtbericht
Bericht der „Kommission für Umwelt und Entwicklung" der UNO unter dem Vorsitz der ehemaligen norwegischen Umweltministerin Brundtland (1987).

nachhaltige Entwicklung
(sustainable development)
Vier zentrale Leitbilder sind:
- *Generationengerechtigkeit*
- *Lebensqualität*
- *sozialer Zusammenhalt*
- *internationale Verantwortung*

Durch Nachhaltigkeit zur Tragfähigkeit

Was heißt schon Luxus?
„Den Luxus leiste ich mir!" oder „Dafür würde ich nie so viel Geld ausgeben!" – Jeder Mensch hat seine eigene Vorstellung, was Luxus bedeutet. Was für den einen Luxus ist, ist für den anderen noch längst keiner. Luxus ist generell „der Aufwand, der das Notwendige übersteigt". Doch was ist notwendig?

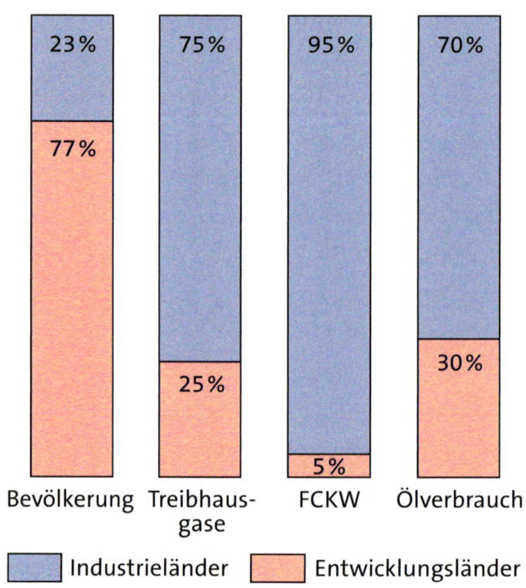

2 ***Industrieländer und Entwicklungsländer im Vergleich***

Bedrohte Tragfähigkeit
Man spricht von **Tragfähigkeit**, wenn die Bevölkerungszahl, die von der Erde bzw. einem bestimmten Raum ohne ökologische Folgeprobleme versorgt werden kann, nicht überschritten wird. In vielen Entwicklungsländern mit starkem Bevölkerungswachstum ist diese Grenze bereits überschritten. Die Folge sind massive Ströme von Armuts- und Wirtschaftsflüchtlingen. Nicht zuletzt jene Tag für Tag an den Küsten spanischer Ferieninseln gestrandeten Afrikaner machen uns deutlich, dass auch wir betroffen sind.

Berechnungen zur Tragfähigkeit
Bereits in den 1970er-Jahren erstellte der Club of Rome Computersimulationen, in denen der Anstieg der Bevölkerung, des Rohstoffverbrauchs und der Umweltverschmutzung berücksichtigt sowie Grenzen des Wachstums errechnet wurden. Die Veröffentlichung der Ergebnisse wirkte wie ein Schock. Verläuft die Entwicklung der Weltgesellschaft wie bisher, so prognostizierte die Forschergruppe damals bereits den Zusammenbruch des Systems für die Mitte des 21. Jahrhunderts.

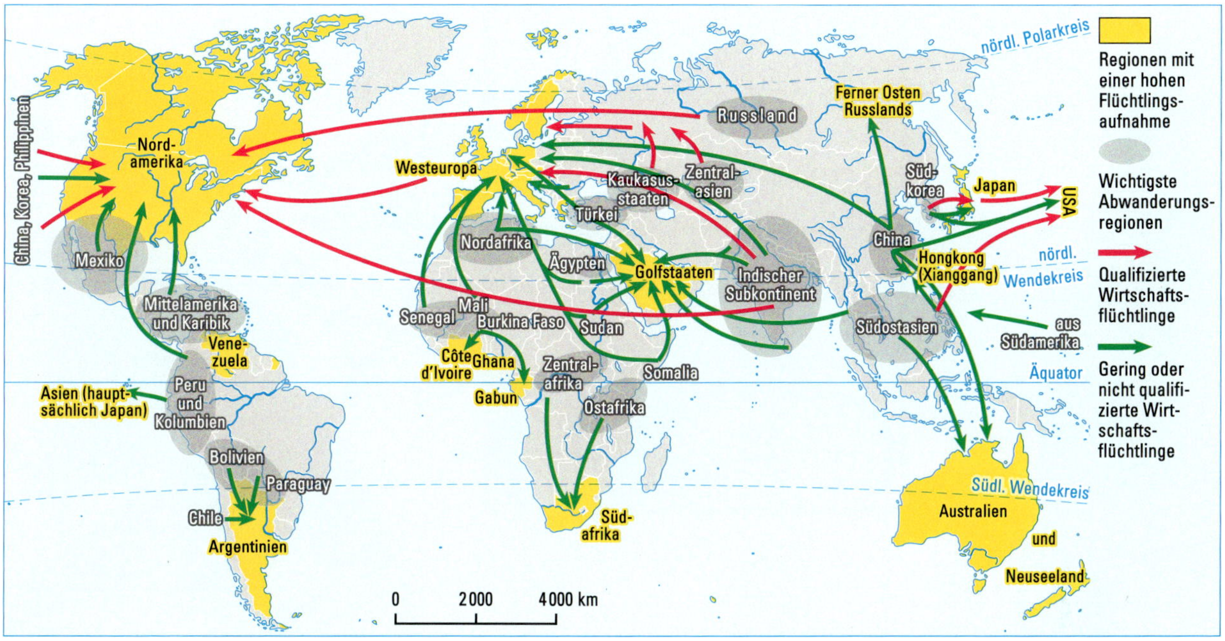

Ströme der Armuts- und Wirtschaftsflüchtlinge

Grundlagen und Zielsetzungen

Nur durch **nachhaltige Entwicklung** kann die Wahrscheinlichkeit, dass ein solches Katastrophenszenario eintritt, verringert werden.

Im **Brundtlandbericht** heißt es, dass die Grundbedürfnisse weiter Teile der Bevölkerung in den Entwicklungsländern nach Nahrung, Kleidung, Wohnung und Arbeit nicht befriedigt werden. Nachhaltige Entwicklung bedeutet somit, weltweit die Bedürfnisse der gegenwärtigen Generation zu befriedigen, ohne die Fähigkeit zukünftiger Generationen zu beeinträchtigen, ihre Bedürfnisse zu befriedigen. Schon im eigenen Interesse gilt es, Gewohnheiten zu überdenken und beim Konsum den Gedanken der Ressourcenschonung nicht zu vergessen.

Das Modell des ökologischen Rucksacks soll helfen, die Umweltverträglichkeit von Produkten beurteilen zu können. Es zeigt, wie viel Rohmaterialien und Energie benötigt werden, um ein Alltagsprodukt zu erzeugen, zu gebrauchen und zu entsorgen. Addiert man alle Einzelbeträge, so kann man den „ökologischen Rucksack" eines Produkts berechnen. Je kleiner er ist, desto weniger wurde die Umwelt belastet.

Der ökologische Rucksack eines Computer-Chips

1 *Beschreiben Sie die Migrationsströme in Karte 4 und begründen Sie diese an zwei ausgewählten Raumbeispielen.*

2 *Arbeiten Sie mit Diagramm 2 und Text 3. Die Entwicklungsländer streben danach, den Lebensstil der Industrieländer zu übernehmen. Beurteilen Sie diesen Wandel.*

3 *Nordseekrabben werden aus Kostengründen zum Pulen von Norddeutschland mit dem Lkw nach Marokko und zurück transportiert. Berechnen Sie mithilfe von Tabelle 6 den CO_2-Ausstoß für den Transport (10 t, 6 000 km).*

Kohlendioxidausstoß

(in g/t/km = Gramm pro Tonne und km)

Flugzeug	2 041
Lkw	135
Eisenbahn	40
Hochseeschiff	9

ONLINE-Link

Surftipp
27960X-0704

Wichtige Begriffe

anthropogener Treibhauseffekt
Globalisierung
Klimawandel
nachhaltige Entwicklung
natürlicher Treibhauseffekt
Tragfähigkeit
Transnationale Unternehmen

Wirtschaft

Globale Firmengeflechte

↓

Zunahme von Handel und Verkehr

Ziel der nachhaltigen Entwicklung: menschenwürdiges Dasein für alle

Politik

neue Probleme und Abhängigkeiten zwischen Staaten

↓

Bedeutungsverlust der Nationalstaaten/ Bedeutungsgewinn von Staatenbündnissen

Ziel der nachhaltigen Entwicklung: gleiche Mitspracherechte für alle Staaten in internationalen Gremien

Dimensionen

Sichern Sie Ihr Grundwissen

Erläutern Sie die Dimensionen der Globalisierung und bewerten Sie ihre Auswirkungen vor dem Hintergrund einer nachhaltigen Entwicklung.

Umwelt

steigender Energiebedarf

↓

Zunahme der Treibhausgase

↑

Ziel der nachhaltigen Entwicklung:
global organisierter
Umweltschutz aller Staaten

Kommunikation

vernetzte Welt

↓

Bedeutungsverlust räumlicher Distanzen

↑

Ziel der nachhaltigen Entwicklung:
Verringerung der digitalen Kluft
zwischen Arm und Reich

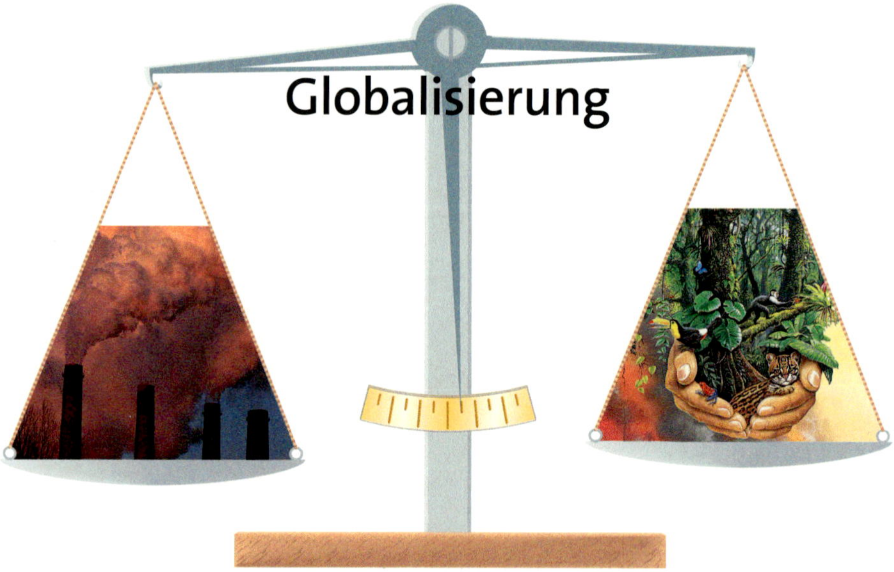

❶

❷ **Weltbevölkerung im Jahr 2006 (in Mio.)**

Asien/Pazifik	3 696
Afrika	849
Europa	732
Lateinamerika / Karibik	566
Nordamerika	332
Australien/Ozeanien	34
Mittlerer Osten	347
Welt	**6 556**

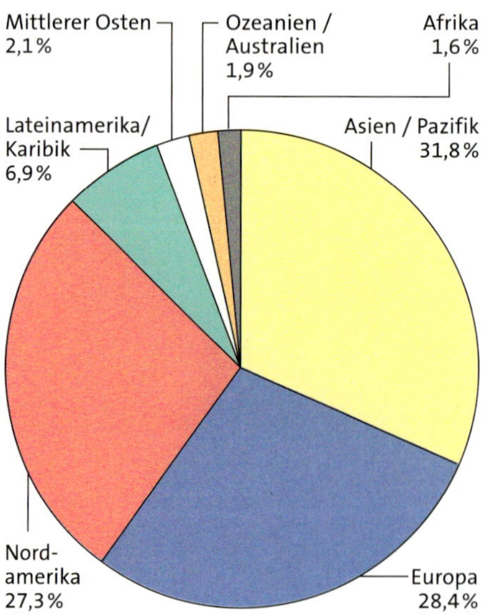

❸ ***Internet-Nutzer im Jahre 2005***

1 ***Dimensionen der Globalisierung***

a) *Interpretieren Sie die Darstellung des Themas „Globalisierung" in Grafik 1.*

b) *Suchen Sie ein zweites Bildpaar, das auf die Waagschalen passen könnte.*

2 ***Informationen global***

a) *Berechnen Sie die Bevölkerungsanteile der einzelnen Großräume aus Tabelle 2.*

b) *Vergleichen Sie die Bevölkerungsanteile mit den Internet-Nutzern in Grafik 3.*

c) *Erörtern Sie die Folgen fehlender Informationsmöglichkeiten für Ihren Alltag.*

3 ***China – globale Werkbank***

a) *Erklären Sie, warum Unternehmer aus der ganzen Welt in China produzieren lassen oder dort eigene Firmen aufbauen.*

b) *Erörtern Sie die Anfälligkeit der Betriebe bei globalen Wirtschaftskrisen (z. B. Asienkrise 1997), wenn sie nur eine „verlängerte Werkbank" ausländischer Betriebe sind.*

c) *Erläutern Sie die Auswirkungen, die ein Überangebot von Wanderarbeitern in den Boomregionen Chinas für die dortigen Arbeitsverhältnisse mit sich bringt.*

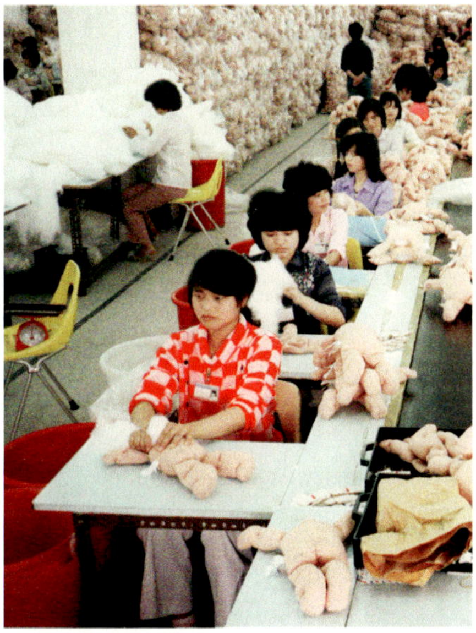

④ **_Chinesische Arbeiterinnen stellen Plüschtiere her_**

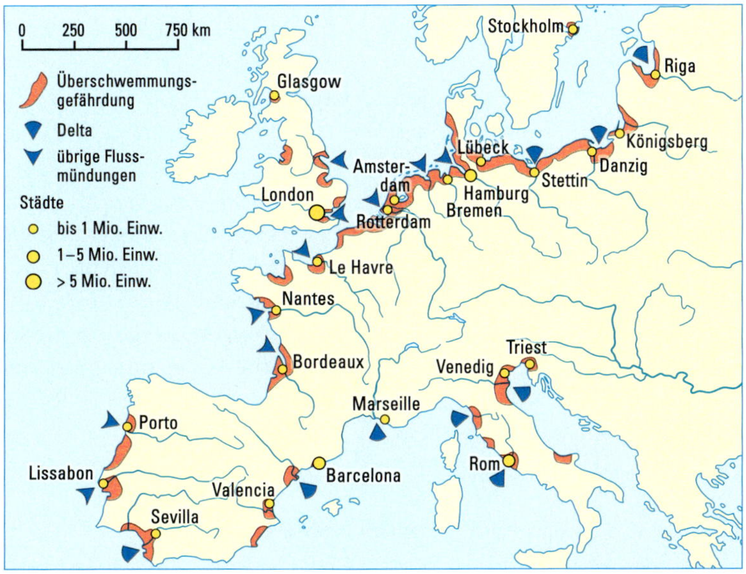

⑥ **_Überschwemmungsgefährdete Küsten in Europa bei ansteigendem Meeresspiegel_**

⑤

ONLINE-Link
Aufgabenlösungen
27960X-0705

4 _Wahre Freundschaft?_

a) Beschreiben und interpretieren Sie die Karikatur 5.

b) Verdeutlichen Sie die einzelnen Gedanken mit aktuellen Beispielen.

5 _Europa: „Land unter“_

a) Erstellen Sie mithilfe von Karte 6 eine Tabelle der in Europa durch Überschwemmung gefährdeten Staaten.

b) Untersuchen Sie eine Region in einem Land Ihrer Wahl auf mögliche Folgen in allen drei Wirtschaftssektoren.

Hier finden Sie wichtige Methoden aus den Klassenstufen fünf bis acht.

Methodenbox

Karten lesen

1. Schritt: *Suchen Sie in der Legende der jeweiligen Karte nach dem Zeichen, das Sie benötigen, um zum Beispiel den Dom zu finden.*
2. Schritt: *Merken Sie sich das entsprechende Zeichen und suchen Sie es auf der Karte. Prägen Sie sich den Standort ein.*
3. Schritt: *Falls Sie in der Karte auf neue, noch unbekannte Zeichen treffen, suchen Sie diese in der Legende und merken Sie sich die Bedeutung.*

Entfernungen bestimmen

Entfernungen auf der Karte können Sie mithilfe der Maßstabsleiste feststellen oder mit der Maßstabszahl bestimmen.
1. Schritt: *Messen Sie mit einem Lineal die gesuchte direkte Entfernung ab, zum Beispiel 3 cm.*
2. Schritt: *Stellen Sie die Maßstabszahl der Karte fest, z. B. 1 000 000.*
3. Schritt: *Multiplizieren Sie die gemessene Entfernung mit der Maßstabszahl, hier 3 cm x 1 00 000 = 3 000 000 cm. Rechnen Sie das Ergebnis in eine sinnvolle Einheit um, hier also: 3 000 000 cm = 30 000 m =30 km.*

Höhenlinien lesen

1. Schritt: *Suchen Sie die Höhenangaben an den Höhenlinien einer entsprechenden Karte. Stellen Sie fest, in welcher Richtung das Gelände ansteigt oder abfällt.*
2. Schritt: *Stellen Sie Verlauf und Abstand der Höhenlinien fest: Wo diese eng beieinander sind, ist das Gelände steil; wo diese weiter auseinander liegen, ist das Gelände weniger steil bis flach.*
3. Schritt: *Ermitteln Sie für eine bestimmte Strecke den Höhenunterschied.*

Ein Höhenprofil zeichnen

1. Schritt: *Zeichnen Sie die Strecke von Ort A nach B in die Karte ein. Es ist die Querschnittslinie.*
2. Schritt: *Übertragen Sie diese Querschnittslinie AB auf Millimeterpapier.*
3. Schritt: *Legen Sie eine Höhenskala an. Achten Sie auf die tiefste und auf die höchste Stelle des Querschnitts. Skaleneinteilung: zum Beispiel 1 cm entspricht 100 m.*
4. Schritt: *Übertragen Sie die Schnittpunkte P1, P2 usw. der Karte an richtiger Stelle auf das Millimeterpapier. P1, P2 usw. sind Schnittpunkte der Höhenlinien mit der Querschnittslinie.*
5. Schritt: *Verbinden Sie auf dem Millimeterpapier die Punkte A, P1, P2 ... B. So erhalten Sie die Profillinie des Geländeschnittes von A nach B.*

Ein Vegetationsprofil erstellen

1. Schritt: *Zeichnen Sie ein Höhenprofil (siehe oben).*
2. Schritt: *Bestimmen Sie die Grenzen der einzelnen Vegetationszonen bzw. Vegetationseinheiten.*
3. Schritt: *Übertragen Sie diese Vegetationsgrenzen in die Profillinie.*
4. Schritt: *Erstellen Sie eine Legende für die einzelnen Vegetationsbereiche und übertragen Sie die Signaturen in das Profil. Anstelle der natürlichen Vegetation kann man auch die Verteilung der Kulturpflanzen kartieren und in ein Profil der landwirtschaftlichen Nutzung übernehmen.*

Eine Kartenskizze zeichnen:

1. Schritt: *Suchen Sie im Atlas die entsprechende Landschaftskarte. Legen Sie Transparentpapier auf und heften Sie dieses mit Büroklammern fest. Auf dieses Transparent zeichnen Sie zunächst einen rechteckigen Rahmen, der den Kartenausschnitt Ihrer Skizze begrenzt.*

2. Schritt: *Zeichnen Sie nun das Flussnetz mit einem blauen Farbstift nach. Dabei können Sie großzügig den wichtigsten Flussläufen folgen. Kleinräumige Flussbiegungen werden einfach begradigt.*

3. Schritt: *Wählen Sie für Höhenzüge und Gebirge einen braunen Farbstift. Damit umfahren Sie die Gebirge grob und malen anschließend die umschlossene Fläche aus. Bei Mittelgebirgen benutzen Sie einen hellbraunen und bei Hochgebirgen einen dunkelbraunen Farbton.*

4. Schritt: *Markieren Sie mit einem roten Farbstift die Landesgrenzen und Städte. Am besten zeichnen Sie nur die größeren Städte ein.*

5. Schritt: *Beschriften Sie nun Ihre „stumme" Karte. Übertragen Sie dazu die Namen aus dem Atlas. Für Städte, Gebirge und Landschaften wählen Sie einen schwarzen Farbstift, für Flussnamen benutzen Sie einen blauen Farbstift.*

Eine thematische Karte erschließen

1. Schritt: Orientieren

Zunächst erfolgt die Orientierung: Um welches Thema geht es, welches Gebiet wird dargestellt? Häufig hilft der Titel der Karte, das Gebiet kann man genau beschreiben.

2. Schritt: Die Legende lesen

Nach der ersten Orientierung kann ein Blick auf die Legende helfen, das dargestellte Thema genauer zu erfassen. In der Legende werden alle Zeichen der Karte erläutert, sodass sich daraus der Inhalt, das Thema ergibt. Zudem hilft der Maßstab, die Größe des Raums und die Entfernungen abzuschätzen.

3. Schritt: Den Karteninhalt beschreiben

Jetzt geht es darum, den Karteninhalt genau zu beschreiben: Was findet sich wo, gibt es Besonderheiten, z.B. fehlende Merkmale in bestimmten Gebieten? Dabei kann man sich an der Legende orientieren und die dort vermerkten Sachverhalte nacheinander beschreiben.

4. Schritt: Den Karteninhalt erklären

Finden Sie Ursachen für die in der Karte dargestellten Erscheinungen und deren räumliche Verteilung. In der Regel müssen Sie dazu Ihr Vorwissen anwenden oder Informationen aus anderen Quellen entnehmen.

Mit geographischen Informationssystemen arbeiten – eine Klimakarte erstellen

1. Schritt: Mit Layern arbeiten

- *Starten Sie das gewählte GIS-Programm und warten Sie, bis der aktuelle View (d.h. die Kombination der gewünschten Layer) geladen ist.*
- *Wählen Sie selbst neue Layer aus. „Sichtbar" bedeutet, dass sie grafisch dargestellt werden, „aktiv" aber, dass sie für logische Operationen verfügbar sind.*
- *Aktualisieren Sie nach Ihrer Wahl jeweils die Kartendarstellung mit dem Button „Karteninhalt aktualisieren".*

2. Schritt: Mit Werkzeugen (Tools) umgehen

- *Vergrößern und verkleinern Sie die Kartenausschnitte, verschieben Sie sie usw.*
- *Informieren Sie sich über „Hilfe" zu Arbeitsweise und Wirkung der einzelnen Werkzeuge.*
- *Wechseln Sie die Layer und überprüfen Sie, wie sich damit die Arbeit mit den Werkzeugen verändert.*

3. Schritt: Einfache thematische Karten mit dem Abfragemanager erstellen

- *Führen Sie zunächst einfache Operationen mit dem Abfragemanager durch (z.B. alle Klimastationen der Erde suchen, die höher als 1500 m sind)*
- *Beachten Sie: Nach der Wahl der Inhalte auf „Abfrage bilden" und „Ausführen" klicken.*
- *Führen Sie komplexere Abfragen mit den Erweiterungen „AND", „OR" usw. durch.*
- *Entwickeln Sie Rechenoperationen, mit denen sich einzelne Klimazonen auf der Karte darstellen lassen.*

Ein Luftbild auswerten

1. Schritt: Aufnahmehöhe und Maßstab feststellen

Ist das Bild aus geringer oder großer Höhe aufgenommen? Dies bestimmt den Maßstab, d.h. wie groß und detailreich einzelne Objekte zu erkennen sind.

2. Schritt: Aufnahmewinkel bestimmen

Handelt es sich um ein Senkrecht- oder ein Schrägluftbild? Letzteres bedeutet, dass Objekte im Vordergrund größer zur Darstellung kommen als im Hintergrund.

3. Schritt: Aufnahmeort bestimmen

Welche Hinweise darauf, wo die Aufnahme gemacht worden sein könnte, sind dem Bild zu entnehmen? Ist eventuell eine Bildunterschrift oder -erklärung als Hilfe vorhanden?

4. Schritt: Schwerpunkte festlegen

Was erscheint Ihnen an dem Bild wichtig, interessant oder auffällig?

5. Schritt: Kartenskizze anfertigen

Fertigen Sie nun die Kartenskizze an, indem Sie wichtige Linien (z.B. Straßen oder Umrandungen) und Flächen (z.B. Felder oder Siedlungen) möglichst lagerichtig auf das Blatt übertragen. Am einfachsten ist dies bei Senkrechtaufnahmen.

6. Schritt: Legende anfertigen

Fertigen Sie eine Legende an, in der Sie beispielsweise die Farben erklären, die Sie den einzelnen Flächen zuordnen.

Satellitenbilder auswerten

1. Schritt: Einordnung des Bildes

- Suchen Sie das auf dem Bild dargestellte Gebiet auf der Atlaskarte. Wählen Sie dabei eine Karte mit einem möglichst vergleichbaren Maßstab.

2. Schritt: Auswertung des Bildinhaltes

- Gliedern Sie die Bildinhalte, indem Sie wichtige Strukturen (Berge, Meere, Siedlungen, Vegetation, usw.) benennen.
- Fassen Sie Flächen gleicher Färbung zusammen und ermitteln Sie mithilfe der Legende deren Bedeutung.
- Suchen und beschreiben Sie linienhafte Bildelemente, wie z.B. Verkehrswege.

3. Schritt: Deutung des Bildinhalts

- Erfassen Sie Formen und Strukturen, z.B. die Beschaffenheit der Oberfläche (Berge, Ebenen oder Täler).
- Stellen Sie Beziehungen zwischen den einzelnen Bildelementen her und suchen Sie nach Zusammenhängen, z.B. Lage am Meer und Hafenanlagen.

4. Schritt: Beurteilung des Informationswertes

Vergleichen Sie das Satellitenbild und Ihre daraus gezogenen Erkenntnisse mit anderen Quellen, wie Atlaskarten, Stadtplänen oder Fotos. Beurteilen Sie, inwieweit Ihnen das Satellitenbild mehr Informationen gibt, bzw. wo die anderen Quellen ihre Vorzüge haben.

Klimadiagramme zeichnen

1. Schritt: Verwenden Sie Millimeterpapier. Zeichnen Sie eine waagrechte 12 cm lange Grundlinie. Teilen Sie diese für die Monate ein (1 Monat entspricht 1 cm) und schreiben Sie die Anfangsbuchstaben der Monatsnamen darunter.

2. Schritt: Zeichnen Sie an der linken Seite der Grundlinie eine senkrechte Achse für die Temperaturwerte (in °C, rote Zahlen, 1 cm entspricht 10 °C). Tragen Sie den Wert für 0 °C an der Grundlinie ein und beschriften Sie diese in Zehnerschritten bis 30 °C.

Wenn es Monate mit Werten unter 0 °C gibt, muss die Achse nach unten entsprechend weit verlängert und mit Minuswerten benannt werden.

3. Schritt: Zeichnen Sie am rechten Endpunkt der Grundlinie eine senkrechte Achse für die Niederschläge (in mm, blaue Zahlen, 1 cm entspricht 20 mm). Beschriften Sie in 20 mm-Schritten bis zum höchsten Monatswert der Ihnen vorliegenden Station.

Beachten Sie: Ab 100 mm Niederschlag pro Monat können Sie die Skala stauchen, d.h. 1 cm entspricht nun 100 mm Niederschlag. Auf diese Weise wird das Diagramm nicht zu hoch.

4. Schritt: Markieren Sie nun die Monatsdurchschnittstemperaturen mit einem Kreuz jeweils über der Monatsmitte und verbinden

Sie die Kreuze mit einem roten Stift zu einer Kurve.
Bilden Sie aus dem Dezember- und Januarwert den Mittelwert und tragen Sie diesen an beiden senkrechten Achsen an. Verlängern Sie die Kurve nun nach beiden Seiten bis zu den Hochwertachsen.

5. Schritt: Markieren Sie die Höhe der mittleren Niederschlagssummen der einzelnen Monate jeweils mit einem Kreuz und verbinden Sie diese mit einem blauen Stift zu einer Kurve.
Verlängern Sie diese nun nach der gleichen Methode wie die Temperaturkurve zu den beiden senkrechten Achsen.

6. Schritt: Liegt die Niederschlagskurve über der Temperaturkurve, müssen Sie die dazwischen liegende(n) Fläche(n) mit senkrechten blauen Linien schraffieren. Liegt sie jedoch unterhalb der Temperaturkurve, dann müssen Sie die Flächen mit einer roten Punktsignatur versehen.

7. Schritt: Beschriften Sie das Diagramm vollständig mit dem Namen der Station, dem Namen des Landes, der Höhe des Ortes über dem Meeresspiegel sowie der Jahresmitteltemperatur und der Jahresniederschlagssumme.

Klimadiagramme auswerten

1. Schritt: Lesen Sie den Namen, das Land und die Höhenlage der Station ab. Suchen Sie diese auf der Karte und beschreiben Sie ihre topografische Lage (z.B. am Meer, in einem Gebirgstal, in einer weiten Ebene).

2. Schritt: Werten Sie die Temperaturkurve aus. Beachten Sie dabei den Jahresgang der Temperatur und vor allem die niedrigsten und höchsten Werte. Der Unterschied zwischen diesen beiden Werten – Fachleute nennen ihn die Temperaturamplitude – sagt Ihnen viel über die Ausprägung des Klimas an der Station und über dessen Auswirkungen. Große Temperaturamplituden weisen die Station als kontinental aus. Wenn die Wintertemperaturen unter 0 °C liegen, fällt Niederschlag meist als Schnee.

3. Schritt: Werten Sie die Niederschlagskurve aus. Lesen Sie aus dem Diagramm ab, in welchen Jahreszeiten besonders viel bzw. besonders wenig Niederschlag fällt.

4. Schritt: Stellen Sie fest, ob es aride Jahreszeiten gibt oder ob es das ganze Jahr humid ist.

5. Schritt: Fassen Sie Ihre Auswertung in kurzer schriftlicher Form zusammen.

Informationen gewinnen, verarbeiten und dokumentieren

1. Schritt: Informationen gewinnen
Zunächst sollten Sie alles sammeln, was Sie zu dem Thema finden können.
- Im Internet, in Bibliotheken, Lexika, Fachzeitschriften oder Bildbänden werden Sie bestimmt fündig.

2. Schritt: Informationen sortieren und auswählen
Sie haben nun sicher eine große Menge an Informationen zusammengetragen, sodass man schnell die Übersicht verlieren kann.
- Daher müssen Sie jetzt herausfinden, mit welchen Informationen Ihre Fragen am besten zu beantworten sind.
- Dokumentieren Sie die Quellen und prüfen Sie, ob diese zuverlässig und die Informationen richtig sind. Hierzu beitet es sich an, Informationen zum Thema aus verschiedenen Quellen zu vergleichen.

3. Schritt: Informationen verarbeiten
Die ausgewählten Informationen müssen Sie nun verarbeiten, um Ihre Fragen aussagekräftig zu beantworten. Überlegen Sie z.B.:
- Lassen sich aus Texten Grafiken oder Schemata anfertigen?
- Sollten Tabelleninhalte zu Diagrammen verarbeitet werden?
- Können Informationen eventuell durch ein Experiment bestätigt werden?

4. Schritt: Informationen dokumentieren
Alle Aufgabenstellungen und Antworten werden nun übersichtlich angeordnet. Möglichkeiten dazu bieten z.B. eine Themenmappe oder ein Portfolio.
- Ist die Fragestellung damit beantwortet?
- Bleiben Fragen offen? Falls ja, begründen Sie, woran das liegt (z.B. Thema ist noch nicht ausreichend erforscht).

Strukturdaten ausgewählter Staaten

Land	Fläche in 1 000 km²	Einwohner 2007 in Millionen	Jährliches Bevölkerungswachstum Mittel aus 2000–2005 in %	Geburtenrate 2006 in %	Sterberate 2006 in %	Lebenserwartung 2007 in Jahren	Anteil der Bevölkerung unter 15 Jahren 2006 in %	Anteil der Bevölkerung über 65 Jahren 2006 in %	Städtische Bevölkerung 2006 in %	Wirtschaftsleistung je Einwohner 2006 in US-$[2]	Erwerbstätige in der Industrie[3] 2005 in % der Erwerbstätigen insgesamt	Erwerbstätige in Dienstleistungen[3] 2005 in % der Erwerbstätigen insgesamt	Anteil der Industrie[3] am BIP 2006 in %	Anteil der Dienstleistungen[3] am BIP 2006 in %	Arbeitslose 2005 in %	Energieverbrauch je Einwohner 2003 in kg Öleinheiten[1]	Analphabeten 2006 in %	Kalorienversorgung je Einwohner und Tag 2006	Einwohner je Arzt 2006	Internet-Nutzer 2006 je 1000 Einwohner
Europa																				
Albanien	29	3,2	0,8	1,4	0,6	78	24,8	8,9	45	3 021	14,0	28	18,6	58,4	13,8	k. A.	1	2 920	845	k. A.
Belgien	31	10,6	0,1	1,1	1,0	79	16,7	17,4	97	35 445	24,4	73,5	24,1	74,9	8,2	6 650	k. A.	3 720	244	461
Bosnien-Herzegowina	51	3,8	0,0	0,9	0,9	78	15,5	14,4	46	2 327	k. A.	k. A.	30,8	55,0	45,5	1 136	1	3 030	716	206
Bulgarien	111	7,7	−0,5	1,0	1,5	73	13,9	17,4	71	4 545	32,8	57,1	31,0	60,0	9,9	1 620	1	2 640	283	206
Dänemark	43	5,5	0,2	1,2	1,0	78	18,7	15,2	72	49 314	23,8	73,2	24,3	73,9	3,9	3 170	k. A.	3 510	285	526
Deutschland	357	82,3	−0,2	0,8	1,0	79	14,1	19,5	75	36 646	29,9	67,8	29,4	69,7	8,4	3 930	k. A.	3 620	269	454
Estland	45	1,3	−0,2	1,1	1,3	72	15,2	17,2	69	11 437	32,5	61,3	30,1	66,1	5,9	k. A.	0	3 170	320	519
Finnland	338	5,3	0,2	1,1	0,9	79	17,1	16,2	62	38 249	25,9	69,2	29,4	67,6	7,7	4 880	k. A.	3 270	317	630
Frankreich	544	61,7	0,4	1,3	0,9	81	18,3	16,4	77	33 901	24,2	71,9	22,0	75,8	9,4	4 310	k. A.	3 670	294	432
Griechenland	132	11,2	0,0	1,0	0,9	79	14,3	19,0	59	20 754	22,4	65,1	21,0	73,9	8,9	3 020	k. A.	3 790	211	176
Großbritannien	243	61,0	0,3	1,2	1,0	79	17,5	15,7	90	36 240	22,1	76,5	24,2	75,2	5,3	3 770	k. A.	3 460	457	629
Irland	70	4,4	0,9	1,5	0,7	78	20,9	11,5	60	61 245	27,8	66,3	46,0	49,0	4,4	3 580	k. A.	3 710	363	276
Italien	301	59,3	0,0	1,0	0,9	80	13,8	19,7	68	29 542	30,7	65,3	30,3	67,7	6,8	3 140	1	3 700	159	480
Kroatien	57	4,4	−0,2	1,0	1,2	75	16,2	16,8	56	8 672	28,5	54,2	31,5	62,1	12,7	1 976	1	2 800	542	319
Litauen	65	3,4	−0,4	0,9	1,3	74	15,5	15,4	67	8 480	27,8	57,4	33,8	61,0	5,6	2 430	0	3 390	256	357
Luxemburg	3	0,5	0,4	1,2	0,8	79	18,9	14,6	83	80 040	21,4	77,2	14,4	84,6	4,7	9 472	0	3 550	361	677
Montenegro	14	0,6	0,4	1,2	0,9	k. A.	17,9	15,1	64	k. A.	34,2	58,4	k. A.	k. A.	14,7	k. A.	1	2 800	518	k. A.
Niederlande	42	16,4	0,3	1,1	0,8	79	18,0	14,2	65	37 464	20,6	76,1	24,4	73,4	3,9	5 800	k. A.	3 320	317	616
Norwegen	324	4,7	0,4	1,3	0,9	80	19,3	14,8	78	61 255	20,7	76,0	42,7	55,3	3,5	9 740	k. A.	3 410	289	390
Österreich	84	8,3	0,0	0,9	0,9	79	15,4	17,1	67	37 033	27,8	66,8	31,2	67,1	4,8	4 200	k. A.	3 820	243	489
Polen	313	38,1	0,0	1,0	1,0	75	15,9	13,3	62	8 091	29,7	53,2	30,7	64,6	13,8	2 400	k. A.	3 420	436	260
Portugal	92	10,7	0,0	1,0	1,0	78	16,5	17,2	55	17 883	30,5	57,7	28,4	66,5	7,7	2 180	k. A.	3 750	298	280
Rumänien	238	21,6	−0,2	1,0	1,2	72	15,7	14,7	55	3 653	30,8	36,5	36,2	54,3	7,3	1 840	2	3 430	505	208
Russland	17 075	141,7	−0,5	1,0	1,5	66	14,2	14,5	73	4 673	29,4	61,9	38,8	56,1	7,8	4 720	0	3 050	210	152
Schweden	450	9,1	0,2	1,2	1,0	81	16,7	17,6	84	41 553	21,9	75,8	28,6	70,0	7,0	5 500	k. A.	3 190	334	755
Schweiz	41	7,5	0,2	1,0	0,8	81	16,3	15,6	68	50 532	23,0	73,0	34,0	64,5	4,0	3 760	k. A.	3 460	266	496
Serbien	102	9,5	0,0	1,1	1,2	75	17,9	15,1	52	k. A.	34,2	58,4	24,2	63,5	18,8	1 991	1	2 800	381	186
Slowakei	49	5,4	0,0	1,0	1,0	75	16,7	12,0	56	9 703	38,3	55,8	28,2	69,1	13,4	3 380	k.A.	3 160	270	463
Slowenien	20	2,0	0,0	0,9	0,9	77	13,8	15,7	49	19 510	37,5	53,7	36,6	60,6	6,0	3 518	k.A.	3 210	427	554
Spanien	505	45,3	0,3	1,1	0,8	80	14,4	17,8	77	27 810	296	65,1	30,1	66,1	8,5	3 400	k. A.	3 371	227	354
Tschechische Republik	79	10,3	0,0	1,0	1,0	76	14,4	14,4	74	14 823	39,5	56,4	40,2	56,4	7,1	4 340	k.A.	3 220	288	500
Ukraine	604	46,5	−0,6	1,0	1,6	68	14,1	16,6	68	1 666	30,0	51,0	46,3	35,3	2,5	2 980	1	3 040	212	98
Ungarn	93	10,1	−0,3	1,0	1,3	73	15,6	15,2	65	13 453	32,4	62,8	31,0	65,5	7,5	2 470	k. A.	3 570	300	297
Weißrussland	208	9,7	−0,5	0,9	1,4	70	15,7	14,6	73	3 101	34,1	54,6	30,2	61,0	1,6	2 430	1	2 990	217	348
Amerika																				
Argentinien	2 780	39,4	1,2	1,9	0,8	76	25,2	10,7	89	5 549	19,9	78,8	35,9	54,8	10,6	1 720	3	3 200	316	178
Bolivien	1 099	9,8	2,1	2,9	0,8	66	35,0	4,6	63	1 260	19,7	76,9	36,0	51,8	11,7	504	7	2 300	2 806	52
Brasilien	8 547	189,3	1,4	2,1	0,6	72	25,8	6,1	81	4 145	20,9	58,4	39,4	52,4	8,9	1 040	12	3 060	378	120

Chile	757	16,6	1,0	1,5	0,5	77	24,7	8,2	88	7065	23,6	63,0	49,0	45,0	7,0	1660	4	2910	770	180
Ecuador	284	13,5	2,0	2,6	0,6	77	33,0	5,1	62	2777	21,4	69,3	31,4	60,6	7,9	640	8	2460	626	47
Guatemala	109	13,4	2,8	3,4	0,6	70	41,1	3,4	47	2206	20,0	38,0	k.A.	k.A.	7,5	608	25	2340	1322	60
Haiti	28	9,0	1,8	2,9	1,1	57	42,4	3,4	36	468	k.A.	k.A.	k.A.	k.A.	k.A.	270	k.A.	2190	k.A.	61
Honduras	112	7,1	2,1	2,7	0,6	69	39,9	3,4	48	1204	21,0	41,0	31,8	54,5	27,5	522	20	2450	3865	32
Kanada	9985	32,9	0,3	1,1	0,7	80	17,6	13,4	81	33011	22,3	75,0	27,5	70,2	6,8	9840	k.A.	3240	475	624
Kolumbien	1139	46,2	1,5	2,0	0,6	72	30,3	4,2	72	2746	19,7	59,3	34,8	53,1	11,8	620	7	2630	729	104
Kuba	111	11,2	0,3	1,1	0,8	77	19,1	10,6	76	2586	20,0	53,0	25,7	68,4	4,1	1000	0	2580	161	17
Mexiko	1964	106,5	1,7	2,1	0,5	76	30,6	5,8	75	7344	24,8	58,8	26,2	70,2	3,5	1410	8	3180	836	174
Peru	1285	27,9	1,5	2,1	0,6	70	30,9	5,4	73	2741	20,6	78,7	25,6	66,0	9,7	470	7	2630	820	165
USA	9631	302,2	0,6	1,4	0,8	78	20,4	12,4	79	45172	20,8	77,6	21,6	77,3	5,1	7790	k.A.	3800	334	630
Venezuela	912	27,5	1,7	2,2	0,5	73	29,1	5,2	88	4152	20,0	69,0	42,4	53,6	18,0	2590	7	2360	692	88
Afrika																				
Ägypten	1002	73,4	2,1	2,7	0,6	72	32,6	4,5	43	1164	21,0	52,0	35,7	49,4	9,9	770	29	3420	1605	68
Algerien	2382	34,1	1,7	2,1	0,4	74	28,1	4,8	58	3640	26,0	53,3	60,1	29,9	15,3	1030	30	2960	876	58
Äthiopien	1112	77,1	2,5	4,0	1,5	49	43,7	2,7	16	180	22,5	69,6	10,2	43,4	5,0	299	k.A.	1880	k.A.	2
Burkina Faso	274	14,8	3,0	4,5	1,5	49	46,8	2,5	16	429	k.A.	k.A.	19,0	51,7	k.A.	k.A.	71	2560	k.A.	5
Ghana	239	23,0	2,3	3,3	1,0	59	38,8	3,5	44	512	14,0	31,0	25,2	38,0	20,0	400	42	2750	k.A.	18
Kenia	582	36,9	2,8	4,0	1,2	55	42,6	2,3	19	554	k.A.	k.A.	18,5	64,1	40,1	494	26	2213	7427	32
Kongo, Dem. Rep.	2345	62,6	3,0	5,0	1,0	57	47,4	2,5	32	94	k.A.	k.A.	k.A.	k.A.	40,0	293	32	1550	k.A.	2
Libyen	1760	6,2	2,0	2,4	0,4	77	33,6	4,2	85	6515	k.A.	k.A.	51,4	41,5	30,0	3191	k.A.	3350	k.A.	36
Mali	1249	12,3	3,3	4,8	1,6	50	48,2	3,0	31	510	k.A.	k.A.	k.A.	k.A.	14,6	k.A.	80	2390	k.A.	5
Marokko	459	31,7	1,5	2,1	0,6	71	31,6	5,0	55	1575	20,2	35,9	36,0	43,4	11,0	378	53	3070	1961	146
Niger	1267	14,2	3,4	4,8	1,5	44	46,9	2,4	17	310	k.A.	k.A.	k.A.	k.A.	k.A.	k.A.	71	2130	35806	2
Nigeria	924	144,4	2,5	4,3	1,8	47	42,3	3,1	44	856	k.A.	k.A.	50,5	24,9	2,7	777	k.A.	2790	k.A.	4
Ruanda	26	9,3	2,7	4,1	1,8	49	41,9	2,5	17	290	k.A.	k.A.	23,4	37,3	43,0	k.A.	35	2110	k.A.	5
Sambia	753	11,5	1,9	4,1	2,2	38	46,3	2,4	35	560	k.A.	k.A.	29,6	50,2	50,0	592	34	1920	k.A.	20
Südafrika	1219	47,9	0,8	2,3	1,5	42	29,7	5,3	53	6189	24,5	65,2	30,9	66,2	26,6	2510	17	2920	1355	108
Tansania	884	38,7	2,6	4,0	1,5	51	43,7	2,7	23	402	3,0	15,0	19,0	39,8	25,0	465	30	2020	k.A.	9
Tunesien	162	10,2	1,1	1,7	0,6	75	24,6	6,8	65	3399	32,0	49,0	31,0	56,1	14,2	837	26	3330	1202	95
Asien																				
Bangladesch	148	149,0	1,9	2,7	0,8	63	32,9	3,5	23	462	10,0	24,0	k.A.	k.A.	k.A.	110	k.A.	2210	3714	2
China, VR	9597	1325,4	0,5	1,2	0,7	73	20,8	7,8	44	1972	22,7	20,7	46,8	41,2	6,1	1200	9	3120	708	84
Indien	3287	1131,9	1,6	2,4	0,8	69	30,8	4,9	28	769	k.A.	k.A.	27,3	54,5	7,2	340	39	2550	1708	54
Indonesien	1923	231,6	1,4	2,1	0,7	70	28,8	5,4	42	1293	13,2	43,5	46,5	40,5	8,7	510	9	2960	7368	72
Iran	1630	71,2	1,2	1,8	0,6	71	26,1	4,9	67	2954	k.A.	k.A.	43,4	45,6	11,5	2330	23	3020	2192	101
Israel	22	7,3	1,5	2,1	0,6	80	26,3	9,8	92	24792	22,6	75,6	30,0	67,6	9,0	3086	3	3580	263	466
Japan	378	127,7	0,0	0,9	0,9	82	14,1	20,1	79	43249	28,4	67,0	25,3	73,1	4,4	4100	k.A.	2790	485	502
Kasachstan	2725	15,5	0,9	2,0	1,0	67	23,0	8,2	57	3233	17,0	47,8	39,4	54,3	7,1	3630	0	2560	274	27
Korea, Republik	100	48,5	0,4	0,9	0,5	77	18,9	9,2	82	16428	27,5	64,3	41,2	55,7	3,7	4690	k.A.	3090	588	684
Malaysia	330	27,2	1,8	2,3	0,5	73	32,6	4,8	62	7316	30,1	55,1	44,6	47,7	3,6	2390	11	2960	1377	424
Pakistan	796	196,3	2,3	3,1	0,8	64	39,0	4,1	34	702	20,0	37,0	26,0	53,3	7,7	350	55	2490	1314	68
Philippinen	300	88,7	2,1	2,7	0,5	71	35,0	4,0	48	1097	15,6	47,0	33,7	52,4	7,4	300	7	2410	2762	53
Singapur	0,7	4,6	0,6	1,0	0,4	82	15,6	8,3	100	25216	23,0	76,0	33,3	66,7	2,6	k.A.	k.A.	3160	645	400
Syrien	185	19,9	2,5	2,8	0,4	71	37,0	3,3	50	1760	27,0	43,0	24,2	52,4	10,0	986	20	3080	699	58
Taiwan	36	22,9	0,3	0,9	0,6	78	19,4	9,8	78	17246	33,1	61,1	26,8	71,5	4,1	4420	k.A.	3120	666	582
Thailand	513	65,7	0,7	1,4	0,7	73	22,0	8,0	33	3028	20,5	37,2	44,7	45,9	1,4	1360	7	2520	3569	110
Türkei	779	74,0	1,4	1,9	0,6	73	25,5	6,8	66	5041	23,0	43,0	30,2	58,4	9,9	1240	12	3380	725	219
Vietnam	332	85,1	1,3	1,9	0,5	71	27,0	5,9	27	636	17,4	24,7	42,0	38,4	4,2	544	9	2580	1637	127
Australien																				
Australien	7692	21,0	0,6	1,3	0,6	81	19,6	13,1	91	31334	21,2	75,0	27,5	68,5	5,1	5840	k.A.	3160	645	400
Neuseeland	271	4,2	0,7	1,4	0,7	79	21,1	11,8	86	26086	22,7	69,8	27,1	68,8	3,7	4333	k.A.	3250	456	589

[1] 1 kg Öleinheit = Energie von 1 kg Erdöl (etwa 10 000 Kalorien). Mit dieser Maßeinheit kann man verschiedene Energiearten untereinander vergleichen. [2] Gemeint ist das Bruttoinlandsprodukt (BIP) = Maß für die wirtschaftliche Leistung eines Landes; misst den Wert der im Inland hergestellten Waren und Dienstleistungen, soweit diese nicht vorher für die Produktion anderer Waren und Dienstleistungen verwendet werden. [3] Der Anteil der Landwirtschaft ergibt sich, indem man die Anteile der Industrie und Dienstleistungen addiert und von 100 subtrahiert. – k.A. keine Angaben. Quellen: Statistisches Jahrbuch für das Ausland 2007; The World Factbook, Fischer Weltalmanach 2008.

Klimastationen

Mitteleuropa

		J	F	M	A	M	J	J	A	S	O	N	D	Jahr
Berlin, 57 m	°C	−1	0	3	8	13	16	18	17	14	8	4	1	**8**
	mm	49	33	37	42	49	59	80	57	48	43	42	42	**581**
Hamburg, 11 m	°C	0	1	4	8	12	15	17	16	14	9	4	2	**9**
	mm	59	48	49	52	54	66	85	87	61	65	53	61	**740**
München, 529 m	°C	−2	−1	3	7	12	15	17	16	13	7	3	−1	**7**
	mm	51	38	50	77	93	117	128	102	89	57	47	55	**904**
Nürnberg, 314 m	°C	−1	0	4	8	13	17	18	18	14	9	4	1	**9**
	mm	45	39	46	49	64	75	69	67	51	45	44	52	**646**

Südeuropa

		J	F	M	A	M	J	J	A	S	O	N	D	Jahr
Athen, 105 m	°C	9	10	11	15	19	23	27	26	23	19	14	11	**17**
Griechenland (Küste)	mm	54	46	33	23	20	14	8	14	18	36	79	64	**406**
Rom, 46 m	°C	7	8	11	14	18	23	26	26	22	18	13	9	**16**
Italien	mm	74	87	79	62	57	38	6	23	66	123	121	92	**828**

Nordeuropa, Westeuropa

		J	F	M	A	M	J	J	A	S	O	N	D	Jahr
Bergen, 21 m	°C	1	1	2	6	9	13	14	14	11	7	4	2	**7**
Norwegen (Westküste)	mm	224	181	155	112	118	106	142	195	237	233	220	221	**2144**
Helsinki, 12 m	°C	−6	−6	−3	2	8	13	17	15	10	6	1	−4	**4**
Finnland (Südküste)	mm	53	51	43	40	47	49	62	82	73	66	69	61	**696**
London, 36 m	°C	3	4	6	9	12	16	17	17	14	10	6	4	**10**
Großbritannien	mm	50	37	38	40	48	52	62	58	55	70	56	48	**614**
Luleå, 6 m	°C	−10	−10	−6	0	7	12	16	14	9	3	−3	−6	**2**
Schweden (Norrbotten)	mm	37	25	23	28	30	47	50	68	69	48	48	44	**517**
Narvik, 32 m	°C	−4	−4	−3	1	6	10	14	13	9	4	0	−2	**4**
Norwegen (Nordküste)	mm	55	49	60	44	43	65	59	84	97	86	58	58	**758**
Reykjavik, 5 m	°C	−1	−1	−1	2	6	9	11	10	8	4	1	−1	**4**
Island (Südwestküste)	mm	98	84	69	62	48	49	48	51	90	87	95	89	**870**
Shannon, 2 m	°C	5	6	7	9	12	14	16	16	14	11	8	6	**10**
Irland (Westküste)	mm	94	67	56	53	61	57	77	79	86	86	96	117	**929**

Osteuropa

		J	F	M	A	M	J	J	A	S	O	N	D	Jahr
Archangelsk, 4 m	°C	13	12	−8	−1	6	12	16	13	8	1	−5	−10	**−1**
Russland (Weißes Meer)	mm	33	28	28	28	39	59	63	57	66	55	44	39	**539**
Kiew, 180 m	°C	−6	−5	−1	7	14	18	20	18	14	8	1	−4	**7**
Ukraine (mittlerer Dnjepr)	mm	30	29	42	44	50	73	81	56	44	47	40	36	**572**
Moskau, 144 m	°C	−10	−8	−4	4	13	16	19	17	11	4	−2	−7	**4**
Russland (obere Wolga)	mm	28	23	31	38	48	51	71	74	56	36	41	38	**535**

Asien

		J	F	M	A	M	J	J	A	S	O	N	D	Jahr
Delhi, 216 m	°C	15	18	23	29	33	35	31	30	30	26	20	16	**26**
Indien (Ganges-Ebene)	mm	33	12	23	7	8	32	209	204	114	71	3	3	**719**
Irkutsk, 459 m	°C	−21	−18	−9	1	8	14	18	15	8	1	−11	−18	**−1**
Russland (Baikalsee)	mm	13	10	8	15	33	56	79	71	43	18	15	15	**376**
Jakutsk, 100 m	°C	−43	−37	−23	−9	5	15	19	15	6	−9	−30	−40	**−11**
Russland (Ostsibirien)	mm	6	5	3	6	13	27	34	42	23	12	10	7	**188**
Jerusalem, 745 m	°C	8	9	13	16	21	23	24	24	23	21	17	11	**18**
Israel	mm	104	135	28	25	3	0	0	0	0	5	30	74	**404**
Kalkutta, 10 m	°C	20	23	27	31	31	30	29	29	29	28	24	20	**27**
Indien (Ganges-Delta)	mm	11	12	22	35	82	250	322	288	304	132	16	3	**1477**
Peking (Beijing), 38 m	°C	−4	−2	6	13	21	24	27	25	21	13	4	−2	**12**
China	mm	3	5	5	15	38	36	211	155	64	18	8	3	**561**

Antarktis		J	F	M	A	M	J	J	A	S	O	N	D	Jahr
Südpol, 2 800 m	°C	−29	−40	−54	−59	−57	−57	−59	−59	−59	−51	−39	−28	**−49**
US-Station (Amundsen-Scott)	mm	keine Angaben												
Australien														
Darwin, 31 m	°C	29	28	29	29	28	26	25	26	28	29	30	29	**28**
Nordküste	mm	389	343	244	104	15	3	3	3	13	51	119	249	**1 536**
Perth, 59 m	°C	23	23	22	19	16	14	13	13	14	16	19	22	**18**
Südwestküste	mm	8	10	20	43	130	180	170	143	86	56	20	15	**881**
Nördliches Afrika														
Algier, 59 m	°C	12	13	15	16	20	23	26	27	25	21	17	14	**19**
Algerien (Nordküste)	mm	110	83	74	41	46	17	2	4	42	80	128	135	**762**
Al Kufrah, 381 m	°C	12	15	19	23	28	30	30	31	28	25	19	14	**23**
Libyen	mm	0	1	0	0	0	0	0	1	0	0	0	0	**2**
Enugu, 233 m	°C	26	28	29	28	27	26	26	26	26	26	27	26	**27**
Nigeria	mm	19	15	81	209	195	166	182	190	182	246	53	23	**1 561**
In Salah, 273 m	°C	13	15	20	24	30	34	37	36	33	27	20	14	**25**
Algerien (Sahara)	mm	3	2	0	0	0	0	0	0	1	0	4	3	**13**
Niamey, 223 m	°C	25	27	31	34	33	31	28	27	28	30	28	25	**29**
Niger (Sahel)	mm	0	0	3	6	38	71	139	201	94	14	1	0	**567**
Ouagadougou, 316 m	°C	25	28	31	33	31	29	27	26	27	29	28	26	**28**
Burkina Faso	mm	0	3	8	19	84	118	193	265	153	37	2	0	**882**
Südliches Afrika														
Harare, 1 492 m	°C	21	21	20	19	16	14	14	15	19	22	22	21	**19**
Simbabwe	mm	184	194	120	26	14	4	1	2	8	29	92	148	**822**
Kapstadt, 12 m	°C	22	22	21	18	16	14	13	13	14	17	19	21	**18**
Südafrika	mm	18	15	23	48	94	112	91	84	58	41	28	20	**632**
Kisangani, 460 m	°C	26	26	26	26	26	25	25	25	25	25	25	25	**25**
D. R. Kongo	mm	95	115	152	181	167	115	100	186	174	228	177	114	**1 804**
Walfischbai, 7 m	°C	19	19	19	18	17	16	14	14	14	15	17	18	**17**
Namibia	mm	0	0	3	3	0	0	0	0	0	0	0	0	**6**
Nordamerika														
Churchill, 11 m	°C	−29	−27	−19	−8	−1	7	12	11	5	−3	−14	−24	**−8**
Kanada (Hudsonbay)	mm	15	27	28	26	24	51	45	62	67	32	30	21	**428**
Los Angeles, 103 m	°C	12	13	14	15	17	19	21	21	20	18	16	13	**17**
USA (Kalifornien)	mm	78	84	70	26	11	2	0	1	4	17	30	66	**389**
Miami, 2 m	°C	20	20	22	23	25	27	28	28	27	26	23	21	**24**
USA (Florida)	mm	64	48	58	86	180	188	135	163	226	229	84	43	**1 504**
New York, 96 m	°C	−1	−1	3	9	16	20	23	23	19	13	7	2	**11**
USA (Ostküste)	mm	91	105	90	83	81	86	106	108	87	88	76	90	**1 091**
Phoenix, 340 m	°C	10	13	16	20	25	30	33	32	29	22	15	11	**21**
USA (Arizona)	mm	19	22	17	8	3	2	20	28	19	12	12	22	**184**
Südamerika														
Buenos Aires, 25 m	°C	23	23	20	16	13	10	9	11	13	16	19	22	**16**
Argentinien	mm	78	71	98	122	71	52	54	56	74	85	101	102	**964**
Manaus, 44 m	°C	26	26	26	26	26	26	27	27	28	28	27	27	**27**
Brasilien (Amazonas)	mm	262	249	274	277	201	112	69	38	61	119	155	226	**2 043**
Mexiko-Stadt, 2 282 m	°C	13	15	17	18	19	18	17	17	17	16	15	14	**16**
Mexiko	mm	6	10	12	18	52	117	110	95	130	36	17	8	**611**
Quito, 2 850 m	°C	13	13	13	13	13	13	13	13	13	13	13	13	**13**
Ecuador	mm	107	109	132	188	127	38	23	38	76	94	97	97	**1 126**

TERRALexikon

Agrardreieck: Region mit den günstigsten Anbaubedingungen innerhalb Russlands, die von der europäischen Westgrenze Russlands zwischen St. Petersburg und Odessa keilförmig nach Osten zur mittleren Wolga, zum südlichen Ural und weiter in das südliche Westsibirien reicht.

Agrarsubvention: Zweckgebundene (finanzielle) Unterstützung der Landwirtschaft aus öffentlichen Mitteln.

Agrobusiness: Gesamtheit der mit der Landwirtschaft verbundenen Wirtschaftsbereiche vom Landwirt bis zum Verbraucher, also mit Zulieferindustrien, Weiterverarbeitung, Handel und Vertrieb. Häufig wird der Begriff auch im Sinne einer Organisationsform verwendet, bei der möglichst viele Produktionsschritte organisatorisch in einem Betrieb zusammengefasst sind. Einen Schwerpunkt bilden dabei die Maßnahmen zur Rationalisierung und zur Intensivierung der landwirtschaftlichen Produktion.

anthropogener Treibhauseffekt: Vom Menschen verstärkter natürlicher Treibhauseffekt. Durch eine erhöhte Menge bestimmter Gase in der Lufthülle (vor allem Kohlendioxid, Methan, FCKW) wird mehr Wärmestrahlung der Sonne an der Erdoberfläche zurückgehalten. Hauptursachen: Abgase aus Kraftwerken und Autos, verstärkte Rinderhaltung, Industrieproduktion von FCKW.

Bevölkerungspolitik: Politik eines Staates, mit der das Bevölkerungswachstum beeinflusst werden soll (z. B. Maßnahmen zur Geburtenkontrolle).

Bevölkerungsstruktur: Komponente des Kulturraumes, die die Zusammensetzung und den inneren Aufbau der Bevölkerung beschreibt. Dazu werden Merkmale wie Alter, Geschlecht, Familienstruktur, Stellung im Beruf, Einkommen u. a. verwendet.

Binnenwanderung: Wohnsitzverlegung innerhalb eines Staates, aber über Gemeindegrenzen hinweg.

Bodenerosion: Über das natürliche Maß hinausgehende Abtragung des Bodens durch Wasser und Wind, welche in erster Linie auf den Einfluss des Menschen zurückzuführen ist. Im Gegensatz zu der natürlichen Abtragung (Erosion) wird diese durch die Bewirtschaftung des Bodens ausgelöst, z. B. durch Abholzen von Wäldern oder Zerstörung der Vegetation durch Überweidung.

CBD: Zentraler Geschäftsbereich der US-amerikanischen Stadt mit einer Ballung von Einrichtungen des Tertiären Sektors, vor allem Büros, Versicherungen, Banken, Hotels und Dienstleistungseinrichtungen.

Divergenz: Tektonische Bewegung, bei der zwei Platten auseinander driften.

Diversifizierung: Mittel zur Beseitigung einer Monostruktur der Wirtschaft, um durch die Förderung bisher unbedeutender Branchen die Krisenanfälligkeit zu verringern.

Downtown: Amerikanischer Begriff für die im Stadtzentrum gelegene City einer US-Stadt. Sie umfasst die wichtigsten Einzelhandelsbetriebe, die zentralen Bürohochhäuser und Banken, öffentliche Verwaltungs-, Kultur- und sonstige Dienstleistungseinrichtungen.

Ein-Kind-Familie: Bevölkerungspolitik in China aufgrund des starken Bevölkerungswachstums: Jedes verheiratete Paar sollte nur ein Kind haben. Inzwischen wurden die zur Durchsetzung beschlossenen Gesetze und Maßnahmen abgeschwächt.

Ethnische Segregation: Freiwillige oder erzwungene Gliederung einer Gesellschaft in verschiedene Gruppen mit jeweils gleichen Merkmalen (rassische, religiöse u. a.), oft verbunden mit einer räumlichen Separierung.

Exportorientierung: Die Ausrichtung der Wirtschaftspolitik eines Staates auf den Export. Ziel ist die Erschließung neuer Märkte im Ausland und die Schaffung von Arbeitsplätzen im Inland. Andererseits sind die Unternehmen dadurch auch einer globalen Konkurrenz ausgesetzt, auf die die nationale Politik kaum mehr Einfluss hat.

Farmensterben: Ausgelöst durch Überproduktion an Getreide und damit verbundenem Preisverfall, welcher letztlich in eine Wirtschaftskrise führte und Landwirte zwang ihre Farmen aufzugeben oder zu erweitern.

Globales Denken: Verbindung und das Nebeneinander des vieldimensionalen Prozesses der →Globalisierung und seiner lokalen bzw. regionalen Auswirkungen und Zusammenhängen. Vieles, was sich auf der Welt abspielt, ist von lokal-regionaler und gleichzeitig von global-überregionaler Bedeutung.

Globalisierung: Bezeichnung für die transnationale Vernetzung von Systemen, Gesellschaften und Märkten. Das Ziel ist die vollständige Ausbildung eines Weltmarktes, also die weltweite Ausbreitung von Produktion und Absatz von Waren und Dienstleistungen über alle Staatsgrenzen hinweg. Das Kapital hat dabei eine noch nie da gewesene Mobilität. Grundlage sind der weltweite Informationsaustausch (z. B. Internet) und leistungsfähige Transportmöglichkeiten.

Global Player: Multinationale Unternehmen, die auf fast allen Märkten der Welt vertreten sind. Sie optimieren Zulieferung, Produktion und Absatz im globalen Maßstab.

Grüne Revolution: Bezeichnung für alle Maßnahmen zur raschen Steigerung der landwirtschaftlichen Produktion. Hierzu gehören: Verwendung von Hochleistungssaatgut und Mineraldünger, Einsatz von Pflanzenschutzmitteln sowie verstärkter Maschineneinsatz. Durch diese Maßnahmen konnte in vielen Entwicklungsländern die landwirtschaftliche Nutzung intensiviert und die Nahrungsmittelversorgung verbessert werden. Wegen der hohen Kosten hatten Kleinbauern nur teilweise einen Nutzen von dieser Entwicklung.

Importsubstitution: Ersatz von Importen durch eigene Produktion. Durch den Aufbau eigener Fertigungs- und weiterverarbeitender Industrien sollen insbesondere Entwicklungsländer unabhängiger werden und ungünstige terms of trade umgehen können. Es entstehen Arbeitsplätze, die eigene Wirtschaft wird gestärkt und Devisen werden eingespart. Dem entgegen stehen häufig hohe Investitionskosten sowie ein nicht ausreichend aufnahmefähiger Binnenmarkt.

Innertropische Konvergenzzone (ITC): Bereich der äquatorialen Tiefdruckrinne, in dem die →Passate der Nord- und Südhalbkugel zusammenströmen. Die ITC verlagert sich jahreszeitlich mit dem Sonnenstand.

ITC: →Innertropische Konvergenzzone

Joint Venture: Zusammenschluss von selbstständigen Unternehmen zum Zweck der Durchführung gemeinsamer Projekte, die von einem Unternehmen allein in der Regel nicht realisiert werden können; charakteristisch ist, dass die an der Kooperation beteiligten Partner in das Unternehmen einbringen, was ihnen in besonderer Weise zur Verfügung steht, z. B. Kapital oder Know-how.

just-in-time: Zulieferung von Einzelteilen und Komponenten erst zum benötigten Zeitpunkt und in der exakt geforderten Reihenfolge des Bedarfs genau an die Stelle, wo sie eingesetzt werden. Ziel: Verringerung der Lagerhaltung und Verkürzung der Durchlaufzeiten. Folgen: Firmennahe Verkehrsinfrastruktur muss ausgebaut werden, zusätzliche Belastungen der Zulieferer und des Straßenverkehrs, erhöhter Logistikbedarf, hohe Qualitätsanforderung mit entsprechenden Qualifizierungen.

Kältegrenze: Gedachte Linie, die ein Gebiet abgrenzt, in dem Ackerbau wegen zu niedriger Temperaturen nicht möglich ist. Die Wachstumszeit entlang der Kältegrenze liegt bei 100 Tagen/Jahr.

Kasten: Abgeschlossene soziale Gruppen, die durch gemeinsame Lebensformen, gegenseitige Hilfe, Heiratsordnung oder Kleidungsvorschriften gekennzeichnet sind und meist einer Berufsgruppe angehören.

Klimawandel: Veränderung wichtiger Klimaelemente, besonders der Lufttemperatur, über einen sehr langen Zeitraum.

Kolonialherrschaft: Bezeichnung für die Politik überseeischer Eroberungen, die einige europäische Mächte von Beginn des 19. bis zur Mitte des 20. Jahrhunderts mit dem Ziel der wirtschaftlichen Ausbeutung betrieben.

Kontinentalklima: Klima, das in größerer Entfernung von den Ozeanen vorherrscht. Weil die ausgleichende Wirkung des Meeres fehlt, kennzeichnen dieses Klima starke Temperaturschwankungen im Tages- und im Jahresablauf, geringe Luftfeuchtigkeit und geringe Jahresniederschläge.

Konvergenz: Tektonische Bewegung, bei der zwei Platten aufeinander zu driften.

Kyoto-Protokoll: Dabei handelt es sich um ein im Jahre 1997 beschlossenes Zusatzprotokoll zur Klimarahmenkonvention UNO, welches erstmals verbindliche Zielwerte für den Ausstoß von Treibhausgasen festlegt. So schreibt das Protokoll unter anderem vor, dass die jährlichen Treibhausgas-Emissionen der Industrieländer zwischen 2008–2012 um durchschnittlich 5,2 % gegenüber 1990 zu reduzieren sind.

Landflucht: Wanderungsbewegungen der Menschen aus den ländlichen Gebieten in die Städte, weil sie sich dort ein höheres Einkommen und ein besseres Leben erhoffen.

Manufacturing Belt: Das bedeutendste US-amerikanische Industriegebiet zwischen dem Atlantik, den Großen Seen und dem oberen Mississippi. Kohle und Eisenerz in den Appalachen waren die Grundlage für die Eisen- und Stahlindustrie. Viele Industriezweige entwickelten sich daraus, wie z. B. die Autoindustrie in Detroit und der Maschinenbau in Chicago, Boston und anderen Städten. Der Manufacturing Belt verliert schon seit einiger Zeit an Bedeutung. Kohle und Stahl spielen nicht mehr eine so große Rolle wie früher. Absatzkrisen bei Autos sind gefürchtet, denn sie wirken sich direkt auf die Arbeitsplätze der Menschen aus. Trotzdem arbeiten im Manufacturing Belt immer noch 60 % aller Industriebeschäftigten der USA, denn die Städte bemühen sich, andere Industrien anzusiedeln und neue Arbeitsplätze zu schaffen.

Marginalsiedlungen: Durch Zuzug schnell wachsende, illegale Hüttenviertel am Stadtrand von Metropolen.

Megalopolis: Riesige Stadtlandschaft mit hoher Bevölkerungsdichte, die sich aus mehreren Metropolen und weiteren Groß- und Kleinstädten zusammensetzt. Der Begriff bezeichnet also eine Verstädterungszone größeren Ausmaßes. Er kommt aus den USA, wo an der Nordostküste ein fast hundert Kilometer langes Städteband zwischen Boston und Washington existiert, in dem ca. 20 % der US-Bevölkerung auf 3 % der Staatsfläche lebt.

Migration: Bezeichnung für einen Ortswechsel von Menschen mit dem Ziel eines mittel- oder langfristigen Wohnsitzwechsels größeren Ausmaßes. Ursachen dieser Bevölkerungswanderung können sein: Armut und Arbeitslosigkeit, Umweltbedrohung, Verfolgung und Krieg.

Modernisierung: Beschreibt und erklärt in globaler Weise sozialen Wandel als den Übergang von einer traditionalen Form der Gesellschaft oder des allgemeinen Lebens zu moderneren Formen derselben.

Monostruktur: Bezeichnung für einseitige Strukturen, z. B. wenn in einem Wirtschaftsraum einige wenige Industriezweige vorherrschen oder sich der Export auf einige wenige Produkte konzentriert. Industrielle Monostrukturen weisen eine hohe Krisenanfälligkeit auf, die man beispielsweise bei den Montanrevieren oder Werftstandorten Deutschlands nachweisen kann.

Monsun: Großräumige Luftströmung, die jahreszeitlich die Richtung wechselt. Man unterscheidet den feuchten Sommermonsun, der vom Ozean in den Kontinent hineinweht sowie den Wintermonsun, der aus den Kontinenten heraus zum Ozean strömt und nur dort Niederschläge bringt, wo er zuvor Meeresflächen überquert hat.

nachhaltige Entwicklung: Entwicklungsstrategie, mit der die Lebenschancen der heutigen Generation verbessert werden sollen, ohne die Chancen künftiger Generationen einzuschränken. Durch Schutz, Pflege und schonende Nutzung soll darauf geachtet werden, dass die natürlichen Lebensgrundlagen (Boden, Vegetation, Gewässer usw.) auch für künftige Generationen verfügbar sind.

nachhaltige Nutzung: Nutzung von Ressourcen nur in dem Maß, dass ihr Bestand nicht gefährdet wird. Nachhaltige Nutzung ist also eine dauerhafte und Ressourcen schonende Nutzung. Auf die Erde bezogen bedeutet das eine Nutzung, die den Bedürfnissen der heutigen Generation entspricht, ohne die Möglichkeiten künftiger Generationen zu gefährden, ihre eigenen Bedürfnisse zu befriedigen.

natürlicher Treibhauseffekt:Eigenschaft der wasserdampf- und kohlendioxidhaltigen Atmosphäre, die von der Erdoberfläche ausgehende Wärmestrahlung zu reflektieren. Dadurch steht der Erdoberfläche mehr Energie zur Verfügung als durch die reine Strahlungsleistung der Sonne.

Nordostpassat: → Passat

Passat: Ganzjährige, richtungsbeständige, trockene Winde, die aus den subtropischen Hochdruckgürteln in Richtung der → Innertropischen Konvergenzzone wehen. Wegen der Drehung der Erde um die eigene Achse werden sie auf der Nordhalbkugel aus ihrer Bewegungsrichtung nach rechts (Nordostpassat) und auf der Südhalbkugel nach links (Südostpassat) abgelenkt.

Permafrost: – auch Dauerfrostboden – ist ab einer gewissen Tiefe das ganze Jahr hindurch gefroren. Große Permafrostareale finden sich in den Gebieten mit arktischem und antarktischem Einfluss. Die baumlosen Tundren sind oft Permafrostgebiete. Permafrostböden können im Sommer oberflächlich auftauen; der Auftauboden reicht dabei häufig mehrere Meter in die Tiefe, der sich darunter befindende Boden bleibt weiterhin gefroren.

Plattentektonik: Auf der Kontinentalverschiebungstheorie aufbauende Vorstellung von der Gliederung der Erdkruste in sechs große und weitere kleine Erdkrustenplatten, die sich mit einer Geschwindigkeit von 3 bis 5 Zentimeter pro Jahr bewegen.

Pull-Faktor: Grund, der für die Bevölkerung oder Wirtschaft anziehend wirkt und damit eine Wanderbewegung auslöst; im engeren Sinne bezeichnet man damit die Anziehungskraft der großen Städte auf die Bevölkerung der ländlichen Räume.

Push-Faktor: Grund, der die Bevölkerung oder die Wirtschaft zum Abwandern bewegt, vor allem die unzureichenden Lebensumstände und Einkommensmöglichkeiten in den ländlichen Räumen.

Raubbau: Wirtschaftsform, bei der ohne Rücksicht auf die Zukunft die natürlichen Ressourcen stark geschädigt oder zerstört werden (z.B. Überweidung).

regionale Disparitäten: Ungleichheit zwischen verschiedenen Regionen oder auch innerhalb einer Region. Sie zeigt sich vor allem dadurch, dass Räumen guter wirtschaftlicher Entwicklung und guter Lebensbedingungen, sog. Aktivräumen, rückständige und oft schlecht ausgestattete Gebiete, sog. Passivräume, gegenüber stehen.

Ressourcen: Gesamtheit aller auf der Erde vorhandenen Voraussetzungen für das Leben und Wirtschaften des Menschen. Dazu gehören alle energetischen und mineralischen → Rohstoffe (z.B. Erze, Holz), andere Naturgüter (z.B. Wasser, Boden), im weiteren Sinne aber auch geistige Güter (z.B. Wissen, Ideen).

rifting: Auseinanderrücken von kontinentalen Plattenteilen innerhalb eines Kontinents.

Rohstoffe: Stoffe, die in der Natur vorkommen und die vom Menschen verwendet werden, um Gebrauchsgegenstände herzustellen oder Energie zu gewinnen. Nach ihrer Herkunft bzw. Entstehung unterscheidet man mineralische (bergbauliche), pflanzliche und tierische Rohstoffe.

Rustbelt: → Manufacturing Belt

Scherung: Tektonische Bewegung, bei der zwei Platten aneinander vorbei schrammen.

Schwellenland: Bezeichnung für ein Land, das in seiner Entwicklung vergleichsweise weit fortgeschritten ist, das z.B. beim BIP, bei der Alphabetisierung oder der Energie- und Gesundheitsversorgung größere Erfolge erzielt hat und sich damit an der Schwelle zur Gruppe der Industrieländer befindet.

seafloor spreading: Durch aufsteigendes Magma verursachte Ausweitung des Meeresbodens, die zum Auseinanderdriften der Erdplatten führt. Dadurch entstehen mittelozeanische Rücken und → Tiefseegräben. Das Seafloor Spreading wird durch Konvektionsströme ausgelöst und hat zur Folge, dass sich Platten auseinander bewegen (divergieren).

Seismologie: Wissenschaft, die sich mit der Entstehung, Ausbreitung, Messung und Auswirkung von Erdbeben beschäftigt.

Sommermonsun: → Monsun

Sonderwirtschaftszone: Gebiet innerhalb eines Staates, in dem ein besonderes Wirtschafts- und Steuerrecht gilt. Ziel der Einrichtung einer solchen Zone ist die Steigerung von in- und ausländischen Investitionen.

soziale Disparitäten: Ausgeprägte Unterschiede im sozialen Bereich zwischen verschiedenen Bevölkerungsschichten, vor allem zwischen Arm und Reich.

sozioökonomische Segregation: Freiwillige oder erzwungene gesellschaftliche, oft auch räumliche Differenzierung eines Personenkreises nach ökonomischen Faktoren wie zum Beispiel dem Einkommen.

Standortfaktoren: Eigenschaften, die die Attraktivität eines Ortes bzw. einer Region für ein Unternehmen bestimmen. Harte Standortfaktoren sind messbare Strukturdaten über einen Ort und dessen Umgebung wie beispielsweise die Verkehrsinfrastruktur, soziodemographische Merkmale oder Lagebeziehungen zu anderen Orten. Sie haben einen starken Einfluss auf die Unternehmertätigkeit. Weiche Standortfaktoren sind nur schwer messbar. Ihre Bedeutung ist im Wesentlichen von subjektiven Einschätzungen geprägt. Dies sind z.B. Wirtschaftsklima, Stadt- und Regionsimage, Branchenkontakte, Qualität von Schulen, Umweltqualität.

Strukturkrise: Bezeichnung für eine wirtschaftliche Situation, in der die Produktions- bzw. Angebotskapazitäten die Nachfrage erheblich übersteigen. Strukturkrisen können einzelne Unternehmen, Branchen oder Regionen betreffen, aber auch volks- und weltwirtschaftliche Ausmaße annehmen.

Subduktionszone: Plattengrenze, an der sich zwei Platten aufeinander zu bewegen, wobei die dünnere und schwerere ozeanische Kruste, die den Ozeanboden bildet, unter die kontinentale Kruste abtaucht (auch: Absenkungs-, Verschluckungszone). Im Ergebnis des Subduktionsprozesses entstehen → Tiefseegräben.

Suburbanisierung: Prozess der Verlagerung des Städtewachstums in die Vororte (englisch: suburbs). Die Kern-Rand-Wanderung der Bevölkerung, Industrie- und Dienstleistungsunternehmen über die Stadtgrenzen hinaus führt zu einem flächenhaften Wachstum der Städte bei gleichzeitiger Entleerung der innerstädtischen Bereiche.

Südostpassat: → Passat

Sunbelt: Sonnengürtel im sonnigen und wintermilden Süden und Südwesten der USA. Der Sun Belt hat beträchtliche Wanderungsgewinne zu verzeichnen, die neben der Klimagunst durch ein Wirtschaftswachstum von Hightechindustrien zu erklären sind.

Taiga: Vegetationszone der Nordhalbkugel, in der aufgrund langer, kalter Winter ein artenarmer Nadelwald (Fichten, Kiefern, Tannen, Lärchen) als natürliche Vegetation vorherrscht. In Nordasien wird dieser Nadelwald Taiga genannt. Als Laubbaum ist die Birke verbreitet. Der spärliche Unterwuchs des Waldes besteht aus Zwergsträuchern, Gräsern, Moosen und Flechten.

Tertiärisierung: Verschiebung des Hauptanteils der Wertschöpfung von der agrarischen und industriellen Produktion zum Dienstleistungssektor.

Tiefseegraben: Lang gestreckte, rinnenförmige Einsenkung des Meeresbodens, wobei Tiefen bis über 11 000 Meter erreicht werden können. Sie entstehen dann, wenn es bei Aufeinandertreffen von Platten zum Abtauchen einer Platte unter die andere kommt. Diese Bereiche werden auch als Verschluckungszone oder → Subduktionszone bezeichnet.

Tigerstaaten: Bezeichnung für die asiatischen Schwellenländer, also Länder mit hohem Wirtschaftswachstum und dynamischem Industrialisierungsprozess. Zur ersten Generation gehören: Südkorea, Taiwan, Hongkong und Singapur. Indonesien, Malaysia, die Philippinen und Thailand als zweite Generation sowie China folgen deren Beispiel.

Tragfähigkeit: Kennziffer zur Beurteilung der Fähigkeit, wie viele Menschen die Erde „tragen", d.h. ernähren kann (agrare Tragfähigkeit). Berechnungsmodelle gehen grob von fünf bis 15 Milliarden Menschen aus. Jedoch werden diese Modelle ständig korrigiert durch die Fortschritte in der Agrartechnik bzw. neuerdings in der Gentechnik. Neben der agraren Tragfähigkeit stellt sich in Ballungsräumen die Frage nach der humanen

Tragfähigkeit (Wie viel Fläche benötigt ein Mensch zum Leben?) bzw. global die Frage nach der ökologischen Tragfähigkeit der Erde (Wie viele Menschen kann das Ökosystem Erde ertragen?).

Transnationale Unternehmen: Bezeichnung für Unternehmen mit ausländischen Niederlassungen oder Tochterunternehmen. Ihre Organisationsform ist ein Netzwerk mit einer Reihe wechselseitig abhängiger und geographisch verteilter Zentren, die von gemeinsamen Strategien, Normen und einem intensiven Austausch von Informationen und Ressourcen zusammengehalten werden.

Treibhausgase: Gase innerhalb der Atmosphäre absorbieren in einem bestimmten Wellenlängenbereich. Dadurch ist die Atmosphäre für bestimmte Wellenlängen durchlässig, für andere nicht. Insbesondere für langwellige Strahlung ist die Atmosphäre ursprünglich durchlässig. Durch Einbringen von Treibhausgasen in die Atmosphäre werden diese Absorbtionslücken geschlossen, wodurch der Energiehaushalt der Atmosphäre gestört wird. Treibhausgase sind z. B. Kohlenstoffdioxid (CO_2), Wasserdampf (H_2O), Methan (CH_4), Distickstoffoxid (N_2O), die bei der Verbrennung fossiler Brennstoffe wie Erdöl, Erdgas, Kohle freigesetzt werden.

Trockengrenze: Bezeichnung für eine klimatische Grenze, die Gebiete mit Niederschlagsüberschüssen von solchen mit Niederschlagsdefiziten trennt. An der Trockengrenze ist im jährlichen Durchschnitt die Niederschlagsgleich der Verdunstungsmenge.

Tundra: Weitgehend baumlose und artenarme Vegetationszone im Bereich der Kalten Zone, in der aufgrund der kurzen, kühlen Sommer keine Bäume, sondern nur Moose, Flechten, Gräser und Zwergsträucher wachsen können. Der Boden ist an der Oberfläche lange, in der Tiefe meist dauernd gefroren.

Umland: Allgemeine Bezeichnung für die Umgebung einer Stadt, aus der die Menschen zur Arbeit, zum Einkaufen, zur Schule und zur Unterhaltung (Kino, Konzerte, Theater, Sportveranstaltungen) in die Stadt fahren. Man spricht auch vom Einzugsbereich einer Stadt. Stadt und Umland ergänzen sich gegenseitig und sind voneinander abhängig.

Verstädterung: Bezeichnung für die quantitative Zunahme des Anteils der Bevölkerung eines Staates, der in Städten lebt.

Wachstumspole: Teil einer Entwicklungsstrategie, die davon ausgeht, dass aufgrund der begrenzten Investitionsmittel eine erfolgreiche Gesamtentwicklung des Staates am einfachsten erreicht werden kann, indem die Förderung auf regionale Schwerpunkte und einzelne Schlüsselindustrien konzentriert wird. Die in den Zentren erreichten Entwicklungsimpulse sollen von diesen auf umliegende Regionen ausstrahlen.

Wanderarbeiter: Gering qualifizierte Menschen, die auf der Suche nach Arbeit aus peripheren Räumen in die Wirtschaftszentren kommen.

Wertschöpfung: Wert für die in den einzelnen Wirtschaftsbereichen erbrachten wirtschaftlichen Leistungen. Er wird in der Regel als Differenz zwischen den Bruttoproduktionswerten der Wirtschaftsbereiche und den Vorleistungen errechnet (Wertschöpfung = Leistung – Vorleistung).

Wintermonsun: → Monsun

Wirtschaftsmacht: Staaten, deren Volkswirtschaften in besonderem Maß Einfluss auf die Entwicklung der Weltwirtschaft und die internationale Konjunktur haben. Charakteristisch für eine Wirtschaftsmacht sind ein großer Anteil am Welt-Bruttonationaleinkommen, -Export bzw. -Import sowie die Bedeutung der eigenen Währung in der Welt.

zirkumpazifischer Faltengebirgsgürtel: Beispiel für ein Randgebirge, welches durch das Abtauchen der ozeanischen unter die kontinentale Platte entstanden ist. Während die schwerere ozeanische Kruste aufgeschmolzen wird (Entstehung von Vulkanismus), wird das Material der kontinentalen Kruste gestaucht und bildet ein Faltengebirge.

Zukunftstechnologien: Technologien, die sich zwar noch in der Entwicklung befinden, einem Unternehmen bzw. einer Branche aber die Möglichkeit eröffnen, seine Wettbewerbssituation stark zu verbessern.

Sachverzeichnis

Alle **fett** gedruckten Begriffe sind im TERRA Lexikon erläutert.

Agrardreieck **138 f.**
Agrarsubventionen **163**
Agrobusiness **105**
anthropogener Treibhauseffekt **169 ff.**
APEC 71
Aquifer 109
Archipel 48, 81
ASEAN 71
ASEAN Plus Three 71

Bevölkerungspolitik **24**
Bevölkerungspyramide 22f., 27
Bevölkerungsstruktur **22**
Binnenwanderung **148 f.**
Blizzards 102 f.
Bodenerosion **108**
Brundtlandtbericht 172

CBD **120f.**

Divergenz **80 f., 90 f.**
Diversifizierung **113**
Downtown **120 f.**
Dreiecksdiagramm 68 f., 75, 125
dry farming 108
Dustbowl 108

Ein-Kind-Familie **24**
Emissionsrechtehandel 170
Entwicklungsland 64, 72
Epizentrum 84
Ethnische Segregation **121**
Exportorientierung **64**

Familienfarm 104 f.
Farmensterben **104**
Feedlot 105

Geburtenrate 24
Globales Denken **166**
Globalisierung **158 ff.**
Global Player **56 f., 160 f.**
Grüne Revolution **36 f.**

Hurrikans 102 f.
Hypozentrum 84

Importsubstitution **64, 70**
Industrieland 64 ff., 73
Innertropische Konvergenzzone **11**
IPCC 168
ITC **11**
IWF 162

Joint Venture **145, 148 f.**
just-in-time **54**

Kaizen 54
Kältegrenze **138 f.**
Kältepol 136
Kasten **13**
Kausalprofil 134
Klimawandel **159, 168 ff.**
Kollision 81
Kolonialherrschaft **12 f., 19, 30**
Kontinentalklima **136 ff.**
Konvergenz **80 f., 90 f., 103**
Kyoto-Protokoll **170**

Landflucht **28**

Mantelkonvektion 80
Manufacturing Belt **112f.**
Marginalsiedlungen **28**
Megalopolis **118**
meridional 98
Migration **148 f.**
Mikrochip 117
Modernisierung **113**
Monostruktur **113**
Monsun **10 f., 16 f., 45**

nachhaltige Entwicklung **172 f.**
nachhaltige Nutzung **147**
natürliche Bevölkerungsentwicklung 24
natürlicher Treibhauseffekt **169 ff.**
Nordostpassat **11**

Outsourcing 158

Passat **11**
Permafrost **140 f., 143**
Petrodollars 144
Plattentektonik **78 ff., 103**
postindustrielle
Dienstleistungsgesellschaft 73
Pull-Faktoren **28**
Push-Faktoren **28**

Raubbau **146 f., 164**
regionale Disparitäten **32, 64**
Ressourcen **142 ff., 173**
rifting **80 f.**
Rohstoffe **52 f., 62 f., 140 ff.**
Rustbelt **113**
Scherung **80f., 90f.**
Schild 98
Schwellenland **64 ff., 69,72**
seafloor spreading **80 f.**
Seismologie **79**
Sibirien 142 ff.
Sommermonsun **11, 16 f.**
Sonderwirtschaftszone **31, 148 f.**
soziale Disparitäten **32, 64**
sozioökonomische Segregation **121**
Standortfaktoren **112 ff.**
Sterberate 24
Strukturkrise **113**
Subduktionszone **80 f.**
Suburbanisierung **118, 120 f.**
Südostpassat **11**
Sunbelt **115**

Taiga **136, 146 f.**
Tertiärisierung **125**
Tiefseegräben **81**
Tigerstaaten **66 f., 70**
Tornado 102 f.
Tragfähigkeit **172**
Transformstörung 81, 103
Transnationale Unternehmen **160 f.**
Triadisierung 160
Treibhauseffekt 169 ff.
Treibhausgase **169**
Trockengrenze **100 f., 138 f.**
Tsunami 86, 91
Tundra **136**

Übergangsbereich 120 f.
Umland **120 f.**
UNCTAD 162

Veredelungsbetrieb 104 f.
Verstädterung **28, 118 f.**

Wachstumspole **30 f., 148 f.**
Wachstumsrate 24
Wanderarbeiter **29**
Welthandel 160
Wertschöpfung **158**
Wintermonsun **10 f., 16 f.**
Wirtschaftsmacht **124**
WTO 160 f.

zirkumpazifischer Faltengebirgsgürtel **81**
Zukunftstechnologien **54**

Bildnachweis

Titelbild: Corbis, Düsseldorf

Alamy Images RM, Abingdon, Oxon: **160.1** (Ryder); Altmann, Porto: **130/131**, **131.2+3**, **137.6**, **138.1**, **153.u.**; Andheri-Hilfe e.V., Bonn: **27.6**; AP, Frankfurt/Main: **25.7** (Ng Han Guan), **40.1** (Str), **102.2**, **164.4** (Cheli); Argus, Hamburg (Schwarzbach): **40.2**; Astrofoto, Sörth: **40.3** (NASA), **155.3**; Aunkofer, Nördlingen: **124.4+5**; Berndt, Kiel: **8.2**; Bilderberg, Hamburg: **120.1** (Engler), **127.re.u.** (Engler), **143.6**; Böhn, Gerbrunn: **18.4**, **32.1**; BPK, Berlin: **78.2**, **110.li.o.**; Brade, Delitzsch: **150.3**; Brodengeier, Lichtenberg: **12.3**, **38.1**, **46/47.u.**, **64.1**, **65.3**, **127.re.o.**, **170.3**; CCC, www.c5.net, Pfaffenhofen a.d.Ilm: **162.3**; Cinetext, Frankfurt: **94.Mickey Maus**; Comstock, Luxemburg: **60.li.o.**, **110/111**; Corbis, Düsseldorf: **29.5** (Turnley), **31.5** (Yamashita), **46/47.o.** (Xiaoyang Liu), **53.6** (TWPhoto), **55.12** (Clopet), **58.1**, **59.5** (Psihoyos), **84.3** (Reuters/Yamaguchi), **86.li.u.** (Stringer/Malaysia/Reuters), **91.li.o.** (Stringer/Malaysia/Reuters), **94.Mount McKinley/Alaska** (Scott T. Smith), **95.Discovery** (Ressmeyer), **96.3** (Craig Aurness), **97.re.u.** (Bettmann), **112.1** (Rotkin), **118.2** (Varie), **127.li.u.** (Rotkin), **129.4** (Sugar), **129.7** (Gipstein), **149.2** (Conger), **177.4** (McNamee); Corel Corporation, Unterschleisshelm: **66.3**, **167.4**; Daimler AG, Stuttgart: **174/175** (Erdkugel mit Händen); Das Fotoarchiv, Essen: **146.2** (Bauer), **176.1.li.** (Meyer); Die Zeit/Gruner und Jahr, Hamburg: **74.1** (Sischke); E.ON Ruhrgas AG, Essen: **143.2**; Earthquake Research Institute, The University of Tokyo: **84.1**; Ehrmann, Creglingen: **89.8** (Stahr); Enkelmann, Filderstadt: **108.1**; f1 online digitale Bildagentur, Frankfurt: **99.4** (Schuster), **167.5** (Peck); Fischer, Eisenach: **48.3**; Focus, Hamburg: **10.2+3** (Magnum/McCurry), **11.5+8**(Magnum/McCurry), **11.7** (Magnum/Berry), **76.li.u.** (Fischbeck), **90.li.o.** (Fischbeck), **94.Silicon Valley**, **117.4** (Browne/Picture Group); Geiger, Sonthofen: **35.2–6**, **125.8**, **126.li.o.**, **131.1+5**; Gerster, Zumikon: **47**, **94/95.Mähdrescher**, **103.5**, **109.3+4**; Getty Images, München: **6.3** (Edwards), **19.5** (PhotoDisc/Wang), **28.3** (AFP/D´Souza), **47.o.** (AFP), **67.4** (Adams), 94/95.Manhattan, **165.5** (AFP); GLOBUS Infografik, Hamburg: **44.4**, **52.1**, **53.7**; Glowinski, Berlin: **21.li.o.**; Greenberg, Camarillo: **146.1**; GREENPEACE, Hamburg: **170.2** (Jatahy); Habich, München: **20.li.o.**; Hackenberg, Drensteinfurt: **20.Mi.o.**; Hahn, Stuttgart: 95.Niagarafall, **117.3**, **129.6**; Hebestreit, Erfurt: **111.Bildschirm**; IFA-BILDERTEAM GmbH, Ottobrunn: **115.2**; IISG, Amsterdam: **24.3**; images.de digital photo GmbH, Berlin: **131.4** (Gavrilow); Imaginechina, Shanghai: **18.1** (Li Shaobai); Indias-best.com, Bangalore: **30.1**; International Publishing Corporation, Hongkong: **14.2** (Hayashi); IRRI, Los Baños, Laguna: **36.1**, **36.2** (Ariel Javellana); iStockphoto, Calgary, Alberta: **85.6**, **116.1** (Liu); ITAR-TASS, Moskva: **137.9**, **149.4**; Janicke, München: **94/95.Dorf**; Japan-Photo-Archiv, Obersulm: **48.1**, **55.11**; Jurgens Photo, Berlin: **136.4**, **150.1**, **152**, **153.Mi.li.+re.**; Klohn, Vechta: **105.4**, **126.li.u.**; Kraus, Wäschenbeuren: **33.8**, **99.5**; Krauter, Esslingen: **98.2**; Krensel, Hameln: **8.3**, **9.6**; laif, Köln: **156/157**, **175.re.u.**; Leros, Bonn: **172.1**; Letzel, Freising: **89.5**; Lokomotiv-Ateliers für Visuelle Kommunikation, Stadtlohn: **56.2** (Willemsen); Maass, Ratingen: **176.1** rechts; Mall of America, Bloomington, Minneapolis: **129.5**; Mauritius, Mittenwald: **96.2** (Vidler), **104.1** (Westlight), **117.5** (Westlight), **126.re.u.** (Westlight); Max-Planck-Institut für Meteorologie, Hamburg: **170.1+4**, **171.5**; Media Relations Shell Centre, London (UK):